U0162591

观念的演进：

中国
现代设计史

沈榆　著

上海人民美术出版社

设计史研究之难，
难于上青天。
资料如山，线索难觅。
常在困顿中，
山回路转，觅得美景，
横看成岭侧成峰。

——谨以此书献给所有的设计人

目录

序

观念·范式·实践

　　当沈榆先生邀请我为这本《中国现代设计观念史》写序的时候，我很惶恐。沈榆先生于我而言是设计研究的先行者，由我来写序，很唐突，这是其一；其二，是这本书所涉及的话题十分广泛，也十分新颖，观念史的写作在设计史的门类里还不多见，自觉没有那么好的把握能力；其三，是中国现代设计的历程颇多曲折，针对中国现代设计发展的研究，其价值也颇多争议，如何面对？但，思之再三，仍不揣冒昧地愿意落笔，实在是浸淫其中多年，希望有机会能向众方家讨教，借此书的面世，不失为一个好的时机和平台。勉力写来，我以此文作为预览此书的读后感，呼应作者的立意，更多是一起探讨中国设计的发展路径。

　　设计作为一个学科在全世界都是年轻的新兴学科，而中国设计的年资显然就更短了，时至今日，这门学科的发展都还不能称为完善。那么，这么一门远未完善的学科，其观念史是否可为呢？这真是一个难题，不好回答。如果是一门成熟学科，必然有明确的观念指引，由观念而产生较为明晰的学科范式，由范式而衍生出一系列的具体实践，实践印证观念的成效，也可能修正观念的偏差，如此循环往复，构成一个不断前进的链条。这自然是一种理想的状态，而中国设计的现状显然不是这个状态，也无法生造出这么一个链条，借由这根链条去描述历史发展的脉络。如此说来，答案是否定的。中国现代设计的发展历程，既无那么多的观念生成，也缺乏观念演进的清晰线索，间歇式的引进、学习和模仿，构成了人们对中国现代设计的直观印象。

然而，相信读完此书，人们会有不同的感受。作者在不可为中的作为提供了我们思考、理解设计的另一条路径。作者在结语中将其对中国现代设计观念史的梳理称为"断简残篇"，有自谦的成分，但也是实话。前述的理想状态是西方学术中常出现的情形，某种程度上也是一种先验历史观的反映，这一体系的理论呈现有很好的清晰度，但在真实度方面往往并不能称善。沈榆先生写作此书，倒是真正的实证精神的实践，"断简残篇"背后实是广泛的资料搜集和整理工作。暂不论线索梳理之功，单就资料的呈现已显示了作者的视野和雄心。除了对雷圭元、庞薰琹、陈之佛等先生的图案理论和教学的回顾，作者更把目光投向了小设计圈之外的大历史，将中国现代设计的起源追溯至晚清的洋务运动，此时兴起的重商思想可谓中国走向现代化的关键转折，是社会整体价值观的重新塑造。

由重商转为重工，康有为有"他日必以工立国"之语，进而再转化为实业救国思想。观念在实践中的不断调整，既是对问题的思考走向深入的过程，也是作为后发国家在策略层面的因应，即使是对外来文化的学习和模仿，答案也不那么简单。作者列举了民国时期的三位经济学家谷春帆、顾毓线和简贯三对工业化的认识，谷春帆认为"中国工业化，决非简单的工业建设，而要将整个文化、整个社会，连中国人自身一起变化过来"。顾毓线列举了由农业文明转向工业文明在观念层面的八项变化："一、以人定胜天代替听天由命；二、以精益求精代替抱残守缺；三、以进步求安定代替安定中求进步；四、以组织配合的整体代替散漫零星的个体；五、以准确代替差不多；六、以标准代替粗滥；七、以效率代替浪费；八、以造产建国代替将本求利。"简贯三则着重强调效率和准确，"'迅速'乃表示效率性，'准确'乃表示精确性，这两样在农业社会是不大讲究的，而在工业化的社会，却引为公共生活的标准"。显然，价值观的重塑绝非一蹴而就的易事，这些认识在今日读来还令人不胜唏嘘。潘光旦与刘绪贻关于工业化之利弊的争论，即是社会精英层面的反弹，不能以简单的是非来论断，但观念与时势的配合确实需要更宽阔的视野和综合的把握。

这部观念史有意思的地方在于作者并不恋战，中国设计的发展是在实践中不自觉地滚滚向前，并没有沉湎于争论。在策略层面，方显廷提出"低度工业化"论，丁趾祥提出"丝绸工业优先"论，高叔康提出"优先改良手工业"论，无论是何论调，都反映的是如何务实而快速地使中国走上大工业化的快速轨道，振兴经济，增强国力。这也是沈榆先生一再强调的实践智慧的表现，实践智慧并不仅仅体现在具体的设计实践中，或者郑可系人才培养的高成材率上。在这样的宏观背景下，再来看遍及广告、摄影、家具、电器以及电影等等领域的设计成果，在理解上可以有更深一层的体会，社会观念的整体养成才有了坚实的基础。

1949年之后，政治格局的变化，带来的一个变化是更多的讨论停留在具体的技术层面，或曰战术层面，战略层面显然要服从国家的宏观战略而并无讨论的余地。作者提出的一个论题是"工程技术的溢出效应"，即设计没有被作为主要关注的对象，但是随着工程技术的推进，附带着受到影响和推动。直至改革开放，留学归国人员的推动、中国港台地区经验的输入、国外书籍的翻译构成了一波壮观的设计热潮，绵延至今。书中提到1991年的两次工业设计研讨会颇有意味，一个是两所院校主办的多国工业设计研讨会，对于设计教育而言，观念不清显然是致命的，其中日本专家与我国学者的对话非常真实地反映了当时在认识上的落差；另一个是轻工部组织的工业设计研讨会，则更具官方色彩，有拨乱反正的目的和意味，而背景是严峻的现实——全国非正常库存产品的价值已超过1,000亿元（这样的情况是否似曾相识，去库存，供给侧改革又成为当下的难题）。会上，时任上海工业技术发展基金产业经济研究部副主任曾忠锵建议上海要从8个方面入手做工作：1.开展工业设计全民普及教育；2.成立有权威的上海工业设计委员会；3.把工业设计列为振兴上海的市策；4.开展上海工业设计年活动；5.建立上海工业设计网络；6.筹建上海工业设计大学（学院）；7.加快"三大基础件"的攻关步伐；8.制定工业设计的地方法规。从这些建议不难看出当时的部分官员对问题已有很好的认识，虽不能全面落实，但也是后面发展的基础。如今上海早已有了"设计之都"的头衔，回头再去对比曾经的建议，还是有不足。全社会如何建立对设计的系统认知，实在非朝夕之功，民国时期谷春帆等前辈提出的理想仍然是个理想。

作为同道中人，我一直思索的一个问题是：在中国设计现代化的过程中，所谓的后发优势如何实现？通过此书的梳理，某种程度上可以认为后发优势之说是存疑的，关键在于专业人士的观念学习易，而社会整体的观念建立难,这也是理解中国设计现状的一个重要视角。当我们奋力补课的时候，世界发展的大潮流并不会耐心等候，而是更迅猛地向前奔走，理论、名词、观念层出不穷，越近当下，观念越呈现出纷繁多变的面貌。作者也以一定篇幅回顾了国内几本设计刊物的发展，可能受限于整体的容量，并未充分地展开，窃以为这倒是一个可以深入挖掘的切入点。以观念史而论，见诸文字的出版物总是观照的重点。

我想，这本《中国现代设计观念史》是一个很好的开端，提示了我们一个新的角度，在本以为的荒芜之地上，其实充满了自发的或外来的种子，观念囿于实践而无法展现真正的力量，然而实践背后总有一定的观念支撑。自1957年国际工业设计协会（ICSID）成立以来，该组织先后5次调整了"工业设计"的定义，并于2015年更名为世界设计组织（WDO），观念之变是发展的必然。同时，我们也可看到，观念与实践是并行发展的，相互影响而非简单的从属或孕育关系。中国现代设计之路充满了曲折和坎坷，但回顾来路、理清思路始终是继续前行的前提条件。一路走来，我们借鉴国外的经验和见解，但设计始终要面对我们自身的问题，当我们逐步摆脱追赶的状态，而要自己开辟前路的时候，主体意识的重要性就更为明显了。文化立场、价值观都是在方法论层面之上亟待讨论的话题，脱胎于具体设计成果的设计史研究，促使我们审视本土观念的形成与作用。尽管中国的设计学科还很稚嫩，我们仍然对观念、范式与实践之间的良性循环的建立充满信心。学无止境，历史的书写往往意味着一个新的开端，此书本身也将成为设计观念史的一个组成部分。

清华大学美术学院院长助理、教授

《装饰》杂志主编　方晓风

2016 年 7 月于清华园

第一章

中国现代设计观念史的『写法』

　　在中国百余年的现代化历程中，积累了大量的工业技术、知识和制度，以留存的工业产品作为其见证和载体。"设计"作为其中的一种遗产，能够使得后人把前人的终点当成新的起点。在这样的过程中有两条路径可以进行反思：其一是可以通过技术的演变来实现对设计的理解，其二是对于设计的价值追问。通过对于工业制造与社会要素配套的思索，对工业与社会发展的关系进行反思。如果将设计反思的前一种状态视作技术范畴，可以由"技术史"来叙事的话，那么后一种状态无疑是属于"观念史"范畴，因为它已经超出了工业产品自身，涉及了更多的要素。这些观念不会随着有形的工业产品的更迭而消失，特别是中国设计的先驱们在不同时期留下的思考，对于今天中国设计的发展还具有十分重要的意义，当下中国的设计仍然是在这种历史的重叠中探索。正如科林伍德所说："历史的知识是关于心灵在过去曾经做过什么事的知识，同时它也是在重做这件事，过去的永存性就活动在现在之中。"

　　写作中国现代设计观念史因此而有意义，而所谓的"写法"其实质是一种"想法"。但现实的情况是这项研究还处于边缘的状态，积累的研究成果少之又少。其原因也许是关于西方现代设计观念史的研究已经十分成熟，介绍他们的研究成果相对比较保险，不易出现差错；也许是中国的研究者认为中国根本不存在现代意义上的设计活动，谈不上有设计观念的存在，更谈不上历史；也许中国的学者已经从理论上认识到观念史研究的重要性，但为避免花大量的精力去做广泛的资料积累工作，不少研究课题借"中国工艺美术史"的延伸来"替代"中国现代设计史的研究，或者干脆用 20 世纪资本主义经济发展阶段的大众传媒领域的杂志、月份牌广告、标志设计、包装设计来代替。当然这些都含有"现代设计"的成分，最后的成果也指向了"设计观念"，但这种"设计观念"对表达中国现代设计的历程、发现新的知识点作用何在？只能含糊其词了。

由于忽略了中国经济、社会、政治等相关要素对中国设计发展的影响，将设计师与设计对象分割以后进行研究和叙事等诸多问题的存在，得到的结论不具备学术价值，也就是说，对建构中国现代设计观念史的框架，对其发展、更新规律的判断也只能停留在"以新代旧"的层面，甚至出现了更多的"怀旧"情绪，感叹今不如昔。在为数不多涉及中国设计观念、思想的研究成果中，都有关于观念、思想研究只涉及"抽象思维"的表述。然而"观念"作为一种人们对事物的主观与客观认识的系统化之集合体，它具有主观性、实践性、历史性、发展性的特点。有必要从学理上对中国现代设计观念进行全面梳理，虽然观念不能提供解决问题的方案，只是提供了解释现象和预见现象的效用。

近几年西方有关设计观念的论著被迅速介绍到中国，也有中外学者在不同场合发表的观点，但由于西方设计学的高度成熟，他们的研究已经进入分层细化的状态，这深深地影响到中国学者的研究，以至于忽略了对中国现代设计观念整体发展的关注。为此在全书内容展开前，有必要对中国现代设计观念史的研究做一些说明。

第一节

中国现代设计观念史的性质

丹麦科学史家赫尔奇·克拉夫对"历史"一词曾有过直接的阐述。他认为：历史（H1）可以描述过去发生的实际现象或事件，即客观历史；历史（H2）也可以被用来表示对历史现实（H1）的分析，即用来表示历史研究及其结果。纯粹的历史事实描述不是史学，但它可以是史学研究的对象。[1]

首先，笔者在 2013 年前完成的有关中国设计的客观事实调查见诸已经出版的著作中，在相关论文中也表述了中国设计的"历史事实"，包括国内外同行对该领域的事实发现，这些都将成为观念史的研究对象。

其次，为了使中国现代设计观念史的研究更加具有可操作性，特别借鉴了科学史、技术史研究的方法。首先不是从概念上对"设计"一词进行辨析，而是从其实际发生效用的角度来考察，即首先承认"设计"会导致一种真实、客观对象产生，完成一个"产品"，暂且称之为"D1"。其次，"设计"也是由设计师们的活动或行为所构成，是一种人类的行为，无论这种行为是否导致真实、客观的对象产生，我们姑且将之称为"D2"。在本研究看来"D2"显得更为重要。

柯林伍德在其史学研究的原则中指出，研究任何历史问题都不能不研究其次级（second-order）的历史。这里的次级历史指的是针对该问题进行历史性思考的历史。借鉴柯林伍德的次级划分将设计分成两个次级：一

---

[1]（丹麦）赫尔奇·克拉夫：《科学史学导论》，任定成译，北京大学出版社，2005 年，第 21 至 22 页。

阶的（first-order）、次阶的（second-order），具体表述见下表：

设计、设计史、设计编史学的研究层次和研究对象

研究层次	研究对象
设计研究	人造物及系统
设计史研究	设计师及设计活动
设计编史学研究	设计史及设计史家

上表说明，从事设计研究，其对象是人造物及系统，包含：使人造物更具有使用价值和感性价值而进行的各项专题研究、各种人造系统的研究。设计史研究作为前者的次阶知识，对象是设计活动及设计师，其中包括影响设计各种要素的互相关系及其对设计的作用。中国现代设计观念史属于这一层次的研究。设计编史学作为设计史研究的次阶知识，研究对象是设计史和设计史家，他们的工作被称为"设计编史学研究"。中国目前大部分的研究是第一阶研究成果的沉淀，由于这一阶的主要工作是实证研究，比较容易确立客观的标准，且国际上也有较多这方面的经验借鉴，这几年发展迅速，成果令人振奋。虽然目前有介绍西方设计史研究成果的著作与论文，但直接以中国现代设计观念史为研究对象的著作还是缺位，而作为设计编史学研究尚没有条件展开。

南京艺术学院袁熙旸教授在《非典型设计史》一书中收录了自己撰写的 28 篇论文，可以认为是涵盖了三种类型的研究成果。其一，打头阵的是关于国际设计史作为史学科学的思想介绍，具有先进性；其二，是基于这种研究方法，选择中国设计为对象作研究的成果，具有示范性；其三，是在设计史研究范畴内选择编译，专题介绍各种西方设计历史，具有知识性。

第一类内容中的开篇一文首先讲到了"设计的历史"（History of Design）与"设计史"（Design History）的关系，明确了前者是后者的研究对象，即后者是从历史学、人类学、社会学等人文角度研究设计历史和发展规律的一门科学，而前者则是对不同时期、不同民族、不同领域具体设计现象的归纳与总结。[2]

与20世纪70年代全球历史学研究转向一样，设计史中关注英雄人物，即所谓精英主义的叙事方式与价值判断遭到越来越多的质疑，以政治史为主线的宏大叙事被微观发现所取代，同时转向设计所关联的更为宽广的社会、经济、政治和科学背景。在这种背景下，西方设计史研究借鉴各种学科的研究方法，实现跨界结合，取得了丰硕的成果。作者特别列举了美国学者克里夫·迪尔诺特撰写的《设计史的状况》一文中，在分析、总结英国从佩夫斯纳到20世纪六七十年代设计史状况时出现的四个误区：1. 研究领域仅限于专业设计行为与知名设计师，很少顾及大众或业余爱好者参与设计的因素；2. 研究重点过于侧重设计行为的结果，即设计的物品与形象，而忽略了行为本身，即设计的行为与方法；3. 研究的视野局限于19世纪和20世纪，而无形中割裂了现代设计与传统历史的联系；4. 研究角度偏重设计师个体，较少关注与设计相关的群体。[3]

正如近来普遍感受到的那样，中国现代设计的发展已经到了关键阶段，中国设计在全球化格局中也急需重新定位自己，必须寻求突破之道。所有这些都是事关重大的观念问题。关于设计观念，许多学理都已被中外前人揭示出来了，或者正在被学术发达国家的同行们发掘着。对前者我们要认真学习，对后者我们要密切关注。与此同时，有待探究的学理一定还有很

---

[2] 袁熙旸：《非典型设计》，北京大学出版社，2015年，第25页。

[3] 袁熙旸：《非典型设计》，北京大学出版社，2015年，第28页。

多，因此需要我们把眼光除了投向他人文本外，还要投向实际的问题及其所蕴含的未知学理。作为中国现代设计观念史的研究，意味着要为同时代的设计实践承担理论责任。

第二节

观念史：中国设计史研究的重要进路

中国现代设计史在中国常被表述为中国艺术设计史，其常见的是将各历史时期的产品或设计结果作为研究对象，由此造成了各类"简明的标签"，以此串联成中国设计的线索，表述方式多是"以物表史"。至于为何产生这样的设计观念均不得而知，设计结果变成了一座孤岛，自然无法起到令人思考、批判的作用。从中国设计发展的历史来看，每一次重大转折和思想方式的改变，都与引进国际设计观念有关，从留学欧美归国的学者"首著"中可以强烈地感受到这一点，所谓"首著"即是这些学者留学回来后写出的第一批论文或专著，其均可还原成一种西方当时的哲学思考。

"海归们"的思想随着个体实践的展开开启认知、发展的过程，为中国设计各时代带来了精彩的篇章。但也不能否认，在中国缺少各种哲学思想滋润的情况下，他们的理论后继难有革命性的更新与开放，极少继续对自己理论进行反思与否定，但这并没有影响到他们设计实践的价值。设计观念在具体的设计活动中常常表现出一种"不是客观的，可普遍化的知识"的特征，可将其称为"设计的实践智慧"，在这种设计实践智慧中寻找着解决问题的方案。

　　首先"设计的实践智慧"与设计理论是相关的，并不是割裂的关系。"这种智慧是追求一种实践效果的智慧，它是为了达到某个实践目标，而将不同的要素结合起来的一种智慧。在实践智慧把握下，不同的要素都完整了具体实践的一个环节，它们构成了一个完整的实践"。[4] 在具体的设计实践中，作为设计实践主体的设计师与作为实践客体的设计对象之间必然发生着相互作用，由于主体与客体都包含着无数的异质要素，这种异质性要素都以各种方式穿插到设计活动中来，都会对设计结果产生影响，设计的实践智慧就要对每一种要素进行周全的考虑，然后将它们综合在一起能够发挥综合效应。徐长福在《走向实践智慧》一书中称之为"对异质性因素进行非逻辑结合"，这正是设计工作的特点，当然我们不能简单地将其定义为"动手做"，因为被统合的要素是必须根据理论的规定参加到实践中来，也遵循了理论的原理。只是长久以来我们缺少用理论的方法对设计的实践智慧进行系统的研究，只停留在精英设计师个人活动及理论的浅表解释上，并视之为终极真理。为此，将设计的实践智慧作为问题意识，追问技术、工程中"明言知识"、"意会知识"的存在及其表现形态，揭示其与设计的实践智慧两者间的互动关系，同时也考察其随着主体思想拓展而发挥作用的成果和潜力，通过其历史发展的整体性把握，以及对设计的"复杂思维"中"设计前端模糊性"、"设计理论与方法的协同"问题的论述，使之对当代中国设计产生积极的意义。

　　因此，中国现代设计观念史研究将精英设计师及普通设计师并举，以近百年中国社会现代化过程中现代设计发展线索为研究对象，特别从微观的角度关注了中国设计师设计观念发生、生成、发展的事实和条件，并将其置于影响中国现代设计发展的各种宏观要素之中进行"解释"，而不是

---

[4] 刘习根：《总体与实践》，重庆出版社，2013 年，第 251 页。

就事论事的现象"解读"，只有这样，其研究的成果才可以作为中国现代设计史研究的一个重要分支。

中国现代设计观念的研究不可能用一种封闭的、内部一片混沌的思想框架和研究者 "心得体会"、碎片状态的历史资料来把握，而必须精炼我们的思想武器，用一种经过现代学术训练的锐利而轻灵的逻辑性来刺穿现实表层，揭示其本质趋向。真正有学术价值的思想一定是在与前人和同时代人的艰苦辩论和反复对话中建立起来的，任何一种"灵感一现"的理论只不过是海市蜃楼，因此可以认为，真理不在历史资料中，不在研究者的头脑中，而在与两者相遇间。

第三节

本书研究的内容

所谓设计观念史就是研究设计回应不同时代经济、社会、环境提出的问题的过程及其思维特色。本书以近百年来伴随着中国工业化而发展的中国现代设计史实为基础，寻找中国现代设计观念发展的主线，并通过发现其与国际现代设计思想的连接点，阐述中国现代设计观念的特色。同时放眼大中华地区，观察其设计师的实践，不仅是将之看作一个"单纯"的事件，更是看作"行动"的过程，有针对性地选择相对自成体系的"单元"进行考察，以此作为中国现代设计观念史叙述的主要对象。通过"建构"与"解构"，考察中国不同时代设计观念的"流变"，达到"纵通"的目的；考察设计师个人与当时文化的联系，达到"横通"的目的。

由此可见，设计观念史不是表述设计学发展一般规律的"设计概论"的翻版，也不是"设计史"的副产品，更不是设计师思想"集大成"者，而是一部具有清晰脉络指引，能启迪当代设计师思考的文献。各章节内容如下：

第一章 中国现代设计观念史的"写法"。"写法"实指考察中国现代设计观念的方法和路径。阐明其必要性，以及与技术史、设计史的差异与联系，在评价相关研究成果的基础上，借鉴当代新史学的方法，提出本研究的视域。

第二章 早期中国现代设计观念的源流。通过叙述 20 世纪初期国际现代主义设计观念以国际技术、产品转移方式进入中国传播现代主义的设计思想的契机，溯源欧洲设计运动对中国的影响，以及图案作为一种思想资源孕育了 20 世纪初中国现代设计历史的萌芽。

第三章 国际现代主义设计观念在中国的释放：创意、时尚、多元。叙述民国工业化思想对于设计的影响，在考察 1927 年至 1937 年中国各项经济制度及社会思想潮流的基础上，表述在中国经济的第一个黄金十年间中国 "老品牌"的设计作为。特别研究了中国设计师人格的现代性及设计现代化的问题，并通过大众娱乐中的"现代性"设计及消费叙述导出了中国设计的现代性特征。

第四章 国际现代主义设计观念在中国的延续：实用、新颖、美观。本章叙述 1949 年以后至改革开放前，国际现代主义设计思想在中国工业化进程中的作用，重点关注了 "工程自发型"设计观念的特点、"设计实践智慧"的价值，同时关注了图案激发的产业能量对重建设计及生产秩序的重要性，特别关注了在出口创汇经济下设计观念的强化特征。

第五章 重构中国现代设计体系的努力。在简单回顾工艺美术力量的延续以后，着重研究 20 世纪八九十年代从移植国外的知识到重建中国设计体系的努力现象。

第六章　国际产业转移中的中国港台地区设计。重点叙述 20 世纪 80 年代以来港台地区现代设计的发展及其特点，以诸多设计开拓者的实践为线索，重点表述港台地区设计崛起的经济背景和社会背景。在此基础上，表述其设计融合东西方思想，同时研究欧美、日本设计实践对中国本土历史资源进行再设计的思想特征。其中香港设计师到内地交流、香港独立设计师模式的影响及其历史作用评价，台湾设计振兴政策及推动产业转型，实现商业设计的成功案例是研究重点。

第七章　中国现代设计思想资源的充实与更新。以实体化的中国现代设计观念为先导，叙述中国为发展现代设计进行社会要素配置的努力，特别展开了"语言学转向"下设计的追问。运用中国设计教育中的探索及中国的设计师以国际设计竞赛为平台表达新的设计观念的案例，进一步说明在转向以消费为引导的时代，受国际设计观念及研究的影响，以及中国设计师的"自觉"共同存在的特征。

第八章　设计观念的拓展。通过新世纪中国设计理论的建构，促使设计观念融合，探索开拓中国现代设计观念研究思想资源的路径，同时也对照搬、照抄欧美设计观念以替代中国设计观念提出质疑。

第九章　设计的"复杂思维"。重点叙述 21 世纪以后，大中华地区设计师的探索，本土设计的崛起、实践所展现的中国现代设计观念的文化特性。以设计观念实验的价值为基础，研究设计观念能量对产业的作用，提出基于设计的思想实验让理论与方法走向协同的可能性。

结语部分首先是对于为什么要研究观念史的一个小结，因为"观念"的研究与"概念"的研究有诸多的差异，正如华东师范大学中国现代思想文化研究所高瑞泉教授所说：概念要经过厘清，使之清晰、排除矛盾。而"观念"所代表的心理状态比较模糊和可能有矛盾，这正是"观念史"研究存在的理由和自身的特点。

　　中国设计一直精于概念研究，在设计的概念越来越澄清的同时忽略了观念所具有的多样性、矛盾性的特质，更是"遮蔽"了在不同的历史发展阶段设计观念的差异性。这既再一次表明了本书写作的目的，也显示了今后中国设计观念史作为长期研究的价值。

第二章

早期中国现代设计观念的源流

第一节

国际技术、产品转移中"设计观念"的渗透

　　一般认为"观念"都是通过著作、理论进行传播的，但是作为"设计观念"而言，还有一条经常被忽视的传播路径，就是随着技术、工业产品由欧洲向中国的转移所带来的新思想。中国的消费者用到西方的工业产品，解决了功能问题，进而体会到其设计的"妙处"，所以，工业产品成为"设计观念"的载体，更成了教育中国企业家理解西方设计思想的直接教材。只要国与国之间这种转移不停止，这种渗透就不会终止，只不过在早期是由西方向东方的单向渗透。

1. 一战前德国现代主义设计思想对中国的影响

1886 年，德国工程师卡尔·本茨发明了世界上第一辆汽车，但之后较长一段时间，公路运输只是水运和铁路运输的辅助，供汽车行驶的公路多是在原有的马车道基础上修建的。随着汽车制造技术的快速发展，汽车的舒适度、速度和载货能力均有了巨大的提升，公路运输的优势日渐明显。

1898 年德国侵占青岛，为了其军事、政治及经济掠夺的需要，于 1903 年开始修筑台柳路。1911 年辛亥革命光复湖南，在军情瞬息万变、军资运输繁重的情况下，没有一条便于调动军队、联系作战的现代化公路是行不通的，初任湖南都督的谭延闿决定优先发展军事设施。1913 年春，谭延闿设立湖南军路局，主持并修建了长沙至湘潭间一条长 53 公里的公路，这可以说是中国的第一条现代化公路。到 1921 年，这类公路已修建约 1184 公里，1930 年增至 46670 公里，再到 1935 年则增至 94951 公里。由于旧中国缺少现代化交通工具，以至于在这些公路上经常可以看到众多的牛、马车，甚至堵塞了交通，因此后来牲畜被禁止上路。但毫无疑问，这些公路使军队、警察和政府供给品的运输变得更为便利。[5]

在此期间有 9 家德国汽车制造公司与其他国外公司竞争。到 1936 年，中国已拥有 8 万辆各种类型的汽车。自 1932 年以来，进口数量已增加了 3 倍。[6]

当时，蒋介石政府的顾问塞克特有关国防工业的建议之一就是建造一座汽车制造厂，以摆脱对进口的依赖。由于中国军队一直以来装备德国产军械，戴姆勒·奔驰汽车公司一直为中央军德械化部队提供运输车辆，于是中国官员已确信那些柴油载重车比美国的汽油机载重车性能要优越得多。

经过谈判，1936 年下半年，政府控股的中国汽车制造公司宣告成

[5] 柯伟林：《德国与中华民国》，江苏人民出版社，2006 年，第 20 至 22 页。

[6] 柯伟林：《德国与中华民国》，江苏人民出版社，2006 年，第 231 页。

立，资本为国币 600 万元。工厂选址在作为铁路枢纽的湖南株洲附近，于 1937 年兴建。同时还建造了生产驾驶室、车身的工厂及一座修配厂，轮胎、玻璃和皮革等配件则由上海的企业制造。德国奔驰公司除了每年提供 1200 台柴油载重车底盘外还要负责设备安装、培训中国技术工人，目标是使该厂能完整生产奔驰载重汽车。

在航空领域，面对美国、意大利等国同行的竞争，德国以容克飞机的产品、技术与中国合资建造制造工厂并训练中国技术工人为合作条件最终赢得了竞争的胜利。由南京政府、德国银团和德国公司共同出资 400 万马克，容克公司负责承办所有材料供应，其中包括引擎。计划第一年生产 54 架单引擎轰炸机和 24 架多引擎轰炸机，三年内建造 200-250 架飞机。1935 年工厂最初选址在南昌，后来改为萍乡，最后定在杭州，由于抗日战争爆发，1937 年杭州的工厂设备被迫转移。

上述二例是民国"中国工业发展三年计划"的一部分，其中 10 个项目涉及采矿、机械制造（汽车、飞机制造等）、电器制造（无线电、电话机、真空管等）、炼油、化工等各方面，均由德国提供设备、技术及成熟产品，中国则以部分产品、矿产品的出口作为付款方式。民国政府提出国家基本工业建设的规划、发展国家资本企业事业的政策、鼓励发展私营工商企业的政策等，积极推动着交通运输业和基础工业的快速发展。

1940 年以后中德关系日趋淡化，但在合作期建立的政府组织架构仍在发挥作用。如翁文灏成了中国经济部第一任部长，该部是以德国经济部模式建立起来的。交通部长俞大维赴美入哈佛大学，后至柏林大学深造，任驻德国使馆商务调查部主任，1933 年任军政部兵工署长，1937 年抗战期间负责将沿海工业设备迁至内陆。

在企业方面，1930 年至 1940 年留学德国回国的人员，一直执掌台湾的重要公司，包括台湾电力公司、铝业公司、造船公司、糖业公司、汽车

▲ 1927 年，德国用奔驰汽车替代马车承担国家边远地区的邮政任务，线路开通当天，当地著
名人士出席开通仪式，并留下了马车、汽车交接时刻的珍贵影像。此举再次展示了奔驰汽车
过硬的技术，其先进的设计理念及工业化批量生产的方式，一直被中国人视作未来国家工业
化发展的样板。20世纪 30 年代中期，奔驰的载重车也成为中国军队、国家机构首选的运输工具，
其技术还被认为是启动中国现代工业发展的重要引擎，中国与奔驰公司合作生产中型载重车
是"中国工业发展三年计划"的重要组成部分

公司。美国学者 W.C.Kirby 认为："工业"和"军队"这两个领域构成了德国势力范围的基础，如果当时的蒋介石政府不关心建立一支现代化的军队，如果当时政府的决策不是建立重工业体系，而是用廉价劳动力发展轻工业的话，那就没有理由会依靠德国了。[7]

2. 二战后美国现代主义设计思想对中国设计的影响

中日战争的爆发以及日本人在中国战场的初步得胜，使希特勒选择了日本作为他的亚洲盟友，中德关系在 1938 年夏达到最低潮。日本侵华战争的加剧和 1939 年 9 月欧洲战事的爆发使得中德合作关系的复合越发渺茫，民国政府也被迫先是转向苏联，后来又向美国寻求援助。[8]

1936 年，国民党资源委员会奉命筹办中央机器厂发展汽车工业，1939 年 5 月买下美国斯图尔特汽车厂全部器材和设备，9 月在昆明成立中央机器厂第五分厂生产汽车，厂长史久朵。1943 年，陆军机械化学校派 32 人由清华大学陈继善教授带队去美国汽车厂实习。1946 年 6 月，天津汽车配制厂组装出第一辆飞鹰牌三轮汽车。与此同时，一批更加专业，具备了很高产业素质的汽车技术人才也脱颖而出。

孟少农先生（1915—1988）先后毕业于清华大学机械系和美国麻省理工学院汽车专业，在美国福特汽车公司和司蒂倍克汽车厂实习工作，1946 年回国任清华大学副校长、教授。他提出要将美国工厂搬到中国来开发小轿车，并成功领导了长春第一汽车制造厂（以下称"一汽"）、陕西重型汽车厂（以下称"陕汽"）和第二汽车厂（以下称"二汽"）几代产品的

[7] 柯伟林：《德国与中华民国》，江苏人民出版社，2006 年，第 105 至 112 页。
[8] 柯伟林：《德国与中华民国》，江苏人民出版社，2006 年，第 290 页。

研发工作，为中国汽车工业的发展做出了不可磨灭的贡献。

张羡曾先生 1936 年毕业于天津北洋大学，1945 年赴美留学。其间，他接触到大量先进的汽车知识。他明确指出：学习与模仿在一定的历史阶段是必需的，最终还是要回到自主创新和研发上来，只有创新，才可以赋予产品灵魂，也唯有有灵魂的产品，才能打造出有价值的品牌。

支德瑜先生早年毕业于浙江大学。曾赴曼彻斯特大学学习机械工程并选攻材料热处理专业，后在克劳斯雷兄弟公司实习和工作。回国后在一汽工作，与杨南生分别负责材料强度和汽车用材料的测试与选择。

张德庆先生（1900—1977）1923 年毕业于交通部南洋大学机械工程系。后赴美国、德国留学和实习，毕业于美国普渡大学获硕士学位，1952 年任重工业部汽车工业筹备组主任、长春汽车研究所所长。

袁正国先生 15 岁就到上海，在法国人开办的汽车修理厂学技术。后在一家英国机器模型厂当学徒，又到上海造船厂学习铸造模型并留厂工作。既有汽车修理技术又有铸造专业技能的袁正国是当时急需的人才，曾在一汽、二汽负责模具制作。

无线电制造业方面，早在 1936 年 9 月，设在湖南长沙的国民政府资源委员会中央无线电制造厂就开始装配环球牌五灯收音机，开创了中国无线电制造业的先河。1948 年国民政府资源委员会所属中央无线电器材有限公司南京厂以进口整套散件方式组装生产过美国飞歌牌 806 型五灯收音机 3800 台。

1948 年，国民党在内战中节节败退，开始筹划将大部分工厂迁往台湾，中央无线电器材有限公司作为国民政府最重要的高科技工厂，所有的设备都已经拆除运往码头，准备装船运往台湾。孙越崎当时担任国民政府的资源委员会委员长，在共产党南京地下组织的帮助下，他将这些设备重新运回南京，放在南京逸仙桥外的一座 3 层楼房中，也就是现在熊猫集团

▲ 美国福特汽车公司创立的流水线高效生产方式及其现代设计理念成为全世界工厂膜拜的对象，它的产品在20世纪30年代左右已经拥有了许多忠实的消费者。价格低廉、造型新颖、性能可靠的特性使其迅速占领了中国市场。富裕家庭的年轻人喜欢它的自动排挡设计，而政府机构用作公务车则可表明其身份，在上海的美商云飞出租车公司，其拥有的200多辆出租车均为福特。更加可贵的是福特工厂培养了一批杰出的中国汽车工程的奠基人，他们在此学到的不仅是汽车的技术，更是汽车的文化

的 4 号楼。新中国成立初期的通信设备大多产自该厂。1949 年南京解放后，该厂改名为南京无线电厂，并凭借现存的设备迅速恢复生产。当时我国全军使用的通信设备绝大部分都是此厂生产，如电影《英雄儿女》中王成用的 2W 报话机。除此之外，该厂生产的 150W 、1000W 报话机等多种通信产品用于中国人民志愿军，保证了战场通讯。[9]

旧中国民族工业的发展给国家的经济、政治、生活带来了巨大变化，然而帝国主义的侵略加上内战的消耗，到解放前夕，民族工业已经破败不堪。对于一个没有工业基础的农业国来说，想迅速发展壮大民族工业，无疑困难重重。对处于当时世界格局下的旧中国来说，依赖引进也就不足为奇甚至可以说是必须的。

第二节

关于图案的思想资源

"图案"一直被认为是中国现代设计观念的主要思想资源，这不仅是因为中国早期资本主义萌芽时代的催生，也是因为图案自身在国外已经有了相当成熟的体系，更是因为通过早期的图案教育，培育了中国的设计体系，使之成为中国设计院校中的"制式"思想方法。

南京艺术学院夏燕靖教授认为：早期的图案教育在我国设计教育史上

---

[9] 相关信息请查看中国江苏网 2012 年 5 月 14 日报道《志愿军用的报话机产自南京无线电厂》，网址：http://jsnews.jschina.com.cn/system/2012/05/14/013330430.shtml。

占有极其重要的地位，自 1902 年张之洞在南京设立三江师范学堂起，图案教育便被定为主课之一。夏燕靖在分析图案教育的类型时把它分成三部分：一是脱胎于清末民初的新式教育，二是直接师承手工艺作坊的师徒制传授，三是以日、德国早期设计教育为主的国外混合教育体系的移植。[10] 他认为，无论在西方还是中国，图案作为一种教授专业技能的课程，可以联结思想与实践，并希望在技术、经济、社会乃至审美诸因素间产生互相联系。

雷圭元先生曾认为：1918 年在北平美术学校创立的图案课，主要针对以工艺分类的各种用品的图案称为"工艺图案"，另外针对建筑装饰的图案，需加入工程、建筑知识。该校是在蔡元培"美育思想"影响下，由梁启超等人创办的第一所国立美术学校，其课程及办学方针学习了日本东京工艺美术学校的模式。雷圭元曾将中国图案教育分成三个时期：第一时期即上述 1918 年至 1926 年北平美术学校时期为初创期，可以认为是中国图案的起步时期，第二时期为 1928 年杭州国立艺术院创立到 1937 年抗战前，全国美术院校都开设了图案课，谓之发展期；第三时期为 1938 年以后，则是图案教育的移植期，以四川省教育厅长郭子杰创办四川省艺专为起始，师资几乎是国立艺术专科学校的班底，注重将图案及工艺教育与美术教育分离，并且谋求与当时的产业结合，直至抗日战争结束后各奔东西。[11]

雷圭元一生从事图案教学、图案创作和图案研究，他对图案所做的解释，是应用于一切美术、满足大众审美需要的一种装饰式样。这一观点初见于他从法国回来以后发表在《亚波罗》上的一篇文章《近今法兰西图案运动》，文中认为"切实地说起来，一切美术，都免不了有图案的成分在

[10] 南京艺术学院、南京艺术学院艺术教育研究所编：《设计教育研究 6》，江苏美术出版社，2007 年，第 27 页。

[11] 宋建明、王雪青主编：《匠心文脉、往事如歌中国美术学院设计艺术八十年》，郑巨欣：《匠心文脉，传承有道——从开始至 1966 年前》，中国美术学院出版社，2010 年，第 29 页。

里面"。文中说道，除了木工、铁工以及陶瓷、玻璃工艺外，即使绘画、雕刻的创作也具有图案的特性。所以生产者首先应该将图案列入他们的工作计划中，可惜的是当时大部分人忽略了这项工作。一切工业产品的设计，除了讲究功能之外，它的形态、色彩必须符合时代大众的喜好，为之所进行的工作即可称为"图案"。而通过研究每个时代产品的形态、色彩等装饰手段则可以看到当时的生活特征及生活趣味。与此同时，雷圭元又强调了样式变革与创新的重要性，他认为所谓装饰的样式应该随时代而变化，应该充分地表达人的精神世界，应该放弃个人的成见、老套的奢侈表达，应该本着为使用者创造好的生活必需品的目标而进行工作，所以要有与时俱进的头脑，时常要关注新时代所需要的新东西。

从这段话来看，雷圭元认为图案是满足大众审美需要的一种工艺品的样式，这里的工艺品是指生活必需品，而样式是随着时代的发展而变化的。作为一个图案家，必须与时俱进，根据时代的发展需要，为大众创造生活必需的工艺品。这个概念，与今天的艺术设计虽然不能完全吻合，但基本内涵是一致的。

在雷圭元晚年撰写的文章中，对图案做出这样的定义："图案有狭义和广义两种含义。狭义的图案，是指平面的纹样的符合美的规律的构成；广义的图案，则是关于工艺美术、建筑装饰的结构、形式、色彩及其它附属装饰纹样的预先的设计的通称。"在雷圭元的思想中，"广义的图案"就是"设计"，因此他主张这两个名词不妨和平共处，"愿用图案就用图案，愿用设计就用设计"。

而就"图案"界定比较直接的是陈之佛先生。他 1915 年毕业于浙江省立甲种工业学校并留校任教，1917 年写了我国第一部图案教学讲义。1918 年，陈之佛东渡日本考入东京美术学校（今东京艺术大学）的工艺图案科，成为中国在该校学习该专业的第一人。1923 年回国，他曾创办"尚美图案馆",尝试进行"设计服务"。[12]

陈之佛先生对日本引进西方当时的艺术设计理论,并在教学和实践过程中使用有关名词以及这些名词的内涵是比较了解的。从他早期的文章来看,他使用了"图案"、"工艺"、"意匠"、"美术工艺"、"工艺美术"等词。作为设计理论家的陈之佛从一开始就认为有必要首先搞清楚概念的含义,因为概念反映了一门学科的性质和发展方向。

首先是"图案"。在陈之佛看来,图案的本义就是 design,也即我们今天所说的艺术设计。他在 1937 年《图案构成法》一书的第二章"图案的意义"中明确地说:"图案在英语中叫'design',意为'设计'或'意匠'。所谓'图案'者,是日本人的译意,现在中国也已普遍应用。然这不过是对于图案的名义而言,至于图案内容的意义,则颇有不同的解说。"在列出了图案的几种不同定义后,陈之佛说:"综合以上各种定义想来,图案是因为要制作一种器物,想出一种实用的而且美的形状、模样、色彩表现于平面上的方法。故当制作图案之时,第一先要考虑它是否适于实用;其次,实用之中还须使它含有美的要素,俾观者能起快感,而尤不可不是创作的,但又不可全是空想的,必须顾及于实际制作上的是否可能。而且对于制作实物所需的材料以及工作难易等,在制图之先都不可不有充分的研究。"他在另一篇《图案的目的与意义》一文中也说,图案简言之就是"把自己所想制作的物品的雏形,借用图画表现出来"。换言之,是在制作一件物品之前,考虑构思这种物品的造型、纹样、色彩,把这种构思用平面图纸表达出来的,都叫"图案"。在陈之佛眼中,图案是工艺之母,不是在已经完成的物品上覆盖一层纹样,也不是单纯地对产品做美化工作,而是在产品制作之前的综合性考虑,所以有时候也称其为"考案"。他在《现

[12] 袁宣萍:《浙江近代设计教育(1840-1949)》,浙江人民出版社,2008 年,第 190 页。

代表现派之美术工艺》中提道："工艺品本来是从考案和制作两方面完成的。"因此，他所说的"图案"很接近于今天"艺术设计"的性质。[13]

陈之佛也经常使用"意匠"一词，他说："图案是设计的图样，里面包含有意匠的意思。意——美的思考，匠——科学的处理，如果没有美的思考，只有科学的处理，是死板的，反之便是抽象的，必须两者融合、结合后才能成为完美的东西。""意匠"一词在中国古已有之，可以指诗文的构思过程，在陈之佛的概念中，"意匠"也就是构思的过程，是用作动词的，类似于今天所说的"设计""构思"等。

关于"工艺"，也即"美术工艺"，陈之佛在多篇文章中谈到这个名词。1929年在《现代表现派之美术工艺》一文中，提到了工艺品和古董的不同。工艺品是艺术和工业两者要素的结合，以人类生活的向上为目的，所以工艺是寓于人类日常生活的要素——实用之中，同时又和艺术的作用融和的一种工业活动。在当时的情况下，中国的工业极不发达，大部分生活必需品为手工制作，因此，当时的美术工艺大部分是手的产品，但这并不是说美术工艺等同于手工艺。陈之佛在《美术工艺的本质》一文中强调，美术工艺是一种实用美术，并再次将美术品、工业品、古董品、奢侈品和美术工艺品等做了比较与辨识。美术品是纯艺术的，工业品是纯技术的，都不是工艺美术，古董品以人类的好奇心为对象，奢侈品是超出了必要尺度的消费品，后两者虽然也是美术工艺的一部分，但却是数量很少的一部分。在陈之佛心目中，从大众的生活实际出发，以实用为目的，又以美的规律为要素创造出来的工业品（包括手工艺品）才是真正有生命力的美术工艺。同样，他在《应如何发展我国的工艺美术》一文中也反复强调："工艺美术是什么？工艺美术是一种实用的美术，这是大家所知道的。就因为是实

[13] 袁宣萍：《浙江近代设计教育（1840—1949）》，浙江人民出版社，2008年，第173页。

用美术，所以它的内容，必定含有实用和美两个要素。它是适应人类日常生活的需要——实用之中同时又与艺术的作用相融合的一种工业。""美术工艺"与"工艺美术"的内涵完全一致，都是指具有艺术价值的工业品或将艺术与工业结合起来的一种创造性活动。

综上所述，我们发现陈之佛在不同的场合使用图案、意匠、美术工艺(工艺美术)等概念,这些概念既互相联系又有所区别。按今天的话来说，图案是设计图，意匠是设计构思，美术工艺或工艺美术就是艺术设计，这一点原本是明确的。但是，由于近代中国工业极不发达，很多工艺美术品是手工制作，造型不是太突出，设计师需要做的常常是为产品设计纹样，久而久之，工艺美术品成为手工艺品的代称，渐渐疏离了与生活的密切关系，而图案也变成了对表面纹样的称呼。实际上当年陈之佛坚决反对的正是把工艺美术品当作古董来鉴赏，一再强调的也正是工艺美术与日常生活的密切关系。但是这样的片面认识的确在社会上普遍存在。因此可以说，广义的图案是指"艺术设计"，狭义的图案是指"纹样"；广义的工艺美术也是指"艺术设计"，而狭义的工艺美术往往指具有美术性质的"手工艺"。

有意思的是，陈之佛较少用到"装饰"这个词，他在《现代表现派之美术工艺》一文中说："至于装饰，则完全是考案者的分内之事。装饰和形当然非使看者或使用者发生魅力漫雅的快感不可，如果无意义地发挥个性于装饰之内，则不如使由装饰上感受到美的快感。"因此陈之佛认为设计者可以在这一方面充分表现自己的才华与人格，"如此则真美毕露，而有永远的生命，决不致使看者或使用者只感有刹那间的虚饰之美了"。

陈之佛在具体操作上主张通过写生变形来实现。这与雷圭元的主张有较大差异，他认为"写生是观察能力的表现结果"。首先培养自己的观察能力和写生能力，然后再按照图案、美观与使用相结合的原则和图案构成原理进行创造性表现。

作为一辈子从事图案教学和工艺美术事业的先驱，陈之佛的著述中最多的还是对图案本身的学术探讨，总结创作和学习的方法与途径。早在 1917 年他在浙江省立甲种工业学校担任组织图案教学工作期间，就编写了《图案讲义》，并拓印成册，受到了工校校长许炳堃的鼓励。一般认为，这是目前所知中国近代最早的自编图案学教材，遗憾的是已无从查考。陈之佛后赴日本东京美术学校学习图案设计，1929 年回国后，又编成《图案》一书。陈之佛早期的图案专著和论文很多，如《图案法 ABC》（1930）、《表号图案》（1934）、《图案材料》（1935）、《中学图案教材》（1935）、《图案构成法》（1937）、《中国历代陶瓷器图案概观》（1935）等，新中国成立后又编写了《中国图案参考资料》、《古代波斯图案》等。陈之佛也不是只著书而不实践，相反，他从日本回国后就在上海创办"尚美图案馆"，期待以独立设计事务所的方式向企业提供自己的设计图案，一生中有大量图案作品传世。作为花鸟画大家，陈之佛的绘画创作也取得了极高的成就。因此，陈之佛的图案学著作绝不是闭门造车，是他终身学习和创作经验的总结，而且，他也是以自己的理论影响和教导学生的。

陈之佛在《图案法 ABC》中说："研究图案，应先选定一种方针，便觉容易入手，大约可分四种路径进行：1. 研究线、形、色调等美的原则。2. 由实际的经验和随时的观察，研究装饰品、美术品、工艺品之类的实用的原则。3. 古代制作品的研究。4. 自然的研究。"他注意到中国图案资料的缺乏，产生汇编图案素材的想法，并付之行动。

陈之佛的图案教学重视图案的基本功训练。他认为图案的基础教学，"写生变化"是关键。对于这个问题，陈之佛与致力于探讨中国图案独特构成法则的雷圭元先生有所不同，即特别强调图案与生活、图案与自然的关系。"图案实在是创造才能的表现，写生是观察能力的表现结果"，首先培养自己的观察能力和写生能力，然后再按照图案美观与实用相结合的原则和图案的构成原理进行创造性的表现。因此这种教学方法势必强调对"自然的研究"。陈之佛说："所谓自然者，即一切动植物、人物以及天象地文等，随时随地在我们的周围任我们去采择以作图案的资料。但这个时候，图案制作者自身的思想和感情上所发生的艺术的创意，不可不加于资料之上。图案制作者从自然选择适合于某种图案的形态，不论写生的、变化的，或者想象的，其结果必给他一种特性，这种特性，就是所谓创意。然制作图案的时候，往往在选取一种资料之后，又疑惑这种资料是否适用于图案。这类情形，我以为一定是图案法则尚未完全了解之故。假使能够把自然的精神、自然的美，亲密去揣摩，不论一花一叶到手，都能够捉住它的美的要点，以清新的心地，引起一种想象，则自然现象自然妙趣横生地表现于图案上。所以把蜜蜂的翼在显微镜底下详细调查其形态这等的研究工作，绝非图案研究的本意。在野外山间观察飞去的幻影，俯其神妙之处，像这般的研究，才是图案家对自然的真研究。" [14]

有众多学者撰文认为陈之佛与雷圭元两位老前辈开创了中国的设计教育，也开创了两类不同的图案观念。首先两位都是积极接受基于工业化时代的思想方法，充满人文情怀，没有传统文人只是习惯用已经熟知的知识去读解新知识的习气，他们之间实质上是没有差异的，只是运用的思想资源不同而已，尤其是他们回国后不久便努力整理中国传统"图案"，力求发现其文化特色方面的相同之处，这既是当时中国艺术界"介绍西洋艺术、整理中国艺术、调和中西艺术、创造时代艺术"精神的反映，也是当时这

---

[14] 袁宣萍：《浙江近代设计教育（1840–1949）》，浙江人民出版社，2008 年，第 181 页。

些前辈自觉将自己的思想方法与思想资源对应起来的一种尝试，因为前者大多是从国外学习、移植来的，后者则是本土特有的。从对中国设计发展的任何一个阶段考察来看，当思想方式与思想资源有效结合在一起的时候，一定是中国设计快速发展的时期，反之则出现停滞状态。

中国早期对"图案"的认知充分反映在中国主流的设计教育中。1928年，国立艺术院成立后，首任教务长林文铮先生曾在《为西湖艺院贡献一点意见》一文中就图案问题有过以下阐述："图案本为工艺之本，吾国古来艺术亦偏重于装饰性，艺院创办图案系是很适应时代之需要的。艺术中与日常生活最有关系者，莫过于图案！图案之范围很广，举凡生活上一切用具及房屋之装饰陈设等皆受图案之支配。近代工艺日益发达，图案之应用日广，三年前在巴黎竟有大规模的国际工艺博览会之举行。巴黎之工艺专门学校其人数不亚于美专，可见近代艺术之趋势已渐次偏重工艺了。吾国之工艺完全操诸工匠之手，混守古法毫无生气。艺院之图案系对于这一节应当负革新之责任，我们并希望图案系将来扩充为规模宏大之图案院。"从这段话中可以看出，国立艺专当初设立图案系的目的非常明确，即通过图案教育，革新中国之工艺，改变中国传统工艺因循守旧的局面。因为图案为工艺之本，与日常生活紧密相关，一切生活用具和房屋陈设皆受图案支配。这里的图案绝非仅仅指装饰纹样，也与造型、规划有关，实际上与今天所说的艺术设计具有基本相同的内涵。当然，由于受工业发展水平的限制，当时的设计更多地偏向于装饰性也是可以理解的。

尽管学校在建院之初就重视发展图案系，但实际条件毕竟还是不尽如人意。可以说，杭州艺专在起步阶段的办学条件是相当艰难的。杭州艺专的师资人数不多，但每个人都学有专长，并有良好的教育背景。[15]

---

[15] 袁宣萍：《浙江近代设计教育（1840-1949）》，浙江人民出版社，2008年，第112至113页。

刘既漂先生，广东人，教授，先后就读巴黎国立美术专门学校和巴黎大学建筑系。两校均为西方美术界名校，在建筑上以学院派教育而著名，即侧重于绘画、装饰和建筑艺术的教育体系。刘既漂是建筑艺术的科班出身，对装饰艺术也是得心应手。他在法国留学期间与林风眠、林文铮是好友，1924年为海外艺术运动社"福玻斯（phoebo）"的成员。同年4月，"福玻斯"与另一留学生团体"美术工学社"，第一次在法举办旅欧华人中国美术展览会，刘任筹备委员。刘既漂出任杭州艺专图案系主任，为当时以日本为主要学源的国内图案界带入一股法国风。虽然在任时间不长，但刘既漂在第二年的西湖博览会设计上大显身手，展示了崭新的设计观念。

中国早期图案教育中日本教师的贡献十分特殊，1918年，北京美术学校日籍教师鹿岛英二，采用小室信藏的《一般图案法》作教材，课程有"写生临摹与新案制作"、"平面图案制作"、"平面图案法"、"立体图案法"。

国立杭州艺术专科学校则有日本明治维新以后的新派图案家斋藤佳藏，曾担任过东京帝国大学美术学院教职，还有一名叫成田虎次郎的助教，在二方连续图案及四方连续图案方面特别擅长。

在杭州国立艺术专科学校内部，由师生一起成立了"蒂赛图案社"（很可能蒂赛即design）、"图案研究会"、"实用美术研究会"等组织。1932年第59期、67期《良友》画报发表了蒂赛社的设计作品，包括海报、染织和陶瓷茶具等作品。"图案研究会"由1944年考入杭州国立艺术专科学校的田自秉发起并任会长。

虽然从主观认识来看，图案一直是强调服务于产品设计，也就是讲直接服务于产业发展的，但图案的最大应用领域是染织行业，陶瓷设计、玻璃、搪瓷等，包括造型与装饰的需求也使图案能量得到了极大的释放。在平面方面，包括书籍封面设计、商标设计、广告包装设计等，应用较多的还有建筑装饰，甚至可以认为在中西合璧的"装饰风格"中发挥了巨大作

▲1929 年西湖博览会博物馆建筑设计效果图，
刘既漂设计

▲西湖博览会入口建筑设计效果图，刘
既漂设计

用。另外在动画片创作、展示、橱窗等领域也有充分的体现。但是很遗憾地发现图案却迟迟没有进入装备产品、交通工具等设计领域，这些核心产品的发展都有着各自不同的路径，与图案没有太大交集。客观地讲，图案在以后很长的一段时间内一直"内化"为教育，但是这并不能否认图案对中国现代设计思想的贡献，特别是对设计师素质的培养，几乎中国所有的设计师都接受过不同类型的图案教育，图案的观念也随着时代的变化努力扩展着自己的外延，回应着时代的需求。

第三节

欧洲设计运动对中国设计观念的影响

　　19 世纪末 20 世纪初，欧洲现代艺术设计思潮风起云涌，异常活跃。"新艺术运动"是当时在欧洲、美国产生并发展起来的思想活动，涉及十几个国家，涉及的领域除绘画、雕塑外更表现在建筑、产品（尤其是家具）、服装、装饰产品、海报、书籍插图等方面，其思想特征与 1860 年至 1890 年由英国威廉·莫里斯领导的"工艺美术运动"如出一辙，那就是反对维多利亚式复杂的装饰，转向自然，寻求灵感。如果说英国工艺美术运动主要导向哥特式风格，并将之作为自己新风格借鉴的话，新艺术运动则确认自然界中的不存在直线，强调用曲线进行设计，以曲线表达有机形态，具有"自然主义"的特点。

　　反对工业化似乎是新艺术运动的另一个主张，在 1900 年法国巴黎世界博览会上展出的家具和室内设计中表现得更加突出，但与前者不同的是这些设计风格是由几个具有较大影响的家具设计、环境设计团体来完成，而不是像英国工艺美术运动中由几个小团体来完成的。其中比较著名的有"新艺术之家"、"现代之家"、"六人集团"。

　　新艺术运动在比利时出现了亨利·凡·德·威尔德这样具有强烈的民主主义主张的设计师。这位建筑专业出身的设计师与持社会主义主张的人士关系甚密，努力将各种纯艺术引导到具有实用价值的设计上。他同时领导着一个 20 人的小组，除介绍威廉·莫里斯的英国工艺美术运动之外，经常展出自己的设计新作，他甚至与莫里斯一样动手设计了自己结婚的家具、用品及室内装饰。所不同的是他并不反对机械生产，他认为机械是产生新

▲ 沈理源 1926 年设计的中国银行，是用大理石立柱及新古典主义风格处理的立面

文化的重要因素，由理性构想的结构原理及实用的特性才是实现美的途径。1906 年他前往德国魏玛市，取得了开明的魏玛大公的支持，创办了"魏玛工艺与实用美术学校"，开办至 1914 年第一次世界大战前。1919 年则在其基础上创立了包豪斯设计学院。同时他还是德国工业同盟的创始人之一，他提出了产品"结构合理，材料运用正确，工作程序清晰"三大设计原则，由此可见他已经超越了新艺术运动中的其他成员，进入了现代设计的范畴。

新艺术运动在西班牙出现了安东尼·高迪的萨格拉达大教堂、文森公寓、居里公园等，在苏格兰则出现了查尔斯·麦金托什及格拉斯四人设计集团，在奥地利造就了"维也纳分离派艺术"，在德国则出现了"青年风格"，其最重要的人物是设计 AEG（德国电器公司）钢筋混凝土结构、玻璃幕墙厂房的彼得·贝伦斯，他为其设计了电风扇，一直影响德国其他设计的发展，而在英国则出现了以比亚兹莱为代表的平面插图，此风格直接影响了以后中国的设计。

在新艺术运动中，日本销往欧洲的产品起到了重要作用，被称为东方风格，并且被认为是一种时尚，上述各个设计师、团体均受到影响。

随着 1925 年巴黎国际装饰艺术和工业博览会（以下称为"装饰艺术展"）的举办，一种更具积极意义的装饰艺术运动登上历史舞台。所谓装饰艺术运动更强调弘扬机械之美。此时的欧美工业化程度大幅提高，作为交通工具的汽车已经十分成熟，其机械的逻辑和带给人的切实速度使之成为新时代的象征和未来的希望，这种感觉启发着装饰艺术运动的每一位参与者。这场运动很快在巴黎发轫和推广，大家用简单的几何外形及强烈工业感觉的色彩来进行家具、陶瓷、金属产品、玻璃产品、首饰、平面广告等设计，而这种思潮传到美国后则更多地应用在建筑设计、室内设计和其他公共设施的设计上。但根本上装饰主义运动的设计还是追求奢侈、豪华

▲ 沈理源 1931 年为法国俱乐部设计的小型建筑中大量应用了几何形态的图形装饰，特别是正门处，两侧庄严的玻璃灯柱立于石柱上方，中间是大门，隐藏在逐级内收的华丽镂空花饰后面，具有装饰主义的设计风格

的样式，与后来以包豪斯为代表的现代主义设计运动为无产阶级服务的理念还是相差许多。

庞薰琹先生参观了 1925 年在巴黎举办的"装饰艺术展"，他在回忆录中写道："引起我最大兴趣的还是家具、地毯、窗帘，以及其他陈设，色彩是那样调和，又有那么多变化，甚至在一些机械陈列馆内，也同样是那么美。这是我有生以来第一次认识到，原来美术不只是画几幅画，生活中无处不需要美术……也就是从那时起，我心里时常想，哪一年我国能办一所像巴黎高等装饰美术学院那样的学院就好了，从那时起，我对建筑以及一切装饰艺术开始发生兴趣了。" [16]

与装饰艺术运动几乎同时并行发展的德国包豪斯学院于 1919 年创立，至 1933 年被纳粹关闭。包豪斯学院因兼具知识分子的理想主义浪漫和乌托邦精神、共产主义目标、实用主义的方向和严谨的工作作风成为全球独一无二的现代设计学院。包豪斯的发展历程已有各类专著介绍。庞薰琹在 1933 年曾参观了包豪斯建筑，并深受感动。另一位同时代的郑可先生也在 1936 年至 1937 年参观巴黎世界博览会期间，对包豪斯设计学院进行了深入考察，此次考察决定了他一生的设计观念和成就。郑可曾就读于巴黎市立装饰美术学院，回到香港后开设美术服务社，购买了各类小型加工机械，设计领域涉及陶瓷、玻璃、雕塑、工业产品等领域。而最有意义的是，他的学生、学生的学生一直秉承着现代设计的理念，在中国汽车设计、日用品设计、装饰艺术等领域作出了杰出的成就。

中国设计先驱们在观念上的转向直接影响了中国现代设计的进程，但也应该客观地看到，作为具有艺术教育背景的中国设计先驱面对这一时期

---

[16] 田君：《中国现代艺术设计教育的萌发——民国工艺美术教育研究》，《设计教育研究》，2007 年第 6 期，第 75 页。

欧洲纷繁的文化思潮和社会观念，要从整体上进行把握还是有障碍的。另外不可忽视的一个事实是，当时经过工业化洗礼的欧洲，各种制造技术已经完全成熟，所以当一种设计观念被推出的时候，就可以用适当的技术加以支撑，而技术又启发了新的设计观念的产生。而经过思想启蒙的欧洲人，此时的思想潮流还朝着一个"统一科学"的方向前进。所谓统一科学不仅仅是局限于自然科学中诸学科的统一，还是自然科学与人文科学的统一。在自然科学与人文科学之间并不存在绝对不可逾越的鸿沟，秉承这种思想的人认为"全部知识在原则上构成一个整体"，他们希望科学态度在艺术，特别是建筑艺术的文化创造中，在为人类生活争取有意义而进行的文化实践中，在服务于个人的自由发展和社会协作而展开的文化教化中起着越来越重要的作用。[17] 由于"统一科学"思想的客观存在，在当代的设计史研究中已被作为重要线索而引起重视，王受之教授的《世界现代设计史》一文中有记载：20世纪初芭蕾舞等传统艺术进入重大变革时代，俄国芭蕾舞到西方演出，更受到西方艺术思潮的影响。1902年推出的斯特拉文斯基的《火鸟》、《春之祭》等新作，舞台及服装设计十分超前、大胆，影响了法国的时装设计界。另外美国爵士音乐的兴起为蓬勃发展的现代设计运动注入了新的活力。

持"统一科学"思想观点者曾经与德国包豪斯设计学院的教师们有积极的联系和联合行动。他们倡导的以科学的世界概念重建现代社会生活的观念在包豪斯设计学院得到了极大的共鸣，他们将彼此视作支持科学、理性与进步的现代世界观的盟友。在他们看来，包豪斯提供了一个统一科学的典范，其特征就是"科学与艺术的融合"。

在研究方法上，逻辑经验主义者反对形而上学，强调实证研究，这种

---

[17] 胡新和：《科学哲学的问题逻辑》，科学出版社，2013年，第130页。

研究方法在很长一段时间内成为现代设计的重要思想方法。正是因为各种思想的互相碰撞，才使得以包豪斯为代表的现代主义设计运动蓬勃发展。

当时中国工业基础的薄弱、产业的不发达以及现代思想的缺位，导致中国设计先驱的设计能量大打折扣。特别是回国以后，他们一般都经历了短暂的作为自由设计师的设计服务工作后便到学校任教，虽然存有梦想，但大都一筹莫展，但由他们承接的各种设计在中国各类杂志、媒体上都有介绍，成为当时中国现代生活的风向标。

从更广阔的视野来看，建筑领域中国设计师转向现代主义之路显得更加顺理成章，并可以用"华丽转身"来形容。

1932 年有两种著名的建筑期刊作为专业文献面世，其中之一是《建筑月刊》，其二是《建设者》。后者在创刊号的首篇文章中就指出未来行业的五大计划：其一是形成一个强大的团体，其二是抛弃个人利益，其三是认识到我们的地位及使命，其四是学习最新的理论，其五是不要在一个地方停留。宗旨是：运用科学方法，改变建筑的道路，寻求国家真正的进步；运用科学机器，改善生产材料，停止进口国外材料，增加行业知识，鼓励在建筑领域走出新路，奖励专业著作，为建筑业创新共同努力。[18]

上述观点的形成首先得益于当时国家资助了众多学习科学工程的留学生赴西方留学，建筑也是其中之一，而当时对学习纯艺术的留学生是没有资助的。这些归国学生在不同时期从西方各国带来了新的建筑理论和实践经验。其次，受中国城市现代化需求的拉动，新建筑大量涌现势必成为国际设计思潮表述的载体。大批国际建筑师来华，本土建筑师更有机会一同参与新建筑的设计。这一时期的中国建筑几乎涵盖了世界上各种潮流的建

[18] Edward Denison、Guang Yu Ren：《中国现代主义：建筑的视角与变革》，吴真贞译，电子工业出版社，2012 年，第 97 页。

筑风格。再则，中国建筑师的设计实践，不仅使中国建筑演绎了从古典主义到新艺术运动到装饰主义的丰富理念，更重要的是确立了现代主义设计理念的设计实体，并在此基础上系统地传播了现代主义设计思想。这种由"实践与理论"共同构成的生动教材一直影响着以后中国现代主义设计观念的形成、发展和能量的释放。

当时在中国活跃的众多建筑师中，除了已经被反复介绍过的中外建筑师以外，有一位较少被提到的建筑师沈理源先生（1890—1950）。他是早年为数不多的意大利留学生，先在那不勒斯一所技工学校学习工程，后转学建筑。1915 年回到中国以后在天津开设了华兴建筑工程公司，于 1926 年设计了中国银行的建筑，以大理石立柱及新古典主义风格的立面处理为特色，设计意图是通过引进西方传统美学来传达一种文明的氛围。而在 1931 年他为法国俱乐部设计的小型建筑中则大量应用了几何形态的图形装饰，特别是正门处，两侧庄严的玻璃灯柱立于石柱上方，中间是大门，隐藏在逐级内收的华丽镂空花饰后面，具有装饰主义的设计风格。1934 年，沈理源为新华信托储蓄银行设计大楼时，刻意强调了建筑的框架，以之替代了传统的立柱，建筑两侧的长廊柱将细长的长窗进行分割，使得建筑看起来更加高大，雕刻图案的厚重石板为横向分割，由此形成了层次分明的建筑立面。这种银行建筑风格与当时其他银行的风格很像，沈理源的设计经历几乎是那个时代中国建筑师设计观念转换的典型案例。

第四节
黄作燊直接传授现代主义设计观念

　　黄作燊先生祖籍广东番禺，1915 年出生于天津。父亲黄颂颁曾在黄埔"水师学堂"学习，后只身来到天津，成为英商亚洲石油公司的经理。由于有了较为丰厚的收入，经常收集古董、欣赏书画，并与社会名流来往甚密。当时作为中国现代化先进城市的天津，不少知识分子已经较为充分地了解了西方的技术和思想，学习西方科学、艺术的想法在两代人的心目中萌生。黄作燊的兄长后来成为我国著名戏剧学家的黄佐临已在英国学习戏剧，父亲决定将黄作燊同样送到英国留学，只是不再学习纯艺术，而是由艺术出发，寻找一门更具有实际操作性、能够直接贡献于国家建设的知识，而且是能够保障自己生活的专业，因此，不同于传统建筑教育、具有前卫教育观念的英国 A.A. 建筑学院成为了黄作燊的首选。

　　1933 年 5 月至 1939 年 1 月，在第一代海归建筑师陆谦受先生的推荐下进入英国 A.A. 建筑学院学习，该学院是由 A.A. 建筑协会（Architectural Association）主办的一所学校，而这个协会的大部分人都认为传统的建筑概念太陈旧而脱离了英国皇家建筑师协会（RIBA）。特别是 1934 年，德国包豪斯学院创始人格罗皮乌斯因其学院被纳粹政府关闭而流亡到该校，格罗皮乌斯强烈的理想主义和英雄主义气质及人格魅力深深地鼓舞着黄作燊和所有的学生，成为大家的偶像。尤其是关于"建筑的美在于简洁与适用"的名言成为黄作燊一生建筑思想与实践的基础。另外，格罗皮乌斯关于建筑材料与形成关系的探索和建筑师要面向大众的主张成为他最核心的学术思想。

　　1937 年，格罗皮乌斯受美国哈佛研究生院聘请前往执教建筑专业，黄作燊则以优异的成绩被录取，实现了他成为其学生的梦想，也使得已经扎根在他心中的现代主义设计观念进一步丰满。黄作燊的教育背景，使他有了直面西方现代主义建筑大师的机会。20世纪30年代末他去欧洲旅行时到法国巴黎拜访了勒·柯布西埃，在参观设计事务所时两人进行了深入的交谈。柯布西埃的思想直接影响到了他回国后的早期作品——现在位于上海万航渡路上的中国银行职员宿舍。同时他还与米斯·范·德·罗、阿尔瓦·阿尔托有交往，特别是后者1938年为纽约世界博览会设计的芬兰馆让黄作燊再次感到材料与形态相结合的魅力。但他认为格罗皮乌斯的思想更纯粹，更具有未来性，这种想法一直体现在他回国后创办圣约翰大学建筑系的教育思想和学术导向中。

1947年或1948年，黄作燊在英国驻上海领事馆的演讲中明确地阐述"建筑学不在于美化房屋，相反，它应在于如何优美地建造"。[19] 对于这句引用自托马斯·杰克逊爵士的话，黄作燊作了具体的说明：如果建筑师的工作仅仅是对房屋进行美化，对他们的培养就无异于任何其他艺术家的培养。一个人如若能承担装饰一幢房屋的任务，那这幢房屋不会是他自己所建，而是由其他建造者来完成的。这就意味着，此时的建造技术可能与建造艺术相脱离，这样的工作显然是不够充分的。

本着这种目的，圣约翰大学建筑训练的课程中，以"构成"为核心，训练学生对形态、材料、体块、色彩、空间的表达能力，增加学生的创造力，并相应地减少了"美术"的课程，其训练严格程度远不如中央大学。另外，也没有像传统建筑学院一样在"渲染练习"上进行严格的训练。但是，黄作燊开设的"建筑理论"课程则比较完整地介绍了现代主义的设计

---

[19] 同济大学建筑与城市规划学院编：《黄作燊纪念文集》，《一个建筑师的培养》，黄植提供原文，束林、卢永毅译，中国建筑工业出版社，2012，第3页

▲ 黄作燊（1915 年 8 月 20 日—
1975 年 6 月 15 日）

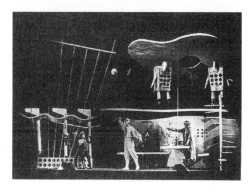

▲ 为黄佐临的话剧《机器人》所设
计的舞台背景和道具

作品，同时还广泛地介绍了现代主义画家马蒂斯、毕加索，音乐家马勒、德彪西、斯特拉文斯基、勋伯格，这些与格罗皮乌斯等人同时代的作品与思想。更不可想象的是，他请来了工程专家讲解喷气式飞机发动机的原理、现代汽车等工业产品的设计。

至此，中国现代设计的思想能量已经集聚，并且已经形成了完整的逻辑，但由于种种原因，关于黄作燊及其同事、学生的设计教育实践只局限在建筑史领域研究。由于黄作燊的经历，他对国际现代主义设计观念表述得最完善、最充分，而不再是停留在"揣摩"、"推测"、"类比"的层面上。到 1952 年全国高等院校院系调整时，黄作燊及其同事一同进入同济大学建筑系。这种现代主义设计思想一直成为后来者"原创"的土壤和基础，深深地影响了中国现代设计观念的形成，为现代主义设计能量在中国的释放、延续以及发展做出了不可替代的贡献。

第三章

国际现代主义设计观念在中国的释放

第一节

民国工业化思想对于设计的影响

　　1840 年 6 月第一次鸦片战争开始，到 1842 年 8 月《南京条约》签订，这场战争打乱了中国两千余年来封建经济发展的历史进程，开启了半殖民地、半封建的中国社会历史，某种意义上看，也是中国及世界上政治、经济落后的国家被迫卷入工业化进程的开始。

　　西方的工业革命标志着其工业化的开始，英国约为 1760—1830 年，法国为 1830—1860 年，德国失去了在第一次工业革命中崛起的机会，但封建的容克家族却以自上而下的方式，在 1840—1875 年间走进了工业化时代，美国在 1865—1890 年，日本则在 1868—1900 年相继发生工业革命，实现了工业化，并开始了野蛮的殖民掠夺。

此时，以林则徐、魏源、冯桂芳为代表的地主阶级知识分子通过向西方学习开始了中国工业化的思考，其中以魏源的"师夷长技"学说最为经典，可以认为是中国工业化模式的最早集中表述。

1856 年 10 月爆发，到 1860 年 10 月以失败为结束的第二次鸦片战争，唤起了更多中国知识分子的思考，形成了初期的资产阶级改良派，代表人物有马建忠、薛福成、郑观应等，主要是提出了"重商"的经济思想，史学上认为这是"与传统经济思想决裂，并初步形成中国工业化思想的标志"。持"重商"思想的代表们希望优先发展贸易，进而带动国民经济其他部门的大发展，建立资本主义经济实质上是一种商业先发的工业化思想。

随后的洋务运动是清朝自上而下的自救运动，曾国藩、李鸿章等人建立了中国的大机器工业，开启了工业化的大门，在产品方面制造了船舰、枪炮，后来又涉及民用工业，推动以机器替代手工的变革，并实现了新的生产组织方式的变化。同时为西方传教士在中国传播西方工业国家的技术和科学思想铺平了道路。

1894 年中日甲午战争爆发，至 1895 年 4 月签署《马关条约》，标志着中国再次战败。以康有为、梁启超为代表的资产阶级改良派发动维新运动，主张把发展机器大工业、实现国家工业化作为经济改革中心。至此，他们摆脱了"重商"的观点，确立了中国工业化思想的新基础。相对于"重商"的观点，康有为明确提出，中国"他日必以工立国"，[20] 其对西方考察的重点也由流通领域转向生产领域。同时严复以资产阶级启蒙思想家的角度切入，大力宣传西方经济自由主

[20] 康有为：《请励工艺奖创新折》。

义，反对洋务运动的垄断或工业政策，并将西方哲学、经济学、法学系统地介绍到中国，对中国工业化思想形成起到了关键的作用。但由于维新运动的失败，中国丧失了一次实现工业化的机会，康有为描写的以工业实现"大同社会"的理想，诸如生产资料公有制、社会经济计划化、人们物质高度丰富等理想也成了其精神遗产。1911 年 10 月武昌起义爆发，资产阶级先进分子张謇提出了"实业救国"理论。由于其自身是一个资本家，所以他的理论更具有操作性，突破了前人"以商立国"和"以工立国"的狭隘思考，提出了"实业在工农商，在大农、大工、大商"。[21] 张謇提出的优先发展棉纺织业和钢铁业的所谓"棉铁主义"思想是对中国工业化思想的再次梳理和发展。他认为在中国现实条件下，优先发展棉纺及钢铁产业，继而带动其他产业，建立自己的核心产业是实现经济独立和工业化的途径。

孙中山先生的《实业计划》不仅是一个治国方略，更是对中国工业化的具体阐述，特别是他提出的在掌握自己国家经济主权的同时，大规模利用外资、人才，解决中国由于缺乏西方资本主义国家原始资本积累而对工业化造成的瓶颈，并提出了"国营"、"民营"等经济组织问题。由此开启了国民经济理论的焦点——工业化，形成了 20 世纪 30 年代至 40 年代工业派学者的基本理论。

近几年来"民国设计"研究是一个热点，各种研究都试图找到开启回答"民国设计之问"的一把钥匙。在众多的论述中有两种研究比较具有代表性：

美术路线：以 20 世纪 30 年代月份牌为主要研究对象，通过收藏的月份牌印刷品追溯其作者的创作经历，特别是技法的演变来说明其

---

[21] 张謇：《文录》，中华书局，1931 年版。

美学价值。在这个过程中也会涉及一些当时零星的经济、社会的资料考证，但往往是只言片语。由美术知识背景所决定，这种研究的结论往往是中国设计"海纳百川，兼容并蓄"一类的宏论，或是一种对某一张特定作品体会式的注释。

考据路线：同样以 20 世纪二三十年代中国企业、产品的广告为研究对象，扩展至企业、产品发展背景及过程的资料收集和考据。纵览研究资料发现，所有企业历经的过程几乎都一样，即在清末或民国初年酝酿成立，成长于 20 至 30 年代，主要是与同行洋货竞争，借提倡国货之际提升企业知名度抢占市场，大部分企业成为新中国工业的基础。这些成果对于一般读者的"浅阅读"而言至少满足了大家的怀旧感，但如果说是民国设计的真谛实在勉强。

只有将民国设计实践成果、事件还原成其承载的"设计观念"，对比当时的经济理论，才能有效地回答"民国的设计之问"。在此必须提到谷春帆、顾毓琇、简贯三三位民国的经济学家。

谷春帆在对工业化概念进行表述时，强调了其精神层面，顾毓琇、简贯三等人也强调了工业化的精神培养，为全面理解工业化的内涵，有必要进一步从文化的角度作一概略的探讨。

谷春帆在论述工业化的精神时，认为法国人权革命、美国独立战争所体现出来的"政治上求自由（经济发展的自由），求平等（生产机会的开放），求享乐（事业成功的报酬）的精神，便是工业革命所'化'出的精神"。他说，"工业革命勇往迈进以求成功的精神，可以说是一切社会政治的指导精神"，"工业生产的进步无限，其'化'出来的求高求大求强权的精神亦无限"。可见，谷春帆所说的工业化最重要的就是'化'出来的工业精神，即"勇往迈进"、"求高求大求强权"。他把工业化理解为整个文化、社会的变革，所以，他又说，

"中国工业化，绝非简单的工业建设，而要将整个文化、整个社会，连中国人自身一起变化过来"。

顾毓琇在分析工业化的心理建设时，列举了由农业文明转向工业文明的精神、态度的八项变化："1. 以人定胜天代替听天由命；2. 以精益求精代替抱残守缺；3. 以进步中求安定代替安定中求进步；4. 以组织配合的整体代替散漫零星的个体；5. 以准确代替差不多；6. 以标准代替粗滥；6. 以效率代替浪费；8. 以造产建国代替将本求利。"简贯三在论述工业化的生活态度时说："'迅速'乃表示效率性，'准确'乃表示精确性，这两样在农业社会是不大讲究的，而在工业化的社会，却引为公共生活的标准。"

中国经历了长达两千多年的封建农业社会，传统的组织制度、思想观念、伦理道德、风气习惯等无形的文化因素严重地制约着工业化的推进，成为工业化的绊脚石，而旧道德观念的转变和新的适应工业化需要的道德观念的形成须努力培养与提倡。重视精神文化因素的作用与影响，有利于认识工业化的全貌。因此，把精神文化因素纳入工业化的含义中有一定的合理性。但是，如果把工业化定义为一种"精神训练"、"整个文化的转变"，则容易把工业化的概念泛化，反而不利于深刻把握工业化的内涵。

工业化的精神一直受到民国学者的大力追捧与提倡，但是潘光旦却提出了一个"工业化以人为刍狗"的论点。他认为工业化产生的弊病有两个特征，"一是它们从机械的生产方法产生，是工业化过程中内在而无法撇开的一部分；除非停止工业化，除非取消大规模的生产，这些弊病也就无法祛除；而这些弊病所牵涉的不只是使用方便与体格健康一类问题，而是更基本更久远的生命意义与生活趣味的问题"。他认为工业化弊病的产生是由于机械的生产方式所引起，使工人的能力没有全部发展的机会，窒息了工人的特殊才能与兴趣，抹杀了工人人格中的游艺性和创造性要求，所以，工业化"否认人性，刍狗人生"。工人的人格被剥夺，成为机器的奴隶。工业化要求机器代替手工，组织管理、统一步骤和标准化操作是工厂生产的基本特征，农业社会散漫、无组织的习惯与风气自然会与工业化的要求发生碰撞。潘光旦的这种观点事实上就是农业文化与工业文化冲突的一种表现。刘绪贻驳斥了潘光旦的观点，他说："物用是人格发展的基础，所谓'衣食足而知荣辱'，物用的问题不解决，人们是没有余力去讲究'生命意义与生活趣味'的。"而且"工业化的过程也就是人力解放的过程，所以工业化的程度愈高，人力解放的程度也愈高。人力解放，同时也就是闲暇的增加"，闲暇的增加就可以充分活跃个人的人格。他还认为产业革命以来工人阶级的日益觉醒，统治阶级越来越难以维持其统治，说明了工业化并没有导致工人沦为奴隶。潘光旦的"工业化以人为刍狗"的论点具有很大的迷惑性，反映了一部分人仍旧沉迷于旧的农业化的精神与文化中，对新的工业化精神与文化持抵制的态度。刘绪贻则切中要害驳斥了这种观点，打击了这种抵制工业化的思想，有利于新的工业化的精神与文化的确立。

对工业化内涵的正确描述必须首先能够反映其最本质的内在规定性，而且不排斥并能够高度概括其他的内在规定性。工业化首先是与工业的发展联系在一起，"工业是从自然界取得物质资源和对原材料进行加工的独立的社会物质生产部门"，然而工业化重点在"化"，就必然不只局限于工业的发展。工业化也是与技术变革、经济发展战略与政策、经济结构、经济管理体制与制度、市场化、地区发展、城市化等紧密联系在一起的，因而可以从不同的方面揭示工业化的内涵，从而给工业化下各种各样的定义。由于工业化是一个具有丰富内涵的基本范畴，直至今日也没有形成统一的认识，还有待于人们进一步深入探讨。

郑观应等初期资产阶级改良派及洋务派把工业化理解为单纯的机器生产代替手工劳动的过程，反映了工业化在生产力变革上的特征，不但要求生产技术上的变革，而且要求组织和管理的变革，还更进一步要求前两种变革在一切经济部门中加以贯彻。这种认识抓住了工业化的最基本特征，使其更加具体，是狭义工业化比较恰当的表述。当然，其不足之处在于工业化的内涵没有得到提升，没有把经济结构变动和经济体制、制度创新涵盖在内。也有专家强调国民经济中结构的变动，特别是农业部门自身的变革和资源的转移，体现了工业化过程中结构调整和变动的特征。工业化是农业国转变为工业国的过程，就是在国民经济中由农业占据主导地位转变为工业占据主导地位的过程。

谷春帆着重从文化的角度研究工业化，把工业化的实质理解为一种"精神训练"，有其合理性。因为，文化可以渗透到经济活动的一切领域和环节，文化与经济一直都紧密地结合在一起。一方面，生产力的提高和经济的发展，不断创造着物质文明和精神文明；另一方面，文明的发展和提高又为经济的发展提供了条件；当然，工业化与人类文明的契合关系并不是绝对的，尤其是精神文明的发展不一定与物质文明的发展完全同步。孙中山曾经专门论述过国民的心理建设问题，说明精神心理因素在工业化过程中占据重要的地位。谷春帆、顾毓线、简贯三分别探讨了工业化的精神文明问题，有利于全面认识工业化的内涵，但也易于把工业化的内涵泛化，不利于工业化本质特征的把握。潘光旦"工业化以人为刍狗"的观点，反映了新的工业文明与旧的农业文明之间的冲突，这是一种涉及价值取向的问题，从人类社会的发展看，在本质上这是一种主观主义思想，应当受到批判。[22]

虽然从理论上进行了探讨，并且似乎也能够看到一些"工业化"的模式，但是，真正要开启中国工业化的进程，首先需要的是一批实业家来"操盘"，而不是仅仅停留在理论状态。

中国较早从事制造实业的人多半有过代理日用工业品"洋货"的经历。由于熟悉各地百货店销售状况，甚至十分了解国外产品的原理、生产工艺、生产组织、原材料供应、资金投入、市场前景等情况，都以在商业上赚到的利润投资工业生产，都与国外同类产商发生过正面竞争，都曾经以"支持国货"的名义促销自己的产品，都对工业化寄予很大希望，希望自己的企业兴旺发达、步步高升。由于属于轻工业范畴的日用工业品生产大多投资少，制造相对简单，而且有市场需求，所以中国的工业化开始于轻工业制造，但是有制造并不一定意味着有设计观念的发生，当时很多产品的设计主要解决的是批量生产的技术问题。所以，这一时期凡是具有"理想型"设计观念的设计活动都会成为我们的研究对象之一。

销售金龙牌热水瓶的永丰泰国货号由工商业者吴镕性、张耕莘于1937 年 1 月在上海闸北地区成立，吴长期从事日本热水瓶的销售，熟悉市场又清楚其产品的特点。抗日战争爆发后，吴镕性辞去原职，联手汉口大昌百货店驻沪办事处好友张耕莘及在日资热水瓶厂工作的吴茂元等人集资 3000 元，开设了"永丰泰国货号"，专门销售上海地区的国货热水瓶，同时兼营五金、橡胶产品。[23] 他们决定自行办厂，厂名定为"永生"，关于品牌名称他们认为"金龙"是中国传说中的吉祥物，具有无比的能量，希望永生厂能够腾飞起来。

---

[22] 聂志红：《民国时期的工业化思想》，山东人民出版社，2009 年，第 31 至 32 页。

[23] 左旭初：《百年上海民族工业品牌》，上海文化出版社，2013 年，第 260 页。

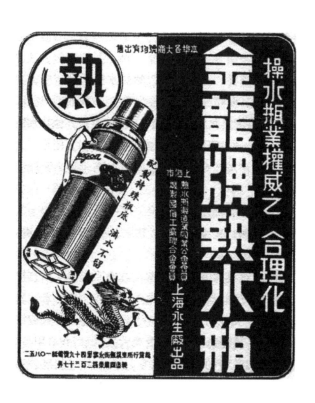

▲金龙牌热水瓶的广告

同样抱有类似想法的企业有"金钱牌"搪瓷品牌（益丰搪瓷厂）、"立鹤牌"面盆器皿（中华珐琅厂）、"三羊牌""金鼎牌"保温瓶（上海中星热水瓶厂、上海光大文记热水瓶厂）。

"无敌牌"缝纫机是上海协昌缝纫机制造厂的品牌，前身是协昌铁车铺——早期中国人将缝纫机称为"铁车"，只从事国外产品的销售及修理。1929 年后开始涉及产品制造，设计了工业缝纫机，取名"红狮牌"。1936 年又与苏联驻沪两市进出口机构签约销售苏联缝纫机。1940 年开始以"无敌牌"生产家用缝纫机。"无敌牌"意为无敌于天下，但商标图形却是中国吉祥物蝴蝶，英文名称为"BUTTERFLY"。

上述种种反映在设计上是企业、品牌及设计共同创造了一种以前中国历史上所不曾有的视觉样式。通过各种样式、比喻来表达"工业精神"，而这种"工业精神"对当时中国人而言也是陌生的，可以信仰的，因而能够吸引大众的眼光。直至今日，当大家将这一时期的设计重新审视的时候，依然能够十分感动。

随着工业产品制造水平的提高，产品的宣传不再拐弯抹角，不再隐隐约约，而是直截了当。金龙牌热水瓶广告上直接以"合理化"为诉求点，以"热"（保温）作为消费者利益关注点。前者体现了工业化的基本思考立足点，后者则体现了在工业技术驱动下，由标准化生产带来的保障。该厂专门请了玻璃行业专家来测量玻璃膨胀系数，质量检验瓶底圆浑、瓶口平滑、镀银均匀、真空洁净。与此相辅，在热水瓶瓶体装饰设计方面却大量采用刻制、抛光、刻花、镀黄等 10 余道工艺，虽然其装饰题材为"吉祥如意、鸳鸯戏水、延年益寿、白头偕老"等传统图案，一经现代工艺介入则焕发了新的精神面貌。

华生电风扇是当时为数不多的终端产品设计，其仿制对象是美国的 GE 电扇，而 GE 电扇又是仿制德国彼得·贝伦斯的设计，所以就

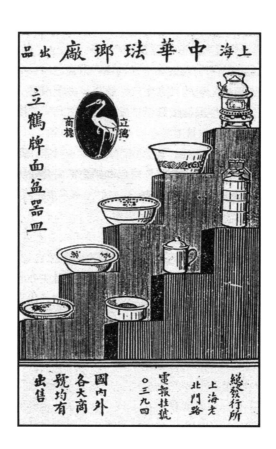

▲ 中华珐琅厂立鹤牌产品，其品牌名称具有
"鹤立鸡群"的意义，既是一种广告声势，也
是一种对产品的价值追求

产品本身而言，传承的必然是现代主义的基因。这种仿制不仅是一种无奈，也是中国设计师理解、体味工业化思想的一个必不可少的环节。1925 年 6 月华生电扇参加美国费城世博会，并获得丁类产品银奖。至 1928 年华生电扇年产量已达一万台，1929 年达到 2 万台，一度将 GE 产品的市场份额大幅度压缩。

当然，中国人对于"工业精神"的理解，还是要基于其原有知识来认知的。由于一些产品无法直观地看到其功能，为了体现产品给消费者带来的利益点，通过品牌名称的设计可以产生良好的市场效应，这类市场效应以化妆品、护肤品为最。"百雀羚"品牌由上海富贝康家用化学品无限公司创立，生产的润肤膏时间长，效果好，所以长期以来被消费者称道。1941 年以"Peh Chao"品牌名称生产，后中文定为"百雀"。该产品系列中的雪花膏在东北解决了严冬条件下皮肤干燥、皲裂和产生红斑等问题，使女性皮肤有光泽、白皙留香。随着市场的扩大并逐步取代了德国同类产品"妮维亚"雪花膏。企业品牌名称在原有"百雀"之后加了一个"Ling"，即"羚羊"的意思，羚羊生活在北方，是一种极能抗寒的动物，于是"百雀羚"品牌又是一个令人记忆深刻的名字，成功地以情感诉求维持了市场的份额。也正是不断地将理想的观念注入产品，一直到 20 世纪 50 年代"百雀羚"仍然具有生命力。上海富贝康家用化学品无限公司在 20 世纪 60 年代更名为"上海日用化学品二厂"。

广生行的"双妹"品牌是中国第一代批量生产的化妆品，由著名旅美华侨广东番禺人梁楠创办于 1896 年（光绪二十二年），并于 1904 年（光绪三十年）参加了美国路易斯安那州的世界博览会，这是清朝政府首次以官方名义组团参展，通过世博会的参展及获奖进一步提升了知名度，刺激了原有市场的消费热情。

从已有的研究文献来看，"双妹"品牌名称让人联想到"双美"（即色美，香亦美），其图形也是由两个青春少女组成，一红一绿，一人手持鲜花，另一人手持产品，令人感到美妙。且双妹坚持优质产品先导，狠抓技术打造核心竞争力，产品经英国皇家化学专家布朗尼的检验，不仅理化指标合格，而且留香时间超过 12 天。

由此可见，仅仅将民国设计定位在"想象力"是不够的，应定位于将工业化的思想及理解投射到设计对象上。最可贵的是，这种创新精神一直保留了下来，以至于有了 20 世纪七八十年代上海日用化学品行业创建汉方化妆品、护肤品，乃至以后以"佰草集"护肤品拓展全球市场、复兴"双妹"品牌的经历。

▲华生电扇风靡海内外，1929 年荣获菲律宾"中华国贸展览会状奖"，1930 年获得泰国"中华商会国贸陈列奖凭"。华生电扇借获奖机会进行广告宣传拓展销量，其市场运作走向成熟。华生电扇早期完全按照"GE 牌"电扇的设计。外观上几乎是"GE"的翻版——稀疏的网罩，呈现螺旋曲线排列，初期一般为 8 根金属条均匀排布，象征了风的曲线，将梨形的四片扇叶包围起来，没有摇头装置，底座也跟 GE 电扇一样是圆锥形的

第二节

低度工业化中设计的契机

在民国众多的经济思潮中，优先发展轻工业的主张和依据并没有形成共识。由于中国自身迫切需要工业化，因此大手笔的重工业得到认可，同时重工业又与中国的国防需求密切相关，从理论上讲是必须走的一条路。但是考虑到现实的经济基础和资本困境，同时也考虑到简单易行和短期的效果，以方显廷为代表的"低度工业化"论和丁趾祥的"丝绸工业优化"论、高叔康的"改良手工业"论成为具有特色的轻工业发展的理想，而正是这些理论及相应的领域给予了中国设计观念展示的机会。

在方显廷《吾人对工业应有之认识》[24] 一文中，他将工业划分成两种模式，"高度工业化"和"低度工业化"，前者有美、英、德，后者有法、日、俄。他认为从高度工业化的条件来看，中国存在严重不足，从低度工业化来看是可行和可为的。

轻工业主要指生产消费资料，与人民的生活息息相关。主张轻工业优先的学者主要有方显廷、丁趾祥，相比于重农派或重工业优先派，主张轻工业优先的学者比较少，没有形成一定的声势，也无法与重工业优先派展开论战。这些学者从中国的现实基础条件出发，考虑组织、操作简单且容易见效等因素，主张有限发展轻工业，由此导向发展重工业，实现全面的工业化。方显廷的"低度工业化"论和丁趾祥的"丝绸工业优先"论，是两种比较具有特色的轻工业优先理论，另外，高

---

[24] 方显廷：《吾人对工业应有之认识》，《中国经济研究》，商务印书馆，1938 年。

叔康的"改良手工业"论，也具有一定的理论意义。

1. 方显廷的"低度工业化"论

方显廷认为，如果从"高度工业化"的模式看，由于"条件之不足，中国高度之工业化，势不可能"。但从"低度工业化"的模式看，中国的工业化是可能和可为的。他分析了中国优先发展轻工业的原因，"中国工业化之程序，应先自轻工业入手，而渐及于重工业……吾人深知，重工业乃轻工业之基础，若重工业不发展，则一国工业化之程度极其有限，但兴办重工业，须有充足的原料，雄厚的资本及销售之市场。原料资本不备，毋庸讳言，故退一步言之，设中国有如许之资本，创办重工业，并有相当之原料，以资开发，其出品能否在市场上与外资相角逐，则又系一大问题。且吾国历年自外洋输来之货物，多为轻工业之制造品，故吾人认为中国工业化，宜先自轻工业着手也"。可见，方显廷所谓的"低度工业化"模式，就是以轻工业的有限发展，来带动整个工业体系的发展。他看到了重工业在整个工业中的基础地位，但是他把原料、资本和市场三方面的条件作为工业化战略模式选择的基本依据，认为在这三个方面的条件不具备的情况下，重工业无法发展起来。然而，对资源、资本和市场要求不高的轻工业却可以发展起来，因此，他主张有限发展轻工业。

2. 丁趾祥的"丝绸工业优先"论

在《中国丝绸与中国工业化》一文中，丁趾祥提出了一个十分具有特色的"丝绸工业优先"论。他首先分析了丝绸工业与工业化的关系："丝与绸两者，是半农业半工业的产品，也是半手工半机器工业的产品。丝绸业的生产程序，天然是工业化的完全代表。中国既是一个农业国家，中国又需要工业化，所以中国的工业化须与农业配合。而这配合的要求，尤其在实施工业化的初期，视为中国工业化的一个入门钥匙。"接着他分析了二战后中国通过发展丝绸业加速中国工业化进程的可能性。他认为，二战后日本在世界工商业的地位一定会一落千丈，中国应有心理准备，以中国丝绸去替代日本同类产品，因为全球对丝绸产品的需求是客观存在的，过去大部分市场被日本占领，如果战后能够重点发展丝绸业对促进中国工业化十分有利。他认为，虽然当时各种人造纤维已经被广泛应用，但仍无法替代丝绸，其市场潜力巨大是一个不争的事实，千万不要被人造纤维暂时取代丝绸的假象迷惑，总而言之，丝绸的地位与市场空间是不会下降和萎缩的。最后，他提出"中国丝绸业的发展，是中国工业化的'桥梁'，因为一方面丝绸可以调剂农业经济，另一方面丝绸又可为中国工业化辟其坦途，并刺激工业资本之增长"。丁趾祥这个理论的特色在于：他直接提出了要优先发展丝绸业，而不是笼统地优先发展轻工业；他从丝绸业本身的特点和工业化与农业配合的角度，提出了优先发展丝绸业的必要性；更为重要的是，他注重市场时机、市场产品竞争状况和中国的生产优势来提出优先发展丝绸业的可行性。

3. 高叔康的"改良手工业"论

工业化在生产方式上就是要以机器生产代替手工操作，手工业属于被淘汰、被挤压的行业。然而，在《现代手工业存在之特征》一文中，高叔康的主张与反工业化有着极大的差别。他首先分析了现代手工业的性质。认为，"手工业可以随机器工业的发展而改变它的生产方法，即手工业也可以机器化、标准化、合理化"。他把现代的手工业分为两个类型："一是纯粹的用手工，一是半机器半手工。前者是手工业的本质，后者是手工业的变质。无论本质与变质，这两种类型，须是吸取机器工业的生产方式，始能提高生产效率，适应机器工业发展而发展；机器工业不能制作的必须用手工业，机器工业能制作而不经济的必须用手工业，所以机器工业与手工业生产相配合，更能扩大生产的效率。"其次，他分析了现代手工业存在的特征：1. "现在电气动力代替了蒸汽动力"，这种动力的代替带来了手工业存在的依据。因为，"蒸汽动力要有一定规模的设备，需要固定资本比较多，同时须连续作业，不能随开随用，所以蒸汽动力造成了大规模的企业组织"。电力则正好相反，可以随开随用，需要的资本也比较少。这样，"既存的大规模企业亦有逐渐化为小规模经营的倾向"，所以也就为手工业的存在提供了空间。2. "机器生产为大量的生产，能供给社会一般的军用需要，但社会的消费欲望复杂，不能完全归于均一化。"3. "现代专门分业的发达，即是以外部的分业代替内部的分业。"4. "手工业需要的固定资本少，当然，需要的流动资本亦少。"5. "现代合作事业发达，对于手工业者的利益有了最大的帮助。"他从上述 5 个方面论述了手工业在工业化时代存在的理由，应当是具有一定道理的，但是他以"电气动力代替了蒸汽动力"而造成企业组织的小规模化，来寻找手工业的存在依据，却是有失偏颇的。最后，他分析了中国手工业需要改良和发展的现实需要，"一来由于中国新式工业不发达，不能供给社会普遍的需要，必须用手工业制品为之补足。二来由于中国的劳力过贱，资本缺乏，不做手工业，也难找到其他生活。三来中国机器制品比手工制品的价格要高，社会购买力薄弱，当然是舍贵而就贱"。综合上述分析，他认为现代手工业与机器工业是相互促进的，手工业在工业化时代具有相当的存在依据，在中国机器工业不发达的现实情况下，改良发展手工业是最佳的选择，"所以要发达中国工业，改良手工业是最切要的工作"。

方显廷的"低度工业化"论从重工业发展的约束条件出发，认为约束条件不解除，重工业就不能发达，这实际上与重农派的论述思路一致，如果不能积极主动地突破约束条件，自然得出的结论也是比较消极的。丁趾祥"丝绸工业优先"论明确地指明了要优先发展丝绸工业，而且注重市场时机和竞争状况的考察，对于深入讨论工业发展问题具有重要的启示意义。但是，工业化的任务繁重，仅以优先发展丝绸工业来带动工业化的全局，显然不可胜任。高叔康的"优先改良手工业"论，突出地反映了在机器工业大规模替代手工业的背景下手工业的存在状态，他对于手工业与机器工业之间的联系，以及手工业存在的依据的论述，基本都是比较正确的。但是他把"改良手工业"作为发达中国工业的"最切要的工作"的结论，却是凭空提升了改良手工业的重要性，与丁趾祥"丝绸工业优先"论一样，犯了同样的错误。[25]

从上文的资料来看，民国时期关系民生的轻工业产品、丝绸、印染，正是因为其资本、生产及组织要求不是太高，所以以当时民族资本家的理解和实施能力来看是可行的，而设计的加入使得形成产品的各种要素能够在一定程度上取得综合性的平衡，同时在市场传播上能够取得优势。

综上所述，无论是左旭初先生长期以来以中国 20 世纪 20 至 40 年代的品牌资料收集研究说明的史实，还是中国设计先驱们的点滴回忆和留下的设计遗产中都可以看到相关的设计成果。同时民国时代设计活动被嵌入了诸如"自由竞争"、"资本主义"、"工商巨子"、"实业"、"商业"、"工业产品"、"商标"、"广告"、"海归"等字眼，使其在语境上接近西方的设计社会，这也是导致长期以来认为

---

[25] 聂志红：《民国时期的工业化思想》，山东人民出版社，2009 年，第 45 页。

民国设计就等同于中国设计的一个因素。但确切地看，无论如何在这个时期中国设计不再是一个抽象的概念、确定不变的纯形式，而是呈现为有内在关联的，并且具有情景化、场域化特征的具体内容。

在很长的一段时间内，民国设计研究一直处于"知觉主体"和"被知觉"相脱离的状态，因而过多关注一个设计师如何学习西方的绘画技术，用来做广告设计。但这些设计师学习技术的原动力何在一直缺少追问，因此造就了研究成果千篇一律的状态，并陷入了理论的困境。其实对工业化思想的接受和再阐述是让更多的设计师从纯艺术领域飘移至设计领域的主要动力，当然除此之外可观的设计收入也是促使其持续工作的重要原因。

第三节

中国设计师人格的现代性及设计现代化

中国资本主义的萌芽表面上看是各种具有资本主义生产方式及特征的企业活动和社会活动，而实际上是资本主义的精神左右着现代文明的发展。资本主义精神的核心之一是世俗化、大众化和公共化。中国现代设计观念的形成无不与这种核心内容相关。

首先在现代化方面，由上海当时的月份牌广告中可以看到，当时画中的女性形象随着时间的推移，其发型逐步变得现代化；开始女性均以小脚出现，但后来出现了大量"放脚"的形象。东北大学艺术学院赵琛认为：时值 20 世纪初，中国的广告画家将中国仕女画提高到了一个新的阶段，从原来描绘的传统美人到表现时尚女性。广告中多以当时中国时尚女性作为"模特儿"，呈现出追求时髦的仕女风尚，也易唤起人们对商品的联想和购买欲。[26]

基于设计师发扬光大的现代性，我们在月份牌上看到的形象特征有：

① 时尚女性的形象都是十分健康、开朗、自信，着装或是新式旗袍，即中西合璧式样，以此更好地表现了东方女性柔美的曲线，或是新颖款式西式服装，以此衬托新女性、新生活，当然也没有忘记推销新的产品。如此"摩登"的暗示，在美籍文化学者李欧梵的《摩登上海》一书中被认为是一种"永远扮演着上海城市的指南角色"。

② 女性形象折射着现代生活的方式，特别体现在对爱情的价值观及对文明生活方式的追求上。西式婚礼以西式礼服、造型表现出男女平等的价值趋向，不少商家还直接以新式住室环境推销与其生活需求相关的产品。

时尚生活集聚各种名流，催生着各种新的时尚载体，中国鸳鸯蝴蝶派文学旗手周瘦鹃老先生曾经写过上海名人创建、推广云裳时装公司的散文，从中可以看出这个时期新式女性时装受追捧的程度。

　　"云裳公司者，唐瑛、陆小曼、徐志摩、宋春舫、江小鹣、张宇九诸君创办之新式女肆也。开幕情形，愚已记之《申报》，兹复撷拾连日见闻所得，琐记如下。

　　"杜宇合作：但杜宇君来访小鹣，谓上海影戏公司愿与云裳合作。云裳每有新装束出，可由上海摄为影片，映之银幕，其足

---

[26] 赵琛：《近现代上海美术设计研究》，黄建平、邹其昌主编《设计学研究2012》，人民出版社，2012年，第5页。

以引起社会之注意，自不待言。他日银灯影里，可常见云裳花团锦簇之新妆矣。杜宇并主张与云裳联合举行一艳装舞会于大华饭店，一旦成为事实，则轰动沪渎，又可知也。

"名妇人之光顾：张啸林夫人、杜月笙夫人、范回春夫人、王茂亭夫人，皆上海名妇人也。日者光顾云裳，参观一切新装束，颇加称许。时唐瑛、陆小曼二女士适在公司中，因亲出招待，各订购一衣而去，他日苟有人见诸夫人新装灿灿，现身于交际场中者，须知为云裳商品也。

"云裳之新计划：云裳所制衣，不止舞衣与参与一切宴会音乐会等之装束，今后更将致力于家常服用之衣。旗衫、短衫与长短半臂等，无不具备。所选色彩与花样，务极精美，较之自赴绸缎庄洋货肆自选衣料踌躇莫决者，其难易不可以道里计矣。" [27]

文字轻松活泼，生动地描绘当时社会名流热衷时尚、引领潮流的景象。

20世纪初，以中国学生留学潮的兴起及学成归国为契机，国外各种现代体育运动项目传入中国，众多商家均采用了这一题材，于是女性参加网球、高尔夫球、游泳、马术、骑自行车、摩托车等运动的形象大量出现在月份牌广告上，年轻女性在体育运动中表现出来的青春朝气给当时正在产生着巨大变化的中国社会注入了一剂兴奋剂。

在大众文化方面，广告、电影这些集中反映大众化的事物，尤其在率先进入现代化进程的大都市中表现得最典型。20世纪20至

[27] 周瘦鹃：《上海画报》，1927年8月15日第263期第3版。

30 年代，上海的广告呈现井喷状态，其媒介涉及各种现代建筑、现代交通工具和工业产品，其中变化多端的霓虹灯广告成为标志。据上海市公用局统计，1932-1934 年上海公共场所的正规广告牌已有 4000 平方米。[28] 这些媒体产生的背后是一批当时广告公司设计师的精心创作，一批新型知识分子及技术力量都加盟到这支队伍中。

应用新的广告技术，使广告能够更加抓住消费者眼球也是当时一些设计师的追求。20 世纪 30 年代，当大家还在手画广告的时候，任英美烟草公司广告部美术室绘图员的张光宇老先生多次撰文介绍在中国还没有的"广告摄影术"。

广告用摄影来表现，更是吸取绘画的法则来摄出所要画的东西或者要说的话，使人直接感到物品之效用。比如一袭新样的服装，觅一美丽的女子看能否做出某一种姿态，看是否能配合某一种背景，因此，服装、姿态、背景这三个条件，为制作广告的最初条件。张光宇认为：具备了这三样条件后，再配合光线、暗房技术，如此完成的广告是能够充分刺激消费者的，人们能够从中得到美感。他同时批评了当时国内广告因循守旧，不愿意采用新技术的做法。[29]

张光宇还曾经介绍过日本利用摄影印作图案来作为花布设计的案例，认为此举"成绩颇佳，但此举在日本做制尤烈，因该国妇女所穿之衣服宽博，都宜用来满缀花纹之衣料，较为美观，所以对于摄影图案之提倡，不遗余力"。而此时中国的民族资本家正是从日本引进最新的花布印染设备的。

---

[28] 忻平：《从上海发现历史——现代化进程中的上海人及其社会生活》，上海大学出版社，2009年，第349页。

[29] 唐薇编：《张光宇文集》，山东人民出版社，2011 年，第 75 页。

20 世纪前半叶，在丰富多彩的中国现代设计现象背后，有一种无形的力量左右着其整体的发展走向，这就是设计师的人格力量。此时，中国主流设计师随着整个社会的变迁、融合，逐步形成了中性人格。所谓中性人格是"一定时代、一定社会中极具强的适应性而导向稳定有序生活状态的个人特征"。[30] 中性人格与理想中的目标人格差距甚远，但毕竟是一种实际的人格特质，它在接受、倡导主流文化的前提下自主地、现实地引导民众适应顺从时代，产生与社会潮流大致相同、比较协调的行为方式。这种所谓中性人格内涵及其外延是模糊的，而且是动态的过程，是因人而异的，但其内涵核心都相当明确，那就是理性精神，追求合理性、有效性。

这种中性人格在中国早期建筑设计中表现为"思辨与实践"。20世纪 20 至 30 年代，中国建筑师一直在解决一个问题，那就是用现代主义建筑风格、材料及技术来表现中国的建筑遗产及其审美观念。曾经为北京大学、北京协和医院、金陵女子大学设计中式大屋顶建筑的亨利·墨菲曾经盛赞吕彦直设计的广东中山纪念堂建筑以及上海市中心规划中具有中国风格的斜坡大屋顶建筑，认为这是中国高标准建筑的典范。但梁思成却不这么认为，他认为外国建筑师的中国风格作品甚至缺少对中国建筑比例的基本了解，只关注"外观上的复制，而忽视了中西方建筑结构的不同"。而且作为外国建筑师设计中国风格的作品往往是为了讨好业主，而中国建筑师设计"中西合璧"的建筑则更多的是出于民族的使命感，与私利无关。

20 世纪 30 年代，由上海基泰工程司设计的 14 层高的聚兴诚银行大楼，从 10 层开始高调地修建了宋朝风格的凉亭，双重的中国风格屋

---

[30] 谭建光：《论中性人格与现代化》，《学术季刊》，1993 年第 1 期。

顶，覆盖蓝色瓦片，内部装饰也具有传统风格。当年类似的建筑还有李锦沛设计的基督教青年会建筑，位于现在上海的西藏路。

受到上海商业思维的影响，中国建筑师在发扬现代主义设计观念的同时也有诸多的"折中"设计。1934年竣工的上海百乐门舞厅无疑就是一个现代主义的建筑作品，它的顶部设计了一个玻璃塔楼，这个玻璃塔楼向下垂直对着建筑的入口。到了夜晚，闪烁的霓虹灯笼罩着圆柱状的建筑，吸引着人们进入舞厅，整个建筑呈现出迷人的魅力，一度成为上海舞厅建筑的典型符号。上海仙乐斯舞厅的主体建筑部分也采用了类似的设计。

留德归来的奚福泉在1935年为国民政府首都南京设计了国民大会堂、装饰艺术陈列馆。前者由于采用对称布局，方正形态，较之政府大楼更具有庄重及雄伟的气势，但是在窗户、壁檐处的浅浮雕装饰却是十足的中国元素，虽然有文献描述这是业主要求增加的装饰要素，但从建成后的效果来看，非但没有破坏建筑的整体风格，反而由于细节装饰的增加而更加灵动。装饰艺术陈列馆秉承了前者的风格，只是在整体布局上没有显得那么庄重，建筑总体上是一个凹陷的布局，显得更有灵气。

同样的设计手法体现在上海南京路上的太阳百货公司（现为第一百货公司）大楼的建筑上，整个建筑一如既往地在外观上使用瘦长的线条和框架，但在建筑顶部的檐口处，以及屋顶平台的装饰梁和装饰柱上，巧妙地引入了中国图案。整个建筑内部用了当时极少的电梯，这是上海第一部自动电梯，成千上万的顾客在试乘新电梯的同时，也在审美感情上通过中国传统图案的视觉冲击得到了充分的安抚。

由建筑引发的各类本土化"创意"也是中性人格的真实写照。上海大光明电影院是邬达克设计的，这个作品是现代主义风格的，建筑

▲ 杭稺英 1936 年设计的月份牌广告，在画面中出现了不同于中国家具的"钢管椅"，
这正是当年风头正健的包豪斯家具，后方两件隐约可见的装饰主义风格家具成为配角。
在月份牌上设计中西式服装、生活场景都屡见不鲜，但直接用现代家具作为主要描写对
象是十分罕见的。更有意思的是，画中手袋的设计其纹样、色彩与椅子帆布装饰纹样几
乎一致，与其说是巧合不如说是统一风格

立面上没有过多的装饰，只在垂直的平面上设计引人注目的框架结构，这与未来影院的定位十分符合。建筑地块确定之际，周瘦鹃受其老友、业主高勇醒委托，给影院起个名字，并且附了一张西方著名戏院和影院的名单，要其挑选，周瘦鹃当即挑了一个名字"Grand Theatre"，觉得很是气派，又写了"大光"两字作为中文名。稍过几日又觉得不妥，"大光"两字有做生意蚀本、血本无归的意思，两人商议后，有些踌躇不决，后来周瘦鹃说道：加上一个"明"字，"大光明"大放光明的意思，而且又能够与西文相对应。从此这家拥有 1200 个座位，最新放映设备，还有茶室、酒吧、会客室、吸烟室的电影院声名远扬。[31]

就广告设计而言，设计师的中性人格与想象造就了一时的辉煌。上海著名月份牌画家杭穉英从前辈画家郑曼陀那里学习了月份牌画法，锐意进取的杭穉英并没有满足于一时的高产量，他认为郑曼陀的月份牌墨气太重，画法死板，色彩上不够亮，视觉冲击力不强，既然是广告画，就要光彩夺目。此时上海的剧院已经在同步上映美国的最新影片，影片中动画形象鲜艳亮丽，给杭穉英很大启发。他不再像郑那样满脸擦上炭粉，而是用炭粉擦明暗交界线的位置，暗部用冷色渲染，这样的画法吸收了西洋绘画的特点，更胜曼陀一筹。其实，月份牌中的这些美女，难以找到一模一样的形象，她们是男性的梦中情人，女性的时尚偶像。月份牌中的女性形象，从服饰发型到家具用品，都成为当时社会时尚流行的风向标。他把从最新的外国画报上看见的美国女郎形象，换成中国的旗袍美女，服饰和发型的设计也是时常出新。这些形象在当时女性自我意识逐渐觉醒的时期，起到了巨大作用。从他的作品中，可以看见一个时代的时尚变迁，如摩托车女郎的月份牌

---

[31]《周瘦鹃文集》（4），文汇出版社，2012 年，第 176 页。

▲ 张光宇 1934 年设计的摩登（modern）家具，造型上令人联想起包豪斯的设计，结构和尺度的美感一览无余，色彩上使用了中国人十分喜爱的红色，但却是中国传统的朱砂红，加上洒金的工艺，淡化了西方工业产品"均质"的特性

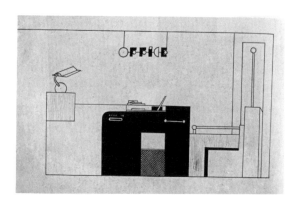

▲1932年办公室家具设计关注的是各个家具单体的体量互相之间的关系，用"立面图"来表示设计的思考，表示设计师的理性推敲。左侧的灯具设计更是"形态随功能"理论的最佳注脚

就反映了当时上海的苏州河畔造起了河滨大楼。杭鸣时先生在分析他父亲的作品时说："河南路苏州河边造起了河滨大楼，脚手架刚拆，我父亲就画出来了，前面的主角摩托女郎其实是外国画报上学来的，当时在上海骑摩托的女郎很少，我父亲其实是把外国画报上的外国人换成了中国的旗袍美女。"另外还有打高尔夫球的、骑自行车的女性。一战结束时外国侨民为了庆祝胜利，在上海外滩修建的胜利女神纪念碑，在二战时毁于日本人之手，可杭稚英却把它如实地记录在了月份牌画面中。另外，画面的女性身着旗袍，风华正茂，展现了新时代女性的精神风貌。这种女性形象成为当时新女性追求时尚的楷模。当时的月份牌远销到中国最偏远的角落，全中国的女性都可以看见上海在流行什么，上海走在中国时尚的风口浪尖。"人人都学上海样，学来学去学不像，刚刚学得三分像，上海早已变了样。"这句话不仅反映了独领风骚的上海时尚，同时也透露出上海人几分不屑一顾的傲气，那时除了上海，其他地方统统被上海人称为"乡下"。

虽然画月份牌的画师们很受企业广告主的欢迎，但面对当时从西洋、东洋留学归来，十分洋派的中国纯艺术家们，仍然处于十分尴尬的境地，他们深知这一点，也努力去体验现代生活，提升品位，但终究还是遭到了纯艺术家的轻视。画家汪亚尘在一次聚会上与几位朋友交流对色彩的看法时，杭稚英想表达看法，汪亚尘当面嘲笑他：你还配谈艺术？以至杭稚英自尊心受到巨大打击，再不让儿子学习画画，而要他当医生，因为医生这个职业更加受人尊敬。[32]

---

[32] 施茜：《与万籁鸣同时代的海上时尚圈》，中国书籍出版社，2013 年，第 130 页。

第四节

市民文化的形成与设计的影响

作家丁玲早在《一九三〇年春上海》中就已形象地描述过电影是怎样娱乐观众的：影片开映了，无论影片怎样，她都是满意的，她不是来找那动人的情节的，她理想得总比这些更好，她更不需要在这里去找美国人的思想或艺术……她花了一块钱来看电影，是有八毛钱花在那软椅垫上，放亮的铜栏杆上，天鹅绒的幔帐上，和那悦耳的音乐上。乡下人才是完全来看电影的。

20 世纪 30 年代前期，构成主义通过打散和拼贴等创作方式呈现出的结构性隐喻已经传入中国，并有一些艺术家在装帧艺术等领域进行尝试。而爱森斯坦的蒙太奇探索的构成主义背景也已有所介绍。从现存的剧本和当时人们的讨论及评论来看，中国电影史上最彻底的运用爱森斯坦式的理性蒙太奇结构影片叙事、时空和音响呈现的影片大概是《上海 24 小时》，其创作实验色彩十分明显。当时的影坛前辈郑正秋曾对其有力的艺术表现给予了高度的评价。

特别值得注意的是，影片的导演沈西苓早年留学日本学习美术和染织设计，从其留学时间来看应该与陈之佛等人差不多同时代，其从影前的戏剧和美术创作都不乏实验色彩而广受关注，加之电影是以"工业技术"为基础，通过分工、合作来"生产"，通过市场营销实现"销售"，从这个角度而言其特征与工业产品并无二致。只是"电影是机器创造的梦"，相比于酒和音乐，电影造梦是最具魔力的。[33] 电影较之时尚杂志、文学编辑创意、杂志封面、插图设计、标志设计无疑更有造梦的能力，可以排在建筑设计之后，又由于当时中国工业产品设计的缺位，使中国人的梦想欠缺了一个十分重要的"梦想源"，因而电影是大众娱乐中"现代性"的风向标，而电影人，特别是导演的思想方式也应该成为中国设计观念十分重要的研究对象。作为当时中国设计先驱的张光宇在他创办的《影戏杂志》、《三日画报》上介绍和评论了电影，在他个人的经历中还曾经担任过中国电影制片厂场务主任。

20 世纪 30 年代是中国电影界向外国电影全面学习经验的时期。除了学习欧洲的现代主义思潮，学习好莱坞的电影产业经验外，也开始学习邻邦苏联的电影经验，尤其是蒙太奇的电影观念。夏衍、郑伯奇等人先后翻译了很多苏联电影人的著作和文章。同时也借鉴了先锋派等西方电影理论。这都大大开阔了中国电影人的眼界，丰富了电影人的知识。

1. 现代叙事替代"文明戏"叙事

1933 年被称为"中国电影年"，多少可以看作以知识阶层为主体的媒体评论体系的积极反应。虽然电影作为一种新的艺术样式，特别适合表现新的事物、新的观念，同时具有时间、空间互相交替的可能，且不需要高深的准备知识便能够欣赏，但是对于创作者主要希望影响的普通观众来说，效果似乎没有人们想象的那样乐观。

此时的中国电影已经经过了十多年市场发展的磨炼，积累了一些经验教训。在上海，张石川和郑正秋建立的一套有别于"文明戏"的

---

[33] 田汉：《一个未完成的银色的梦》，中国电影出版社，1981 年。钟大丰、刘小磊主编：《"重"写与重"写"——中国早期电影再认识（下）》，东方出版社，2015 年，第 56 页。

电影叙事模式，吸引了众多电影观众，他们也曾引领了几次电影风潮。联华电影公司的创立改变了上海电影产业的格局。明星公司不同于"联华"，缺少强有力的院线发行放映系统的支撑，更加依赖创作上的创新来防止观众的流失，争取其在行业竞争中的有利地位。"明星"在20世纪20年代电影类型更替的狂潮中不断推出新类型以引导潮流，保持了行业中的领先位置。但在艺术上基本保持着郑正秋为代表的经典叙事风格。而"联华"出现之后，由于竞争的需要，使"明星"在题材和艺术上都有所创新。这也是"九一八事变"后"明星"率先考虑到引进左翼创作者拍摄能够吸引新的历史时期观众的影片的原因之一。左翼影人以编剧的身份进入明星公司，为明星公司注入了新的活力，重新挖掘与现实生活更贴近的题材与观众共鸣。在夏衍早期的十多部电影剧作中，其作品所蕴含的强烈的时代气息和批判意识受到评论界的广泛赞誉，却往往忽视了他在艺术方面的价值。

左翼影人对于传统叙事经验的超越也同样引起张石川、郑正秋等人的担忧，试图以某种方式进行"纠偏"。年轻艺术家们富于个性和先锋主义色彩的艺术表述为20世纪30年代初期的中国电影创作带来了巨大的冲击和活力。除了题材和社会关注的新鲜视点之外，更多地表现在更加灵活多样的叙事方式、时空结构，富于表现力的视觉风格和镜语构成，以及视觉隐喻在影片意义表达中的应用等方面。这一切让以往不被知识分子看好的中国电影开始赢得他们的关注，在媒体评价体系中间表现得尤为明显。新的价值观在与传统习惯衔接中赢得了大众。[34]

上海以外的电影似乎没有能够解决"叙事的现代性"问题，北方是

---

[34] 钟大丰、刘小磊主编：《"重"写与重"写"——中国早期电影再认识（下）》，东方出版社，2015年12月，第37页。

政治中心，文化上要改变是十分困难的。广州电影曾经以粤剧拍摄粤语电影，粤剧较之京剧虽然以表现平常生活为主要内容，但欣赏起来也要像后者那样具备一些对唱腔、唱词的理解能力，何况粤剧电影终归只是一种类型，不足以支撑起电影长期的发展。[35] 在商业利益、电影生态环境的多重驱动下，全国各地电影人才及资本均向上海汇聚。在中国电影的第一个转型期，在现代主义的非写实主义风格追求影响下对于视觉表现力的探索，几乎成为不少影坛新人博人瞩目的重要手段。1926 年导演孙瑜从美国留学回国后拍摄的《渔叉怪侠》等影片，虽然在内容上乏善可陈，但由于表现主义色彩浓厚的视觉处理而引起人们的关注。袁牧之也是以一个先锋戏剧艺术家的形象进入电影界，他的早期作品带有很强的实验色彩，注重艺术表现力、视觉语言上的探索。"千面人"的美誉很大程度上来自他追求和信奉表现派表演理论的多样化风格艺术探索。

2. 技术铸就"梦想"新价值

似乎与中国工业产品的命运一样，工业技术问题是一把双刃剑，既阻止了中国电影的发展，又为中国电影带来了新的机会。在无声电影和有声电影共存的几年时间里，有声电影的出现无疑刺激了中国无声电影人的神经，这要求他们营造出更有视觉表现力的画面，以及使用更符合无声电影动作表现的叙事方法。西方国家向中国倾销在当地已无商业价值的无声影片，给了中国电影人最后集中学习无声电影的机会。诸如《卡里加利博士的小屋》在成片将近 10 年后的 1928 年被拿到中国来放映。另一部著名的表现主义室内剧电影《最后一笑》在中国放映时，田汉等人撰写文章推

[35] 广州市地方志编撰委员会，《广州市志》卷 十六《文化志文物志报业志广播电视志》，广州出版社，1999 年。

荐该部影片，高度评价影片风格化的艺术表现力。无声电影人努力在自己的创作中学习和实践着国外无声电影的经验：时空结构、气氛塑造、蒙太奇……这在一定程度上弥补了早期电影在视觉表现上的不足，渐渐摆脱了舞台化的痕迹，更多地尝试电影化表述的可能性、电影剧本的写作，以及建立与观众之间良好的互动关系等实践。

中国电影从无声向有声的转变起步晚，这与其自身经济和技术力量薄弱及落后有关。由于同期声拍摄的技术难度和昂贵，使得配音影片在中国电影史中存在长达 5 年时间，为艺术家在创作中探索对视听风格的非写实性应用起到了推波助澜的作用。《渔光曲》中声音便作为建立歌曲与情节叙事之间的关系而加以应用，《大路》则是以音乐和歌曲作为影片构成的重要基础，特别是一些非写实性的声音动效在表现情绪和推动情节发展上给人留下了深刻的印象。《乡愁》是配音影片中对声音运用比较成熟的一部影片，不仅声音构思完整，而且声音作为蒙太奇因素在叙事上发挥着作用。《乡愁》中表现女主人公面对十里洋场的狂欢却难以忘却被日本占领的家乡时，用分割的银幕画面处理，反映出导演沈西苓试图将蒙太奇运用到电影视听形象的整体构架之中的努力。

即使在完全的有声电影里面，这种对于视听语言的表现性应用的重视强于真实气氛营造的倾向也都明显地表现出来。《船家女》和《马路天使》开始的两个极富表现力的蒙太奇段落的视听呈现都是竭尽风格化的。被誉为中国有声电影奠基之作的《桃李劫》中大量运用了环境音效，其每一处环境音响的出现都有着非常明确的意义表现和情绪烘托的目的。

与环境音响相类似的还有语言的应用。当时电影的所谓"明星腔"后来常遭诟病，这固然与当时录音的技术条件限制有关，但也有着在意义传递上的合理性。黄漪磋在《创办联华影业制片印刷有限公司缘起》一文中如此形容有声电影的发展："且夫同人等对于国产有声影片之摄制，虽以南北言语悬殊，亦认为绝非繁难之举。我国幅员广阔，其内地及边陲民众，对于名贵之戏剧与名伶之声艺，绝无领略之机会。倘能利用声片以传遍之，沟通之，其公里又岂可限量哉？"语言是有声电影意义传递的重要途径，由此电影选择在中国超越日常方言口语的"明星腔"官话在某种程度上也是为了满足对意义传递的准确性的需求。

与声音表现对明确性的追求相反，隐喻的广泛应用也可看作现代主义艺术经验在特定环境下进行思想表达的有益尝试。在严酷的政治高压下，从《女性的呐喊》、《上海 24 小时》等视觉形象和蒙太奇在段落叙事中隐喻性表达，到后来《春闺梦断》强烈表现主义风格化表达的综合运用以及《疯人狂想曲》和《狼山喋血记》整体性隐喻故事，贴近时代的现实主义艺术精神和极具现代感的风格化表达奇妙地结合在一起，产生了独特的艺术效果和意义建构方式。这种隐喻式表达的广泛存在是 20 世纪 30 年代进步电影的一个明显特征。

3. 现实主义、现代主义与好莱坞经验的融合

1933 年之后，在叙事层面进行比较激进的实验性探索的影片明显减少。戏剧性和人物塑造的合理性和完整性都有明显的提高。一些模仿好莱坞的商业性因素也更多地进入了影片，并以不同的方式与影片故事融为一体。《压岁钱》等影片中有着明显模仿好莱坞痕迹的歌舞表演既是招揽观众的视觉奇观，也在叙事和人物塑造方面起到了一定的作用。特别是风格化的喜剧性表演和人物设计与对社会现实辛辣的揭露和嘲讽的有机结合，逐渐成为许多影片与观众沟通的重要手段，形成了 20 世纪 30 年代后期进步电影的一个鲜明的艺术特征。

1937 年的《十字街头》是沈西苓影片创作中最重要的也是影响最大的作品。这部影片反映了作者独特的艺术视角和巧妙的构思。设计了男女

主人公共同租赁一套"一板之隔"的房屋的情景，其两边情境设计和青年男女富有情趣与矛盾的生活战线也由此展开，用一种诙谐的方式探讨了严肃的话题。沈西苓运用他熟悉的蒙太奇的经验，与好莱坞叙事剪辑技巧结合在一起，营造了一段男女主人公幻想穿上华丽的礼服，在装饰主义艺术氛围里荡着秋千，互相表达爱意，走向婚姻殿堂的影像，形成了一种视觉上轻快、明朗、一气呵成的节奏。《十字街头》是左翼电影中的重要代表作，不仅在于其思想高度和艺术成就，还在于他能把苏联经验和好莱坞模式进行融合，完成了一次成功的尝试。

而作为20世纪30年代电影探索收官之作的《马路天使》更是现实主义艺术精神、现代主义表现手段和好莱坞商业电影经验借鉴完美融合的一个艺术精品。对于《马路天使》在现代主义精神体现、思想的隐喻性表达和艺术语言运用方面的成就这里不再赘述，但其在思想艺术表达与商业观赏性的结合方面的意义今天似乎应当引起更多的关注。爱情、明星、流行歌曲、妙语连珠、戏剧性很强的情节、陌生化的生活形态……丰富的商业元素与悲剧性的故事珠联璧合，产生了独特的艺术效果。

在《马路天使》和当时许多影片中，上海作为一个都市的政治文化空间的表现，与今天关于当时上海的历史描述有着很大的不同。它们太多聚焦于在社会底层挣扎的人们的故事和生活。其中有表现主人公为拯救卖到妓院的姑娘，走入一家位于国际饭店的律师事务所，而当得知首先要支付律师费而逃之夭夭的场景。国际饭店的出境和拍摄方法本身，着眼的就是社会差别性的隐喻性批判。这正是这些艺术家对当时上海都市社会的认识的集中体现。

法国著名电影史学家乔治·萨杜尔在看了《十字街头》等影片后，曾高度赞扬新现实主义在20世纪30年代的上海就已出现。通过对20世纪30年代这一部分有着现代主义艺术经验的艺术家创作历史的梳理，我们可以看到，他们从把艺术当作自己个人生命体验的表达而接受现代主义艺术观开始，在将艺术看作向大众传达自己的思想主张的工具之后，在艺术观念方面就必然会发生改变，尤其是当他们选择利用电影这个大众性媒介时，市场、观众的需要和期望就必然影响到他们的艺术表述。但是为了大众而创作，并不等于完全抛弃自己的艺术个性。无论是出于表达还是商业目的，对于有追求、有才华的艺术家来说，即使他主观上努力向共性需求靠拢，其个人作为艺术主体并不完全消失，而会转化为风格层面的艺术追求和个性。

我们对于 20 世纪 30 年代的电影得出的历史认识是：这时的艺术家群体关注现实，追求用现实主义艺术观改造自己，以求顺应时代是共性，同时他们每个人又有着各自在美学和风格认同层面的艺术观念和艺术经验。正是这种现实创造了 20 世纪 30 年代中国电影富于生命活力的辉煌。

4. "娱乐至上"创造的产品类型

不少学者曾以"娱乐至上"来概括上海沦陷时期（1941–1945）电影的选择和特质。也有学者认为，上海电影人战略式地运用娱乐文化来抵抗残酷的统治，以无关政治的娱乐通过有意的非政治化具备了重要的政治意义。[36] 笔者从中看到的是，那时的电影更是在创造一种"类型"，从而迎合普通市民对于日常生活的娱乐心理及需求。正是新形成的市民阶层的需求推动着包括歌舞片在内的各种娱乐方式大行其道。20 世纪 40 年代的上海从不缺乏娱乐生活，虽然形式各异，其艺术水准也是处于通俗状态，歌舞（唱）片之所以对观众有吸引力，乃在于视听娱乐元素的拼盘式呈现，欣赏的时候不必有太多的知识准备。也有研究认为：中国无声电影难有创作成就突破的情况下，歌舞（唱）片承担起了"转型"的角色，而且都用西洋乐器来伴奏。中国

---

[36] 傅葆石：《双城故事》，北京大学出版社，2008 年，第 161 至 214 页。

流行音乐之父黎锦晖和他的"明月社"不仅创造了歌舞的形式，还为电影输送了大量甜美、活泼、自然、奔放的"青春"型演员。[37]

然而，也正是这样的流行歌曲在不同程度上表达了 20 世纪 40 年代的民众心理。以《何日君再来》为例。周璇首唱后，黎莉莉也在 1939 年蔡楚生执导的抗日影片《孤岛天堂》中演唱了这首歌。她在影片中扮演一个支持抗日的红舞女。曲中原有的那种"离别惆怅"及"人生短促、及时行乐"的情思就很容易随演唱者在不同时空中传延、流转。如果歌词中的"君"，是指在日军压迫下的中国人民所期望的救世主，且不论词、曲本身的过人之处，这首后来被斥为"黄色"的流行曲何以唱响整个 20 世纪 40 年代也易于理解。一言以蔽之，流行的探戈曲式和通俗的唱词赋予《何日君再来》长久的生命力。另一个例子是李香兰唱过的《夜来香》，如果此曲流行至今的重要因素在于它是一首"具有浓郁欧美风格的轻松慢拍伦巴，而且在后半的叠句部分，注入了中国音乐风格，更热烈地表达了感情"，那么李香兰的演唱更能说明战争时期的听众缘何喜爱此歌。这首歌曾被不止一次地译成日文，她总感觉和原词有差别，原歌词看起来没有什么特别之处，但可以使被战争弄得疲惫不堪的人的心灵得到慰藉。"清凉的南风"之感只有原词才有。

细述 20 世纪 40 年代的歌星、影星及时代曲、流行曲，对于中国流行音乐和电影研究者而言，无疑是一种复杂的情感经历——既为那段过往的辉煌而沉醉、激动，又为失去一种不可能再续的传统而慨叹、悲哀。而这些恰恰是中国市民文化形成过程中现代性的真实写照。

---

[37] 黎锦晖：《我与明月社》，中国人民政治协商会议全国委员会文史资料研究委员会，《文化史料丛刊》第 4 集，文史资料出版社，1983 年。

第四章

国际现代主义设计观念在中国的延续

第一节

"工程自发型"设计观念的特点

1. "明言知识"与"意会知识"

所谓"工程"是指以某一设想的目标为依据，应用有关的科学知识和技术手段，通过有组织的一群人将某个现有实体转化为有预期使用价值的人造产品的过程。今天工程的概念更多是指比单一产品更大、更复杂的产品，这些产品不再是结构、功能单一的东西，而是各种各样的所谓"人造系统"。

一个可以批量生产的完整工业产品，显然交织着理论、试验技巧和数据的基本知识库，因此围绕着设计的不确定迅速变小。工程职业的兴起，尤其是正规工程教育的开展，在一定程度上证明，以前仅靠师徒相传的不可明言的知识已经成为书本上的可以明确的知识。

技术作为一种知识具有两重性，其一是"明言知识"，即以书面文字、图表和数字公式加以表述的，只是一种类型的知识。另外有一种知识称为"意会知识"，一种难以言传的知识。[38]

波兰尼 1958 年在《个人知识》中认为：意会知识根本而言是一种理解力，是一种领会、把握经验，以期实现对方的理智控制的能力。加尼克认为意会知识一词有两种含义：第一，能够变成明言知识但尚未完成这种转变的意会知识；第二，从整体上看通过人的自我反思，具有人类经验……但它们不能用词语表达，它与感觉经验或实践有关，我们"知道"咖啡的味道，或者"懂得"如何演奏乐器，"感受"到这是一件好设计的产品，都是这种意会知识的作用，研究表明"做"的能力与意会知识和技能密切相关。

技术由发明家来创造，工程师则在实施以制造为目的的工程过程中担当角色。工程可以看作为多个技术系统的集成、优化，具有更明确的目的。工程师或技术专家在工作时，都始于某种意会的知识场景，而不是简单地运用科学知识，即他会从过去的相同问题中进行类比或隐喻，看看现在所需要解决的问题与以往的有什么相似之处，而对未来的实现目标能有一个模糊的印象。这便为"意会"表述留出了空间。从工程角度而言，"合理"、"功能"的要求大部分可以由明言知识来解决，而材料、造型、肌理、色彩、工艺等与"感官"、"手感"、"品质感"相关的内容则多半由意会知识来解决。当然，在机械时代，如果明言知识造就的工程语言足够充分的话也能够让使用者具有品质感，感到这是一个好设计，能够激起使用与

[38] 赵乐静：《技术解释学》，科学出版社，2009 年，第 99 页。

消费欲望，让人产生联想。反之则感到平庸，没有设计。这就是所谓的工程自发型设计的特性。由此可见，明言知识与意会知识是一个贯通的整体，并不是对立的两极。

2. 工程设计的"溢出"效应

1949 年以后，国际现代主义对中国设计的间接影响，可以说是以工程为载体发展的。新中国成立前，中国共产党已经意识到引进外资和技术设备的重要性。内战爆发后，美国支持国民党政权的态度使中共迅速把寻求对象转向苏联。朝鲜战争的爆发，也迫使中国更加坚定地实行"一边倒"的外交政策，最终形成了依靠苏联援助，兼顾自力更生，以学习苏联为主对外引进的指导思想。

新中国成立后，百废待兴，国家决定优先发展基础工业与国防工业。1949 年 12 月毛泽东访问苏联，至 1954 年陆续商定了苏联帮助中国恢复建设的第一批 50 项、第二批 91 项和第三批 15 项，共 156 项成套设备建设项目协议，通称"156 项工程"，主要是煤炭、电力等能源工业，钢铁、有色金属、化工等原材料工业和国防工业，并于 1953 年在第一个五年计划（以下简称"一五"）中颁布。

"156 项工程"中，重工业占 97%，这些项目的建成投产，形成了中国第一批大型现代化企业，初步建立了中国工业化基础。如："一五"期间国家新建的大量机床企业，其中 18 家机床企业被称为机床行业的"十八罗汉"。一直到 90 年代数控机床发展之前，我国机床都没有大的变化，和苏联机床外形如出一辙，继承了苏联机床外形笨重但结实耐用的特点。机床产业的逐步完善和工艺的进步，为国家的重工业和机械工业的建设和发展提供了保障。过去不能生产的高级合金钢、矽钢片、复合不锈钢板、无缝钢管、喷气式飞机、坦克、大口径火炮、警戒雷达、汽车、中型拖拉机、万吨海轮、大容量成套火力和水力发电设备、大容积高炉设备、联合采煤机以及新型机床等，现在都能生产了。[39]

"156 项工程"填补了生产技术领域的空白，建立了大批设施和骨干企业，大大增强了中国重工业和国防军事工业的能力，为中国取得了巨大的经济建设成就。由于实行与苏联相同的计划经济体制，引进与建设互相接轨，效率高、周期短。如：长春第一汽车制造厂从开工到投产，只用了三年时间。1949-1960 年间苏联先后派来专家达 18000 多人，为中国培养了大批专业技术人员，这些人成为中国之后几十年经济建设的中坚力量。

由于历史条件的限制，"156 项工程"把引进重点过于强调放在建设施工和投产上，一度盲目学习苏联，忽视本国制造水平和自主研发能力的培养。引进专业分工过细，如：模仿苏联建立许多大而全、产品单一的军工企业。从引进方式来说，这种依靠苏联支援的大规模引进，是非正常状态的，必然要随着政治形势的变化而动荡，并没有使我们得到正常的国际贸易经验和接轨格局。因此，1960 年中苏关系破裂导致许多引进建设项目下马，中国不得不重新探索自己的对外贸易技术道路。

自此以后国际技术、工业产品的转移没有停止过，只是由整体转向分散。来自全球不同国家和地区先进的工业技术在中国被集成、应用。通过国际采购大量优质工业原材料、重大装备乃至轻工业制造装备，都在更新中国现代设计观念的同时催生了大量中国本土的优秀设计。这种基于工程发展的设计观念的变迁没有豪言壮语，也缺乏研究者持续的关注，因而呈现出更加碎片化的状态，但却是中国现代设计观念史必须予以关注和"揭示"的内容。

新中国工业化从起步开始，便是沿着工程路线在前进，当务之急是先补

---

[39] 相关信息请查看金属加工网 2009 年 3 月 19 日报道《中国机床行业的"十八罗汉厂"》，网址：http://www.metalworking1950.com/html/2009-3/mw_art405047643.shtml。

上"制造技术"的课程。无论什么时代，决定中国重大技术引进的是政府。首先追求的是通过批量生产来填补需求、降低成本，因此，学会制造某一个终极产品成了基本目标。在这个过程中，工业产品预期的使用价值被放大了，而中国作为技术后发国家则突出了材料供应、生产组织、配套合作、产品检测、售后服务等工程要素。

在以后的发展过程中，工程技术人员则以"优化"、"改进"为目标进行产品的拓展。从理论上讲，只要工业产品使用地区发生变化，其设计一定会有所改进，以适合该地区的自然环境以及使用者的需求。因此，即便是20世纪50年代中国完整地从苏联直接引进解放牌中型载重汽车来生产，也碰到了这个问题。首先苏联汽车的散热格栅多为纵向设计，这是因为苏联地处高寒地带，纵向的设计可以有效防止冰凌影响发动机工作。在中国这个问题不大，因此解放牌载重车的散热格栅被设计成横向的。同样，解放牌载重车改变了苏联载重车前挡风玻璃不能开启的设计，通过开启前挡风玻璃，为驾驶室降温，改善了驾驶员的工作条件，以适合中国大片南方地区的使用。同时针对中国高原地区的气候条件改进发动机的工作状态，获得了高原版载重车的型号，丰富了产品线。在基本型的基础上开发了越野型载重车，主要针对部队和在恶劣环境下野外作业时使用。

与此同时，以外观优化为目标的设计改进工作也在加紧推进中。据一汽《汽车技术》报道：综合尾灯的设计在第一代产品问世不久作为小改款设计也迅速被采纳。需要说明的是，第一代解放牌中型载重车还是具有科学性的，其圆润的造型使风阻系数很低，从设计风格来看，具有流线型的特征。原因是该车曾经是美国设计的产品，在第二次世界大战时根据《租赁法》转让给苏联。中国生产解放牌载重车驾驶室所需要的薄型钢板连苏联自己也无法生产，要到欧洲去采购。陈祖涛先生在他的回忆录《我的汽车生涯》中有详细回忆：

"我们在苏联的各个厂家挨个跑了一圈，大多数设备问题解决了，但少量的特种材料，如：特种刀具、异型砂轮苏联也没有，尤其是车身生产急需的薄钢板，苏联自己也生产不了，全部靠从外国进口。苏联外贸部的一位副部长对我们说：'这种薄钢板我们也靠进口，现在确实供应不上，你们既然来了，就自己到东欧几个国家去找一找吧。'

"东欧的捷克、波兰、东德等国家的工业基础比较好，如捷克的'斯柯达'汽车是比较不错的品牌，东德的机械制造水平就更高了。陈祖涛告诉时任一汽厂长的饶斌：'东欧的工业基础好，我们可以拓宽自己的采购范围。刚好李富春副总理此时正在苏联，他知道情况后建议我们到东欧去考察一下。'

"在捷克、波兰、东德采购了一批一汽建设急需的材料，如：特种刀具、异型砂轮等，但薄钢板仍旧没有着落。当时只有西德有这种薄钢板，但西德和中国没有外交关系，无法联系。此时国内即将召开党的'八大'，饶斌是'八大'代表，必须立刻赶回去。28 岁的陈祖涛一个人留在了东柏林，薄钢板采购的事就全落在这个参加工作也只有几年时间的青年人肩上了。

"这时传来了一个消息，国内召开'八大'需要 60 辆世界上最高档的'奔驰 300'轿车。外贸部授权由陈祖涛来负责此事。东德方面代表我们和西德奔驰公司联系。接到电传，西德的奔驰公司立刻就派人到东柏林来了。见了面，奔驰公司的代表吃了一惊，一次就要这么多高级轿车，这在当时可是一笔大买卖，他们立刻和总部联系。但是他们的库存没有这么多高级车，要求我们给他们几天时间，他们把世界各地的展览样车调回来，满足我们的需求。这是我们新生的中华人民共和国第一次和他们做生意，他们要讲信用，也希望今后和我们这样一个大国建立长期的商贸往来。奔驰公司的代表郑重地邀请陈祖涛到奔驰公司参观。

"奔驰公司的代表不到 24 小时就给陈祖涛和外贸部的其他两人办妥

了全部过境手续。这使陈祖涛明白：在西方，这些大公司有很强的话语权，政府就是这些公司的代言人，政府要全力为企业服务，以换取企业对政府的支持。到了西德后，中国代表提出购买薄钢板的要求，他们非常爽快，立刻和生产薄钢板的厂联系。薄钢板厂在莱茵河边的拉希斯太因。这个厂设备先进，管理一流，薄钢板质量完全达到我方要求。他们满口答应中国代表：薄钢板不成问题，要多少给多少。几万吨的薄钢板就这样解决了。这件事也让中国代表认识到了市场经济中，国外大公司对于商业信誉的重视和快捷的效率。因为质量好，这一批薄钢板用完了以后，又续订了几次，一来二往，双方讲信用、重合同，陈祖涛和这个厂也交上了朋友。对于中国代表想去德国大众汽车公司参观的要求，对方马上安排。大众公司先进的科技和生产水平给中国代表留下了深刻的印象，特别是他们年产近百万辆甲壳虫轿车的生产线和停车场上一眼望不到边的汽车使人感到震撼。

"我当时就想，什么时候我们也能大量生产这种小排量的国民轿车啊？这次西德之行，有几大好处：购买到了材料、汽车；保证了一汽按时投产和'八大'开会，开通了一条和先进的资本主义国家开展贸易的渠道；走出东方集团国家的圈子，亲眼看到了资本主义在生产及管理上的先进和科学，看到了我们和他们的差距。"[40]

在完成上述工作的同时，一汽开始设计新车型。主要朝着两个方向努力，其一是准备垂直换型，即设计第二代解放牌；其二是丰富产品线，基于现有的技术、工艺和生产流水线设计更多的产品，并特别注重汽车的心脏——发动机的设计。一汽设计的第二代解放牌在第二汽车厂建设的时候作为成熟设计全部移交给了二汽。此时的驾驶室设计已经采用焊接工艺，虽然设计出很多平直表面，但就其设计理念而言基本上被工艺所左右，因

[40] 陈祖涛口述、欧阳敏撰写：《我的汽车生涯》，人民出版社，2005 年，第 85 页。

为当初囤积的大量西德产薄型钢板已经用完，国产的材料尚没有那么好的延展性，设计出这种形态也是必然的结果。

我国的摩托车工业在建国前基本是空白，新中国成立后，为满足部队作战需求，中国接受苏联的技术转让，以苏联的乌拉尔 M72 为技术基础研制军用型长江 750。乌拉尔 M72 的原型是"二战"期间德国大量列装部队用于作战的军用摩托车宝马 R71。苏联的工程师在 R71 的基础上加进了俄罗斯风格，如：高车把、大头灯上的小"帽檐"、圆形的边车等，我国则基本照抄苏联。1959 年下半年，上海自行车二厂以捷克斯洛伐克共和国著名的"JAWA 250"型摩托车为仿制原型并在同年制成幸福牌 XF250 两轮摩托车，1962 年开始批量生产。在当时东欧社会主义国家中捷克斯洛伐克具有很好的机械工业基础，著名的斯柯达汽车具有先进的技术和设计感，所以一直是中国工业产品学习的榜样。

由于"一五"期间的努力，得益于苏联计划经济管理机制、技术研发机制、人才培养机制的引进，中国的工程能力有了实足的长进。在帮助中方建设各个项目时，苏联也提供了各种工厂设计图纸、产品设计图纸、工艺设计和其他技术资料，这些是建厂和生产所必需的。除了"156 项工程"之外，至少还有几百个大企业也需要苏联提供设计和工艺资料。有些不在合同中的技术资料，如果中方提出来，苏方也可以提供。比如：按照合同规定，苏方只需为第一汽车制造厂提供吉斯 150 型载货汽车的设计资料。当中方想要仿造吉斯 157 型越野车时，苏方也提供了这种车的产品设计图纸。

苏联的很多设计图纸和其他技术资料是通过中苏科学技术合作委员会协商和转交的。到 1966 年，中苏科技合作委员会开了 15 次会议，苏方向中方提供的资料达 6536 种。据 1957 年的中方统计，当时中方已经得到了 3646 种资料。

中国方面后来是这样描述的："到 1959 年，中国从苏联和东欧各国

加强训练 常备不懈

▲ 长江牌 750 三轮摩托车是部队制式装备，是新中国技术、产品转移的典型成果。在 20 世纪 70 年代宣传画中常常可以看到解放军、民兵驾驶长江牌三轮摩托车巡逻的造型，车灯上方手动转向指示灯是其第一代设计的标志

1949–1957 年中苏两国交换技术资料统计表 [41]

交换的技术资料	苏联给中国的（套）	中国给苏联的（套）
基本建设设计	751	1
机器设备制造图纸	2207	28
工艺过程说明	688	55
总计	3646	84

获得了 4000 多项技术资料。苏联提供的主要是冶炼、选矿、石油、机车
制造和发电等建设工程的设计资料；制造水轮机、金属切削机床等的工艺
图纸；生产优质钢材、真空仪器等工业产品的工艺资料。东欧各国提供的
主要是工业、卫生、林业、农业等方面的技术资料。这些资料对提高中国
工农业的技术水平和新产品的生产有着重大的意义。而且，在相互提供技
术资料时，采取的是互相支援的优惠办法，不按专利对待，仅仅收取复制
资料的成本费用。"[42]

　　1963 年 7 月 14 日，苏共中央给中共中央的论战复信中说，苏方帮助
中国建设了 198 个工业企业和其他项目，向中国提供了 1400 多份大型企
业的设计资料，培养了数以千计的中国专家和工人。该信强调，当时还在
对中国的 88 个工业企业和项目给予技术援助。《苏中关系》一书指出，

---

[41] 张柏春、姚芳、张久春、蒋龙：《苏联技术向中国的转移（1949—1966）》，山东教
育出版社，2004 年，第 91 页。

[42] 彭敏主编：《当代中国的基本建设》（上卷），第 56 至 57 页，转引自《苏联技术
向中国的转移》第 31 页。

在 10 多年时间里，苏联实际上无偿送给中国 24000 套科技资料，其中有 1400 套是大型企业的设计图。

"一五"时期，机械工业在引进苏联技术和测绘仿制的基础上发展了 4000 多项新产品。"156 项工程"所需设备，由国内机器制造厂供货的比重，按重量计算是 52.3%，按金额计算为 45.9%。由国内制造的设备中，大部分由苏联供给产品图纸。按照苏联论著的说法，1952–1957 年间，中国生产的 51000 台金属切削机床中，有 43500 台是按照从苏联得到的工艺资料生产出来的。到了第二个五年计划时期，中国为新建项目制造配套设备的能力显著提高，减少了对苏联设备的需求。[43]

苏联技术成功地向中国转移的关键因素之一，是工程人才和技术管理人才的成长。在中国和苏联的学校、科研院所、设计机构、企业等部门，一些青年工程人员得到了培养锻炼。然而，高级工程人才还是满足不了实际需要。

早先在美国麦克唐纳飞机公司实习飞机设计，原在美国华盛顿大学研究生院进修的徐舜寿老先生是中国飞机设计的一代宗师，首创了飞机设计室。20 世纪 50 年代末他设计了新中国第一架歼教机，在设计时考虑将机翼设计在机身底部，因为他感到驾驶教练机的是学员，操作出意外的概率较高，将机翼设计在机身底部，一旦发生事故可以减少人员伤亡的概率。虽然飞机有很多常规的技术不可变，但仍需发挥设计师的主观能动性。对于工程中的技术学习、理解与设计的关系，他指出：仿制是糊涂的，测绘是写生的，摸透是真懂得。仿制就是按提供的图纸、技术条件、工艺文件生成制造，对设计来说，不知其然；测绘就是依样画葫芦，如同美术中的

[43] 张柏春、姚芳、张久春、蒋龙：《苏联技术向中国的转移（1949—1966）》，山东教育出版社，2004 年，第 93 页。

静物实景写生，有了自己的图画了，测绘分解后，也得到一些"解剖"认识；摸透则要解决是什么、为什么、干什么、怎么干等一系列问题，这才是真正明白设计含义。当时测绘现场几乎没有 50 年代的老同志，大都是 1962 年以后进所的年轻人。他强调："飞机上没有一件多余的东西，一个小铆钉也不能少。你们先老老实实描绘下来，然后改一个'画法'，既要写生，也要摸透，这些是设计的基本功。"他主持重大飞机技术研发及设计工作，特别强调人与产品关系的设计。轰 5 飞机是一种亚音速轻型战术轰炸机，在设计中特别攻克了"飞机座舱温度调节系统改进设计"的难关，改变了苏制飞机的习惯设计。"新空调系统夏季低空能降温、高空能加温，座舱压力调节也很好。不仅改善了空勤人员的工作条件，而且有利于消除低空瞄准时瞄准具上的水汽，新系统是成功的"。由于当时台湾海峡形势的需要，飞行员都是坐在舱内执行战备值班任务，舱内温度高达摄氏 50 多度，一次飞行或值班后，（过度的精力消耗，飞行员）人都走不出机舱，而改进的设计很好地解决了这个问题。[44] 尽管徐舜寿所说的设计大部分属于工程范畴，但是我们在"工程自发型"设计活动中还是可以观察到其设计观念是客观存在的。

　　"工程自发型"设计如果没有市场需求引领，其设计能量是无法完全激活的，尤其是在民用的产品设计方面，这也是常常被误解为"工程设计不是设计"的原因。班纳姆在《第一机械时代的理论与设计》中曾经讲到：20 世纪初，以汽车为标志的工业产品作为个人消费品兴起，初期的现代主义设计者以简单方正的量产汽车造型缔造了他们的机器美学，他们以为这就是跨时代的机器理性造型。但他们忽视了现代技术背后的真正逻辑，即

---

[44] 顾诵芬等编、师元光主笔：《中国飞机设计的一代宗师徐舜寿》航空工业出版社，2008 年，第 233 页。

"无法停止的不断加快的变革"。20世纪30年代，流线型造型替代了纯粹的几何形，第二次世界大战以后，即第二个机器时代来临为止，以电视机为代表的"新消费科技"的兴起为标志，这些造型才退出历史舞台。这个阶段要求产品和风格的快速变更，以刺激消费者的需求。现代主义标准化的美学由于与历史无关的造型而不具备这些经济功能。[45]

由于中国在较长时间里实行的是计划经济，没有市场观念，所以现代主义的设计一直是一种适合的设计观念。同样在产品短缺的时代，现代主义批量生产的特性也是我们唯一的选择，所以如果一味地批评以解放牌载重车为代表的设计观念是没有价值的，是从现在的语境来评价过去的设计，对今天的中国设计观念的建构没有意义。

3. 技术语言的价值

现代主义的设计在中国刺激个人消费方面是以"极致的技术语言"为先导的，这似乎也是"工程自发型"设计观念的特点。1957年初，中共上海市委、市政府根据群众日益增长的物质需求和"一五"计划制造业全面发展的计划目标，决定由上海市计划委员会副主任顾训方牵头，专门成立照相机试制领导小组，由上海市计划委员会轻工业处处长任组长，上海市轻工业局、第一商业局等有关领导参加，由商业一局所属上海钟表眼镜公司承担组织试制班子。上海钟表眼镜公司接到试制任务后，于1957年9月成立了以钟表眼镜公司副经理白斐和吴国城为领导的照相机试制小组，成员由公司技术科副科长游开琛、冠龙照相器材商店经理乐秀山等6人组成，以当时四川中路与南京东路口原惠罗百货公司大楼4楼一间办公

---

[45]（美）David Gartman：《从汽车到建筑——20世纪福特主义与建筑美学》，程玺译，电子工业出版社，2013年，第270页。

室作为试制场地。上海照相机试制小组成立后，参照当时苏联的佐尔基照相机加紧设计研发。1958 年 1 月，使用 135 胶卷的上海 58- Ⅰ 型照相机试制成功，为了批量化生产 58- Ⅰ 型照相机，试制小组立即招兵买马，扩充为上海照相机厂筹建处。

1958 年 11 月，上海照相机厂筹建处和大明誊写用品厂、海通工艺厂、正丰五金工业社、勤联文具厂、施鹤记电镀厂等合并成立上海照相机厂，员工 405 人，当年生产上海 58- Ⅰ 型相机 1000 架。上海 58- Ⅰ 型相机作为我国第一架高级照相机，作为第一种单镜头旁轴取景相机，在我国照相机发展历史上有着极其重要的地位。

上海照相机厂推出 58- Ⅰ 型照相机后，发现在使用的过程中因测距系统使用繁复，机构不稳，遂将取景测距两个系统合并成一个系统，并增加万次闪光灯联动插座，具有 1/30 秒闪光同步功能，使结构更合理，性能更完善，定型号为"上海 58- Ⅱ"型照相机，1959 年 9 月正式投产。为了纪念新中国建国 10 周年，500 架上海 58- Ⅱ 型照相机被送往北京，上海地区上市了 300 架。上海 58- Ⅱ 型照相机是中国第一架大批量生产的照相机，截至 1961 年 9 月一共生产了 6.68 万架，后滞销而停产。

1959 年年底，上海照相机厂成功研制了高级曝光表，曝光表通过测量出光量在计算盘上显示拍摄所需光圈系数和拍摄速度，可装于上海 58- Ⅱ 型照相机上或者单独使用。当时的《文汇报》和《大众摄影》杂志都刊登了这条新闻。

上海 58- Ⅱ 型相机被定位为高端产品，据当时主要设计师游开琛老先生介绍，他对欧洲各种相机进行了考察，发现世界上所有的机械相机，都因为其机械结构精密或出于尽力追求小型化、轻量化的目的，并没有给外观、色彩、肌理设计留下多少余地。为了平衡各种要素，试制小组选择了德国"莱卡"相机做范本，从产品设计角度而言，选择莱卡就意味着选择了"功能先行"的现代主义原则，也就是说 58-Ⅱ型相机将以纯几何形态来进行设计，全盘继承了德国包豪斯的设计思想。

上海 58-Ⅱ型相机在设计上，参考当时德国顶级 135 旁轴莱卡-Ⅲb 型照相机。由于制作上也极为精致，被戏称为莱卡的上海版。孙云清先生现年已有 80 多岁，他是上海照相机总厂的老工人。当说起上海 58-Ⅱ型照相机时，他回忆道："德国莱卡-Ⅲb 型相机是 1936 年设计出来的，我们是 1958 年开始搞的，比他们晚了 20 年，但是我们一起步就到这个水平了。这时苏联也试制了 135 单镜头反光相机，但仅凭他们自己的力量根本无法完成。在第二次世界大战后，苏联便把德国的工厂设备、工程师都抢回国内，但直到 1950 年才搞出了佐尔基相机。原来想摹仿佐尔基相机，后来发现它不够先进，干脆就直接摹仿莱卡了。因为领导和工人师傅都在议论北方已经试制出了相机，上海不能比他们差，干脆找世界上最先进的产品仿制。"

上海 58-Ⅱ型照相机整体机身造型设计成接近 1：3"宽屏幕"比例的扁圆桶体，精致小巧，便于携带。各个部件的比例大小，根据操作所需的"人机工学"常识来设计。顶部为完成取景等功能增加了一个横卧构件，所有操纵旋钮为圆形，与前者互相咬合，有机共存。

从俯视图看，右侧胶片旋钮提供操作者以较大力量转动胶片，左侧回转旋钮次之，速度旋钮最小，闪光灯基座嵌在由底面造型避让出的位置，各部件大小、造型经设计师刻意调整过，品牌加之标志及编号形成有机整体，呈现出有机的设计美感。

镜头平时退缩在机身内，使用时抽出，缩小了体积，便于携带，镜头还可以卸下做放大镜使用。除机身外所有部件都是手工制造，手工装配，手工校准。

上海 58-Ⅱ型照相机整个机体采用铝材为基本材料，机身下部及经常与手接触的部位用硫化橡胶装饰，这样一来，在拍照时手更容易握住相机且不容易留下明显的手印痕迹，也便于清洁。卷片旋钮、对焦口、光圈及快门旋钮与手部接触部分用金属滚花工艺，增加了摩擦力，以便精确操作。上海 58-Ⅱ 型照相机不仅材质做工精湛，而且经典的黑色和典雅大方的银色搭配更显现出产品整体的高档感。

在上海 58-Ⅱ 型照相机的顶部和光圈上是该产品的品牌标志。顶部的标志为黑色，与下方"中国上海照相机厂"相呼应，右边是产品编号，光圈上的标志则设计成显眼的红色。品牌标志设计为一个简单的几何图案加上"上海"二字。几何图案为两条中心对称的直线，中间圆形被两条直线所阻隔，这个图案的含义与照相机本身的成像原理有关，中间的圆形象征着镜片，而两条相交的直线恰如光线一般，透过镜片后将影像记录下来。这样设计品牌标志不仅简单易记，而且与产品本身非常吻合。

游开琛老先生是上海 58-Ⅱ 型照相机的主要设计师，他 1928 年 9 月 26 日出生于福州，1947 年就读于上海光华大学，先学经济专业后转入工科。后又在上海交大和浙江大学专修精密机械、电影与照相原理、设计等全部课程，并在上海机械学院随德国专家研习"光学冷加工与真空镀膜"课程。在编制第一个五年计划时，国家认为有几种轻工产品一定要搞出来，目标是照相机、手表、电视机等。那时在一无工艺设计及图纸，二无生产设备、场地，三无技术力量，四无新产品试制费用的困难条件下，各级干部、工人和工程技术人员们，都憋着要为上海、为中国填补轻工业产品品种缺门的一口气，他们千方百计，因陋就简，分类摸索，希望早日搞出新产品来。

《上海市地方志——轻工业志》记载：1957 年初，为了集中力量试制第一架照相机，在上海市计划委员会的领导下，专门成立了照相机试制小组。一开始碰到一个难题，就是要有人去干这件事，轻工业局表示无能为力，派不出合适的人。经过反复研究，最后商请第一商业局所属钟表眼镜公司派人搭起试制的班子。因为钟表眼镜公司所属大商店有修理照相机业务，有一定的修理经验和技术基础，有的前店后设修理工场，会磨制眼镜玻璃片，也有加工照相机镜头及光学元件的条件。当时钟表眼镜公司领导表示极大的支持，为了完成照相机试制任务，他们派原任公司生产技术科副科长游开琛同志为骨干，负责抓试制工作。游开琛同志解放初期在中国银行上海分行工作，为支持商业部门而调到钟表眼镜公司，他虚心好学，肯钻研技术，愿为试制新产品做出贡献。那时他仅 28 岁，面对试制中的重重困难，毫不计较个人的利益得失，迎着困难上，把全部精力倾注到试制工作中去。游开琛同志一开始就单枪匹马，亲自到处奔走，搜集国外照相机资料，经过几个月努力，提出以莱卡 135 型照相机为试制目标，经过试制小组研究，同意试制方案，从1957 年 7 月开始进行测绘、研究、仿制和改进设计工作。为了完成镜头里的光学玻璃的试制，游开琛三上长春光学精密机械研究所求援，经中国科学院学部批准，由长春所承担设计任务，这样才解决设计数据和图纸。所需光学玻璃从东北跑到北京，好几个工厂给予大力支持才买到。光学玻璃的加工，由吴良材眼镜店附属工厂的吴高峰同志承担。因此可以说，镜头全部自己制造、自己装配，而且试拍一次初步成功。[46]

　　游开琛是个有创业精神的工程组织者，在上海照相机厂组织培育了一批中国照相机工业的技术人才，还在百忙之中为上海轻工业专科学校编写了《照相机原理与设计》教材，并亲自任教，为培养中国新生的照相机技术人才付出了自己最大的努力。

　　中国轻工业设计观念的改变与技术进步息息相关，特别是与生产其产

[46]《上海市地方志——轻工业志》，上海社会科学院出版社，2001 年。

▲上图：上海58-Ⅱ型照相机部件金属滚花工艺今天来看仍然十分漂亮

▲下图：上海58-Ⅱ型照相机说明书，均手写，其中"58-2"字样写法不正确，"照"字也不是规范字

品的装备水平相关。就中国消费量极大的自行车而言，关键部件表面镀饰的技术难题一直是设计改进的重点。其中钢圈的表面镀铬工艺一直到20世纪80年代初，在大力建设出口商品基地、改善出口自行车品质的过程中，进口了国外的制造设备才解决了所谓"黄瓜圈"问题，即表面镀铬不光滑，有毛刺的问题。[47]为了使出口的自行车更加符合国外消费者的审美需求，在全国优秀产品展览期间，轻工部专门请从事出口贸易的香港荣氏家族企业负责人来介绍国外市场的需求，最主要讲了产品表面处理和装饰问题。他建议表面纹样装饰面积一定要大一些，金色一定要明亮，对上海产的永久自行车表示赞赏。这些意见被整理后发表在轻工行业的内部资料上，供相关制造厂研究。[48]

虽然当时已经有与老百姓生活相关的日用产品设计，但基本上还是沿着"工程自发型"设计观念在前进。事实上，这种情况在建筑中也同样存在。天津大学建筑学院邹德侬教授在表述20世纪60至70年代中期的中国建筑设计时，概括为"艺术成就不如技术成果"。这也是指一些特殊的建筑领域，例如：体育馆建筑、外交建筑、援外建筑等，其设计的现代性并不缺乏，但主要是基于技术来表达的，通过突破技术局限进行探索，为以后的建筑设计奠定了良好的基础。

当时体育馆建筑与其说是为了体育比赛还不如说是为了适应大型室内集会，特别是政治集会的需求，因此体育馆具备了一专多能的特性。1959年北京工人体育馆是国内首次采用直径94米圆形双层悬索结构屋盖，造就了新颖的外观，相比同跨网架节约600吨钢材，比当时布鲁塞尔世博会

---

[47] 天津市对外贸易局：《出口商品生产基地、专厂建设成果展览会展品目录》（内部资料），1983年，第4页。

[48] 全国轻工业情报站内部刊物：《自缝科技》（内部资料），1979年第12期。

▲ 刊登在《上海画报》上的上海自行车厂装配生产车间的场景，选择了钢圈装配作业作为表现对象，表明了对产品技术的自豪和信心，前方堆放的成品更是直观地告诉读者通过现代化的工业流程带来的可靠品质

▲《人民画报》刊登的图片说明的是"上海自行车厂职工深入门市部，听取群众意见"。图片中的产品是老款的自行车，说明当时虽然已经有与老百姓生活相关的日用产品设计，但基本上还是沿着"工程自发型"设计观念在前进

美国馆 92 米直径略大。1965 年位于杭州的浙江省人民体育馆是中国第一座椭圆形平面和马鞍形预应力钢筋悬索结构屋盖的大型体育馆，结构用钢量每平方米不到 18 公斤。1966-1968 年，北京首都体育馆首次采用百米大跨度空间网架。1967 年河南省体育馆屋顶为钢筋环屋盖，立面处理完全没有装饰。1975 年上海体育馆设计将功能、结构融会贯通，构成完整统一的建筑轮廓。这些设计造价节约，功能性强。另外，已经在 1998 年被拆除的重庆山城宽银幕电影院建于 1958 年，由薄壳结构建成，实现了最大限度利用地面面积的要求，同时展现了新颖的结构，采用同样设计的有乌鲁木齐东风电影院、团结剧院。[49]

---

[49] 邹德侬：《邹德侬文集》，华中科技大学出版社，2012 年，第 117 页。

▲ 这是展现当年新型公交车设计的图片,
选用上海体育馆作为背景,两者的设计理
念几乎完全一致

第二节

"设计实践智慧"的价值

在中国设计发展历史上有一个非常引人关注的谱系现象，那就是"郑可系现象"。即在郑可教育下，其学生贾延良先生设计出了举世瞩目的红旗牌 770 型高级轿车，另一个学生吴祖慈教授则设计出代表中国新一代家用电器产品的新华生牌电扇，是中国进入"消费主导时代"的首席产品，也成了当时其他同类产品学习的范本。吴祖慈教授在原上海市轻工业专科学校任教时的学生，后来毕业于中央工艺美术学院八里庄研究生班的傅月明先生则设计出了中国第一代大屏幕电视机，并创立了"金星一金王子"品牌以及设计了中国第一代家用轿车等划时代的产品。

1972 年华生电器厂的厂长邀请当时在上海市轻工业专科学校担任美术教师的吴祖慈进行产品改良设计。1973 年他再一次带领了几名毕业生，联合工厂工程师和工艺师傅，把握当时畅销电扇的设计风格，用三个月的时间重新设计了"华生牌 40 厘米台式电风扇"。在采访中吴教授回忆道：由于当时国家意识到轻工业产品与国外同类产品的差距，为此从原西德、日本进口了一些较先进的生产设备，使得好的设计设想能够实现。但这些设备的有效利用还需要设计师同技工师傅的共同努力，例如：为实现电扇底座铝板装饰的设计效果，他一直在车间与师傅们共同尝试，一直到满意为止。吴祖慈、傅月明都以设计工业产品被记载在《上海地方志》相关专业志中，这是中国为数不多的因设计优秀工业产品而被载入地方志的设计师资料，并且两人具有师徒传承关系。

郑可教授留下的文字极少，回忆文章也不多，且集中于雕塑、陶瓷工艺范畴。由黄培波主编的《郑可》一书介绍其留学前后的情况大致如下：

郑可（1905-1987），出生于广州，幼年生活在盛产金属工艺、牙雕、玉器的手工业区，受其熏陶，对传统工艺兴趣浓厚，后入教会学校——广州市圣心中学，在求学期间曾拜广州老艺人潘亮为师，学习传统牙雕。而且作为圣心中学乐队的萨克斯手，与著名音乐家冼星海等共同组建了"中华音乐会"，后来与著名版画家李桦结识，开始学习西方艺术。1925年在广州轻工业专科学校学习过机械专业知识，1927年郑可22岁，通过中山大学签证去法国勤工俭学，先进入法国初等美术学校（哥伦诺布美术职业中学），两年后考入法国国立高等美术学院雕塑系，又在巴黎装饰美术学院学习家具设计、染织、陶瓷、玻璃工艺、金属工艺，老师是法国巴黎染织学会主席费路。不久其雕塑作品获法国沙龙奖。

1933年一个偶然事件使郑可教授彻底转向设计，中国国民党十九路军军需处长找到他，希望他在法国学习室内装饰设计，并承诺为其提供生活费，但条件是学成后到十九路军将要兴办的大学去任教。获同样方式资助的还有冼星海、马思聪，两人均是中国音乐发展史上的巅峰人物。

1934年郑可教授回国，任教于勷勤大学建筑系及广州市立美术学校，同时开始为广州、香港的著名建筑进行装饰设计。

1937年，郑可教授再度赴法国，参观了以"世界的艺术与技术"为主题的世界博览会，他敏锐地感受到包豪斯现代主义思想的力量，加之以前接触到现代工业的经历，使他更自觉地走上了为机械批量生产而设计的道路，这种思想日后在原中央工艺美术学院的教学中得到了充分的表述。"郑可撰写了许多教案和文章，还自觉请人合译了国外现代工业设计的理论著作，如《现代设计》《现代工业设计史》《工业设计总论》《设计教育》《美国美术中心学校的设计教育》等共100多万字。"[50]

诸多的设计实践是郑可教授一生成就的闪光点。在新中国成立 10 周年前夕，他主持了新侨饭店的室内设计、装饰雕塑及配套陶瓷餐具的设计，同时参加了"建国瓷"的设计，这是为人民大会堂及中国驻外使领馆宴请的专用瓷，定位于民族风格，需体现新中国气象。

他还监制过"八一勋章"、"独立自由勋章"、"解放勋章"，设计过元帅服、将军服的帽徽、领章、铜扣，改进了硬币的设计，一生不间断地致力于工艺的改进，使机械替代手工制作工艺品，提高工作效率，还为轻工业部做过玩具及其模具发展规划。

《郑可》一书中还有记载：他 1978 年参考包豪斯设计教学体系，提出"锥形五套教学法"、"一条龙教学法"、"航海教学法"，更有浮雕技术上"以凹作凸"、"纳光纳阴"、"定位变化"的记载。虽然还只是一些很粗略的记载，但我们可以从中强烈地感受到郑可教授理论与技术互动，促进的特点，更令人注目的是他具有"设计的实践智慧"之特点。

郑可教授的教学成就更多地体现在他所教授的学生身上，为中国设计留下宝贵的观念遗产。贾延良先生是红旗牌 770 轿车的车身设计师，早年在学校求学时师从郑可教授，设计了北京的公交汽车，并投入生产，自此与中国汽车设计结下不解之缘。当年贾先生的专业是建筑装饰，但由于深受学院艺术熏陶，也钟情于组合不同元素一体于设计对象上，懂得"整体观"、"多能一专"。因而创造了中国设计史上里程碑式的产品，而这种整体观正是郑可教授十分强调的一种素质："我们搞音乐光拉小提琴不行，不要忘了大乐队。"而"多能一专"是其反对"一专多能"的结果，他认为这不仅是顺序的变化，更重要

[50] 王培波主编：《郑可》，生活·读书·新知三联书店，2014 年，第 4 页至第 5 页。

的是一种教育思想。[51] 根据学生听课笔记记录，郑可教授用了两个图表示其关系：

 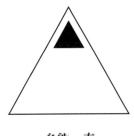

一专多能　　　　　多能一专

所以贾延良先生能够比较深刻领会当时新中国设计一辆代表国家形象的高级轿车，虽然有大量的意识形态的要素加入，但最终还是统一在一个"现代工业产品的整体性"之中。设计所造就的是红旗产品的核心形象要素。他将中国红木家具中的线型运用到车身造型中去。由于受到郑可教授"工艺修养"观点的影响，贾延良先生在设计试制红旗牌 770 型轿车的过程中努力发挥工艺细节的魅力，塑造产品高级感。特别是针对内饰设计时，贾延良先生及其他设计师们先研究了劳斯莱斯高级轿车的设计，又亲自到大兴安岭去挑选木材，并参与木材加工试制，努力将头脑中想象的高级感付诸具体设计、制造中。正如郑可教授所表达的：通过工艺练习、工艺基础锻炼了工艺头脑，提高创作能力。在整个过程中，作为高级轿车的设计，可以理解为有装饰的成分。但正如郑可教授在授课时所表述的那样：装饰可有可无，一个衣服上有花，是好看，但可以不要，因为其结构没有

---

[51] 郗海飞：《以缅前人，以励后学——郑可先生教学笔记》，《雕塑》杂志 2013 年第 1 期，第 81 页。

变，我们所需要的装饰是指改变结构而言。贾延良先生设计红旗牌 770 型轿车时正是产品从众多可有可无的装饰形象蜕变为功能形象创立之时，上一代红旗牌轿车的基本概念是：前脸为中国扇子的造型，侧面明显的装饰是中国兵器矛的形象。前者象征"文"，因为中国文人出场的时候一般会手握一把扇子，后者象征"武"，因为矛是武士的标准配置，"文武双全"才是中国的特点。应该说这种概念创意是十分不错的，也具有独特的"设计故事"，但一旦化作了具体的工程却还是有欠缺的，贾延良先生的设计正是克服了这一个问题。这种设计作为与郑可教授一直以来强调"线的符号性"有很大的关系。从郝海飞教授当年的听课笔记看，他花了大量的时间去阐释由线造就的形态情感特色，并且希望学生们"利用这些线勾出不同的形象来"。他训练学生用线勾形象、符合各种需要。"我不要求画得很具体，只要把感情表达出来就行了。"

▲ 从整车设计要素的选定来看可以分成两大部分，第一部分是与"意识形态"相关的造型要素，即车头上的红旗造型，这完全是苏联专供最高领导人乘坐的吉斯轿车的设计语言；车身两侧的三面红旗，分别代表"总路线、大跃进、人民公社"，由此前 CA72 车身上分别代表"工、农、商、学、兵"的五面红旗演化而来；车尾有毛主席手书"红旗"二字及其拼音组合作为"品牌标志"。第二部分设计要素是与设计师智慧紧密相连的设计语言。在支撑整车造型方面设计师想到用"中国折扇"的造型来构思轿车前脸，在车身侧面则用"矛"的造型来装饰，前者是中国文人的必备道具，体现造型的优雅仪态；后者是中国武将的武器，干练有效。二者呼应，"文武双全"，使车体外形有了十足的"气场"

▲ 在深圳蜻蜓工业设计公司期间，傅月明、俞军海为上海金星电视机厂设计的28吋彩色电视机，是我们国家第一代大屏幕显像管产品，并为之命名"金星——金王子"，定位于引领金星品牌的高端产品。根据傅月明回忆：当时上海金星电视机厂资深设计师陈梅鼎力邀深圳蜻蜓工业设计公司为金星设计新产品，并在设计过程中建议在机身下方加一条"金色的装饰线"，增加产品的"语义"特征，以此增加消费者的美誉度，并促进销售。遥控器的设计十分人性化，曲线设计贴合手掌，创造了和蔼可亲的界面，色彩则沿用了金色与黑色的组合。这是当时通过设计将产品的"高科技"特征充分展现的示范案例。上海金星电视机厂则高调宣布新产品诞生，专门举办了新产品发布酒会，产品主要出口海外市场

　　毫无疑问，设计的实践智慧具有独特的价值。首先从智慧的性质与导向方面来看，其表现为"制定行动计划并实现该计划的能力"，属于一种价值导向的思维，不同于真理导向的"理论智慧"；其次从思维主体和智慧主体方面看，"实践智慧"的灵魂具有针对特定主体和当时当地的依赖性，也就是说属于诸葛亮式的智慧，有别于"理论智慧"放之四海皆准的特点；从思维内容来看，"实践智慧"以制定行动目标、计划、路径，以多种约束条件下的满意运筹和决策为思维的基本内容，从这一点上，也可以认为"实践智慧"是有限性智慧，不同于以寻找自然因果关系、发展规律，具有无限性特征的"理论智慧"。总之，"实践智慧"与"理论智慧"主要特性分别表现在"因人因时因地的不可重复性"和"放之四海皆准的普遍可重复性"。[52] 在吴祖慈教授《论工业设计与科技发展的密切关系》一文中谈到：一件新产品诞生不外乎两种情况，一种是工业设计师从分析市场或研究生活中找到开发方向，做出设计方案，其实施要依靠科技人员。另一种情况是科技人员研究制造了新产品（往往是功能性样机），要依靠工业设计师去协调人机关系并使之商品化，两方面的合作是必不可少的。这段话事实上更具体地说明了产品设计中两种智慧的互动价值。

　　在中国设计的具体实践中，由于对两种智慧的性质和特征理解不够或相互混淆，以至于妨碍了两种智慧价值的发掘。从更宏观的视野看，"理论智慧"的不足尚可以通过移植欧美设计的理论来暂时补缺，但"实践智慧"不能只靠试错来积累经验，更多需要从学理层面加以研究，充分发挥其等待"时机"、把握"时机"的特性。"实践智慧"以"解决现阶段问题"为导向，以期可以在设计中更好地综合各种要素，实现品质的优化和设计的飞跃。

---

[52] 王大洲：《技术、工程与哲学》，科学出版社，2013 年，第 126 至 129 页。

▲ 这一款台扇颠覆了华生的传统设计，它舍弃了铸铁的圆锥形底座，将其改为长方形，搭配铝合金的装饰面板，显得十分简洁轻盈。网罩上金属条密度增多，并且表面镀镍，使得整体造型更加圆润饱满。扇叶减少到三片，形状变得短并宽大。按键部分集中在底座上，使用琴键式开关。整体看上去该款电扇显得十分清新典雅，简单大方。吴祖慈教授在设计华生电扇时对部分设计思路进行了改变：设计师希望能充分立足空间，求得造型的更新，并且以"流畅"、"有机"的外形设计给消费者带来美感。在他的指导下，设计团队以"三维立体设计"的方式来构思电扇网罩的设计。以数条单根带圆弧的折线来构成网罩，加上成熟的网罩电镀自动生产流水线技术，使之具有轻便、饱满的造型，同时在功能上满足了安全防护的需要，并取得与老华生截然不同的产品形态。这款电扇推出市场之后，受到了用户的广泛欢迎，一举击败了日本的产品。1980年获轻工产品国家银质奖，华生的这一款电扇也迅速成了日后中国各厂家争相效仿的经典设计

第三节

雷圭元、庞薰琹论图案研究

1. 关于图案思想的内涵

在老一辈设计师及教育家的心目中，"图案"一词的内涵无疑接近于现代意义上的"设计"或"工业设计"，从其表述的内容看，其工作对象、内容几乎与之完全重叠。这些表述集中地体现在雷圭元老先生的《新图案学》中，同时也较完善地体现在庞薰琹老先生的《图案问题的研究》一书中。前者是作者在其《工艺美术技法讲话》基础上进行修改，在 1945 年抗战胜利后回到杭州国立艺专任实用美术系主任时，作为教育部部定大学用书而出版，因而在其方法论上更完善一些；后者出版于 1953 年，是解放以后的出版物，多少有些"扫盲、普及"的特点，但其基本观点一点也不含糊，在书的"内容提要"中写道："图案工作就是设计一切器物的造型和一切器物的装饰，因此图案和我们的日常生活有着极密切的关系，一时一刻也不能够离开它。"[53] 前者秉持一贯的图案观点，即图案是指"某一物品的总体设计图，而不是指某一器物设计图中的具体纹样"；后者则更加成熟地表述为"图案是为了生产，为了文化，也为政治"。客观地讲，这种表述已无限接近现代设计的概念。

当时的先驱们均将器具的使用者——人作为图案的直接工作对象。为此，在论述图案时均先研究了使用者——人，在《新图案学》第一章即以"图案与人生"作为标题。

---

[53] 庞薰琹：《图案问题的研究》，大东书局，1953 年，第 1 页。

　　虽然以人类学家的视点表述，装饰是人类原始的本能，装饰能增加人类的快乐，装饰又能够使人们进入到一个自我角色定位的游戏状态，但作者最想表述的是作为现代的人是不会仅仅满足于用羽毛装饰自我，用色彩涂抹身体，还必须有"悦目的形色、悦耳的声音，方能显示其在自然界中的伟大"。因此必须显示人类克服自然的坚强意志和有意识的创作力量，彰显人类的理想，"改善人类的生活方式"，使人类快乐地生活。

　　构成快乐生活的方法是将人的力量找到一个对象进行释放，这种力量实际上是一种思想的力量和意识的力量，而不是指体能，如果仅是指体能力量的释放只要通过劳动消耗便可达到。简言之，人看到自己的思想和意识被投射到特定对象上的时候，会产生快感，认为延伸了自己的能力或解除了外界对自己的威胁，一定会动用自己的思想和意识去生产器具（产品）来达到快乐生活的目的。雷圭元老先生将这种快乐生活用"艺术生活"来表述。艺术生活是具有"创造欲望"的，作为艺术生活的创造者有责任尽力美化民众的生活，使他们的感情丰富起来……唤起生之欢乐，感到生之幸福。一如诗人一样，要通过诗人的创作在人们心里唤醒一种比实际生活所收获的更精美而又更丰富的情感生活。[54] 作者认为图案本身也如同诗歌创作，只不过是用线条、形态、色彩来组成的"诗"。有的诗歌往往是一个时代的缩影，如果设计者不仅仅是一味地按照自己的意愿，而是根据当时人们的审美特点，"组织大众的言语"则是有社会意义的。

　　同样，在庞薰琹《图案问题的研究》中也有类似的阐述，"图案是随着生活需要而发展的，主要意义是给予人类精神上的鼓励，使人类生活得

---

[54] 雷圭元：《新图案学》，国立编译馆出版，1947 年，第 7 页。

▲雷圭元《新图案学》封面，国立编译馆出版

▲庞薰琹《图案问题的研究》封面，大东书局出版

更加美满幸福，来提高生产与工作的情绪。"[55]

2. 基于生产概念的图案活动

以雷圭元、庞薰琹先生为代表的一代设计师无一例外地将"生产"作为图案活动的目标，直到以后推出工艺美术概念时也坚持了这样的方向。受到西方工艺美术思潮和设计理念的影响，1938 年杭州国立艺专、北平国立艺专合并，在湖南沅陵沅江老鸭溪成立国立艺专。由于与校方办学理念不合，雷、庞二人与李有行、沈福文等人一起创办了四川省立艺术专科学校（1937-1945 年），以实现他们图案为生产服务的办学理念。而庞薰琹则在抗战胜利后与著名教育家陶行知具体讨论了"建一所工艺美术学校的计划"。他自己戏称为"乌托邦计划"，"想找一处荒僻的地方，用我们自己的双手，用我们自己的智慧，创造一所学校、培养一批有理想、能劳动、能设计、能制作、能创造一些美好东西的人。不单为自己，也是为世世代代后人及后人的后人。"他认为这样一所学校应该是半工半读，自己铺路、自己设计、自己建房。[56] 若不是陶行知去世，是极有可能实施这个计划的，这和陶行知提倡的知行合一的教育理念是完全吻合的。

对于生产形态的思想，两人都受到英国工艺美术运动的代表人物威廉·莫里斯思想的影响，只是没有纠缠其社会主义思想的讨论，而是直觉地将之引到生产应用的视角去讨论，而没有沿着莫里斯们主张传统回归的思想。

事实是 19 世纪英国率先完成工业技术革命以后，在纺织、钢铁、交通等方面居欧洲各国之前列，即便是平民阶层也充分享受到了工业化带来

---

[55] 庞薰琹：《图案问题的研究》，大东书局，1953 年，第 15 页。

[56] 张道一：《薰琹的梦》，《装饰》杂志，1994 年第 3 期，第 16 页。

的恩惠。但是以莫里斯等人为代表的思想家却看到了工业化在创造物质财富的同时给工人心灵带来的创伤。在手工业时代，工人的人格是完整而独立的，因而心灵是健康的，而在工业化时代，随着产业分工和生产率的提高，工人被分配在流水线上工作，都在为实现资本的积累和利润而付出。这种付出往往是以工人早出晚归，拼命工作，精神麻木为代价的，同时这种逐利的资本主义生产方式还引发了英国殖民主义的侵略扩张，爆发了一系列非正义的战争。面对这种情况，莫里斯等人试图以手工艺运动的实践来批判资本主义的生产方式和生产制度。[57] 对刚开启工业化历程不久的中国而言，直接移植工艺美术运动的做法显然是缺少思想基础和现实社会基础的。

3. 回归传统的合理性

无论是雷圭元、庞薰琹还是同时代的设计开拓们，对于图案的内容表述基本是一致的，同时他们不遗余力地研究图案的形式，以此作为内容的支撑。雷圭元的表述主要来自对欧洲建筑样式的文化解读，欧洲之印象派以后现代艺术的形式审美和对色彩的定量分析即色相、明度、纯度对表达人类情绪的作用，从著作中看到经过"幻想"的形态所形成的设计。[58]庞薰琹则并行论述了以中国传统纹样为代表的符号对表达同样主题的可能性，同时花了很长的篇幅大谈中国从原始社会的简单审美到汉代画像砖上无中生有的神兽，从魏晋六朝的佛教形象到唐代诗人思想和价值观，从宋代建筑工艺谈到元代青花陶瓷工艺、宫殿装饰色彩，又从元曲论及清代章

[57] 于文杰：《英国十九世纪手工艺运动研究》，南京大学出版社，2014 年，其中有关于此类问题的论述。

[58] 雷圭元：《新图案学》，国立编译馆出版，1947 年，第 35 页至 57 页中有详细的叙述并设有练习课题。

回小说、舞台剧。而上述种种文化均以其浓缩的符号——中国每个时代的图案来表达，同时中国图案的文化支撑又来自上述文化实践。对这些图案的形成他指出：有些是因为物质生活方式的改变而影响其精神方面，有的是因为民族与时间的不同而显示出不同的内容。

类似的研究在庞薰琹的著作中也有表达。[59] 但他更强调图案的现代性，强调当下的使用者对图案的接受、喜好程度，更关注图案对当下人民生活的作用。20 世纪 50 年代，庞薰琹针对国内部分工艺美术工作者对出口瓷器高度重视，对国内销售的民用瓷器不够重视的情况提出过强烈的批评，指出这是心目中没有人民，想不到人民群众的利益。

4. 对图案作用发生的考察

通过老一辈的努力，引进了新的设计思想观念，同时对中国历史上的图案进行了整理，理论上可以做到对其进行再设计、再创新了，但真正要做到能够服务具体的制造尚缺其他要素的配合。温练昌教授一直任教中央工艺美术学院染织系，与常沙娜教授、陈若菊教授共同教授图案课，他坦陈染织系的图案水平最高。1960 年第一届学生毕业时，都要求有一名学生留校到其他各系任图案教师。但是在回归中国传统图案，并努力使之服务产业、提升人民生活品质作用方面尚有很长的道路要走。这是因为其一，中国尚未建立工业生产体系，更无从谈起新的社会价值观，而老一辈们留学的欧洲国家，历经宗教改革，在建立了相当完善的工业体系的同时，也确立了资本主义精神，一如德国社会学家马克斯·韦伯所表述的那样，那种资本主义的精神是一种"理性"的精神。"人们致力于使他们从社会世界得到的满足最大化"。其中包括物质的满足和精神的满足，简言之，

---

[59] 庞薰琹：《图案问题的研究》，大东书局，1953 年，第 28 页至 57 页。

从对设计消费的可能性而言，欧洲已经具备，而此时的中国绝大部分人还在为温饱而努力，因此对设计消费的需求尚有很大的距离。

其二，虽然老一辈先驱们在理论上进行了突破，也有亲自动手设计实践的成果，但大部分停留在以手工业为基础的工业产品之中，在陶瓷、漆器、染织、印刷及一部分建筑环境装饰领域中比较有建树，这与图案本身的局限有关，也与专业分工角色的缺位有关。解决这个问题最有效的方法是德国人采取的各种同盟制度，例如：我们耳熟能详的"德国制造同盟"、"德国关税同盟"等组织，在这种组织中互相配合，互相协调利益。而我们此时的设计尚处于个人的单打独斗时代，只能在以个人为主体的手工业领域奋斗，这种形式表面看上去似乎与莫里斯的商会做法接近、相似，但实际上旨趣、结果完全不同。

其三，自抗日战争开始，中国社会处于动荡之中，长期的战争以及政权的更迭带来的文化断裂，老一辈先驱们只能做被动的适应。新中国成立之后确立了优先发展重工业的经济战略，以大型民用、军工装备为代表的产品自有其工程技术的逻辑，更何况当时这些技术均从外国引进，我们首要的任务是消化技术而不是照顾使用者的感觉和审美。因此纵然从理论讲图案可以涵盖之，但事实上在很长的时间里被边缘化了。

124

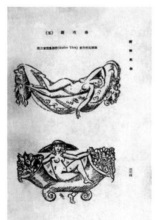

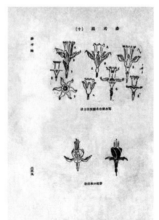

▲雷圭元的《新图案学》由国立编译馆出版

本页：左上 埃及、希腊、捷克斯洛伐克的图案设计

右上 中国瓦当、兽头、石刻龙纹、吴越刻妃塔严经断石花纹

左下 法国作家诗作中的插图

右下 写生及变化

第四节

图案激发的产业能量

施茜在《与万籁鸣同时代的海上时尚圈》书中有关"印染工艺"的内容写道：1931 年至 1934 年间，日资渗入，在上海先后开了 9 家印染厂，其中以内外棉株式会社的第二加工厂规模最大，有"远东第一"之称，其印染图案设计室技术保密，从不雇佣中国员工。[60]

事实上作为中国机械印花的先驱者，无一不是将印花图案设计作为产品的核心竞争力来看待的。最早在中国开办印染厂的法国人专门从法国请来了设计师。20 世纪 30 年代初期以后相继有中国设计师进入，推测其中应该有受到过陈之佛等前辈教育过的学生。《上海市地方志——上海纺织工业志》中明确地列出了在 1945 年以后上海各个印染厂重要设计师的名单，除了驻厂设计师以外，还有自由设计师为工厂提供图案设计，并称都是受过专业艺术教育的。这充分证明，一支庞大的、专业的图案设计师队伍是客观存在的，他们的设计影响力远远超出上海的范畴。由于历经长时间的产业发展，全市 100 多名印染设计师设计观念也日趋成熟，特别是应对国际市场的设计能力以及品质控制能力居全国之首。为此，1974 年国务院总理周恩来指示，出口纺织品要向上海学习。随之由纺织工业部、对外贸易部联合召开了会议，决定从以量取胜转向以质取胜，从出口广度转向出口深度，从低效益转向高效益。[61] 通过提高印染图案设计质量，增

---

[60] 施茜：《与万籁鸣同时代的海上时尚圈》，中国书籍出版社，2013 年，第 95 页。

[61] 上海地方志编辑委员会：《上海地方志——上海纺织工业志》有相关内容。

加高档面料开发是关键。

查阅中国印染工业的发展历史，在很长的一段时间内确实是一个很大的产业，而染织设计则是其一个重要的要素。中国常州东风印染厂前身是广益纺织染公司二厂。1949 年前为大成纺织染公司二厂，是一个典型的传统企业，早期没有花样设计室，所有花布图案大多仿制外货花色，每年都有仿制的新花色参加市场竞争。厂方与上海进口商取得联系，一旦有外货新花色样品，即选择消费者喜爱的样品进行研究仿制。因而，往往有些新花色，东风印染的产品比外货先上市或同时上市。

1951 年厂方开始接受花布加工订货，这一时期花型图案设计上比较呆板，工艺处理方法简单。1953 年 8 月 19 日，大成公司劳资协商第 63 次会议决定派一名熟悉花样者赴上海搜集花样，挑选一名擅长画花样者从事印花布花样翻新工作。1956 年以前，东风印染厂印花产品花样图案主要从上海购进，上海有一批个体设计师都以此为业。当时风格大致是深色块面平涂，有少量云纹、线条、点子较粗的几何图案，造型都比较简单、呆板，色彩不多，上市流行的产品有"竹福"、"团花孔雀"和染印一色的称为"黛绸"的满地小几何纹样等。

1955 年，各地美术家协会会员和人民代表大会代表相继在报刊上呼吁，要求改善人民衣着、美化人民生活。纺织工业部为此召开了会议，各省、市纺工厅、局都成立了"花布图案评选委员会"。1956 年 6 月，华东文化部和美术家协会华东分会在上海联合举办了一次"花布图案评选会"，邀请陈之佛老先生在会上作《中国图案与花布图案改革工作报告》，他从中国图案宏观的角度阐释民间工艺的源流、演变，在历史长河中的影响，及其所形成的丝织图案和花布图案，从工艺美术角度深入地阐释了印花图案存在的价值。他提出图案设计师要向姐妹艺术学习，向大自然学习，加强进修和写生，扩大视野，吸取新的营养，提高创作活力和灵感。[62] 江苏省由纺工局印染处余也萍、孙建南处长为首，组成了有陈之佛教授、常州和无锡纺站经理、张云和各校老师及各厂负责同志、技术人员参加的评委会，每季召开一次评选会，评出中选和获奖花样，组织设计人员调研、交流，并请名家讲课。从此，花布图案设计欣欣向荣，图案面貌日新月异，设计队伍迅速壮大。在沈农辞《陈之佛先生与江苏印花布图案设计》一文与常州东风印染厂厂志中都有相似记载。

1956 年，常州东风印染厂增加了有多年设计经验及专科毕业的设计人员 4 人。不久又在青年工人中挑选 7 人从事图案设计工作，并于 11 月底成立了花样设计室。当时的设计人员有从上海请来的吴英俊、潘元庆、樊翠月，西南美专分配来厂的 1 人，厂内爱好美术的青年赵雪初、吴新生、张传喜、张中柱、砺汉良、王善良，部队转业的李用夫，纺工局调来的王鹿桃，加上原来的吴永彦、许锦海共 14 人。

设计室成立后，为了迅速提高水平，满足生产要求，先后选派了吴英俊等人去上海的一印、二印、五印、丽新、三印、恒丰、丝绸公司边工作边学习。每次 2 至 4 人，时间都在 1 个月以上，历时两年多。通过学习，解放了思想、开阔了眼界、学得了技术、收集了资料，使东风印染厂的设计水平在短短一年内就有了很大提高，在定产、评比中取得显著成绩。这一阶段，影响较大的有吴英俊工程师，抗战前他毕业于上海美专，后服务于商务印书馆，建国后以图案设计为业。1956 年参加东风印染厂的设计工作，在绘画与设计方面造诣颇深，对新建设计室有较大贡献。其作品"满园春色"获评选一等奖，"芙蓉鸳鸯"等大花图案刻画细腻、意境幽美，其他小花作品也深受群众喜爱，是获奖较多的作者之一。潘元庆虽是学徒

[62] 沈农辞：《陈之佛先生与江苏印花布图案设计》，《美术与设计》，2010 年第 1 期，第 119 页，作者系无锡印染厂图案设计室高级工程师。

▲1959 年中央工艺美术学院程尚仁老师（后排
右 5）与染织系 57 级学生在学院西门外合影

出身，但其知识较广泛、经验较丰富，创作思路经久不衰，对青年的影响也很大，为东风印染设计工作做出了一定贡献。李用夫 1956 年底由部队转业来到常州，对图案颇有兴趣，立志要做设计工作，由于他勤学苦练、认真钻研，很快掌握了图案设计的知识和方法，所创作的"云霞焕彩"具有闪光的丝绸效果，获二等奖，博得设计界和群众的好评。他在 1958 年创作的"金凤"大花，在全国首次花布评比中被评为优秀产品。

这一时期的图案，以深色朵花为主，但其造型、陪衬、排列都比较讲究，是建国以来朵花图案的高潮时期，另外，一种发光体工艺也风行一时。

当时，东风印染厂与全国较大印染厂都建立了交换花样图案的联系制度，厂内设计人员建立了互相帮助的亲密关系，平时每月半天到郊外写生。厂内还举办花型展览，并在湖塘桥、戚野堰、徐州等苏北地区进行花布展销，征求消费者意见，特别是倾听采购员、营业员、妇女代表、缝纫工人的反映。当时还成立了花样审查制度，负责审查花样是否符合好看、好刻、好印、好销、成本低的要求并提出修改意见，使印花布配色更加合理。1956 年设计和生产的新花型达 100 多种，完全改变了过去多年来不注意色泽、外观，只按一般规律搞每种花型配红、蓝、白、黑等老一套色泽的状况。

1957 年，工厂开展增产节约运动，要求设计人员经常与车间生产部门联系，熟悉生产过程，明确设计与生产部门的关系，使他们懂得如何配合搞好生产，每月还邀请生产技术人员上课，使设计人员增加技术知识。平时，每种花样图案定产前都进行成本核算，平衡设计、工艺、成本。这一年，东风印染厂在扬州市文化馆举办了花布展览会。两天半时间，观众达 3000 多人，工厂设计的花样参加江苏省花纹图案评选，有 10 多张花样得奖，其中"秋色"获二等奖，"艳菊"、"月季花"、"桃李争春"、"联结同心"得三等奖，还有 6 张花样得表扬奖。此外，还健全了花样图案评选会议制度，每月进行 1 次厂内评选；花型色泽小组每月召开 2 到 3 次会

▲ 1960 年中央工艺美术学院染织系上课的情景

议，研究改进配色工作；印花车间也建立花样审查会议，由车间主任、工段长、计划员及工程师参加提意见。过去，花样设计不了解哪些颜色可以生产，陷于盲目设计的状况。为此化验室制作标准样卡两份，其中分还原染料、印地科素染料、纳夫妥染料直接印花部分、还原染料与印地科素染料防染部分、拔染及凡拉明印花部分。除贴制标样外，还标明每百斤单价及所用染料等，对花样设计，改进配色等基础工作降低成本大有裨益。

花样虽经过设计、定产和审查，但在实际生产过程中往往还会遇到具体困难，造成生产与设计的要求和意图不符合。工厂定期组织车间和花样设计室联系。当时，每半月召开一次由主任工程师主持，印花车间主任、技督科长、花样室（设计室）、化验室和计划科等有关人员出席的联席会议，由印花车间主任逐只对照纸样和生产布样（会前准备半个月的生产资料）分析，说明变动花样的理由，并由技督科分析在技术操作上的问题，对色泽做出鉴定。主任工程师提出今后设计和生产改进的方向和要求。除花样设计与生产联系的制度外，当时还建立了色泽变动的联系制度，花样在生产前需严格审查配色，定产前遇有特殊情况必须临时改变色泽时，在不影响美观实用和染料供应等原则下，由技督科鉴定配色，变换底色一律通过计划科布置，并用书面为凭，以明确职责、纠正混乱。与此同时，对于好的设计，设计师也是通过工艺的优化及控制来实现。为了使低档平布织物有高档呢绒的感觉，设计师设计了一款图案，在深色地上用蓝、灰、白三色，不规则粗细点交织成条纹，中间在其灰色附近施一白色雪花，以此产生闪光感，并增加一定的厚度。在图案评选时，陈之佛十分赞赏，但工艺部门认为生产中容易引起串色，达不到设计效果，会造成大面积次品。设计师认为这是生产过程中工艺掌控不当所致，"经过反复论证，决定增加色浆的浓度并把辊筒上的刮刀磨快，勤磨，使运转中的辊筒在色浆槽里蘸的色浆的残余部分立即被辊筒上的刮刀刮净，防止和避免浮浆混入下道色浆内，这样就会避免出现大面积次品"。[63] 由于达到了预期的设计效果，在市场上取得了很好的反响，产品还获得了全国一等奖。

1958 年左右，图案设计的灵感来源于新中国画、中国吉祥纹样，吴英俊设计出酷似画家齐白石风格的国画色彩极浓的"牵牛花"，深受群众喜爱。当时较为突出的花样还有"百鸟朝凤"、"鸳鸯戏荷"、"凤穿牡丹"、"孔雀开屏"、"万紫千红"、"满园春色"、"百花齐放"等。青年设计员李用夫以西洋艺术处理方法，采用民族风格，设计出有丝绸感的花布图案"云霞焕彩"，突破了原来花布设计的风格，畅销好几个省市。

1959 年，为解决染化材料紧张的问题，花样设计人员及时设计了深色单面印花来代替深色拔染印花，并以花朵、细条斜格、立体图案等做底纹设计满地花型，使一套满地印花每匹布节省原材料近三分之一。

1959 年之后，每年都有艺术院校毕业生进入纺织、轻工（主要是玻璃、搪瓷）行业，除了染织专业的学生还有版画、中国画专业的学生转行来从事设计的。他们都经过系统的图案训练，有较高的美术素养。设计的花样特点是造型较写实、处理手法多样、注意创新、工整严谨、注重图案意境。

1962 年以后，陈之佛评审江苏染织图案的工作由南京艺术学院染织专业张永和、金士钦、金庚荣、李湖福老师继续，并带领学生到工厂实习，熟悉制造工艺流程。苏州丝绸工学院（现并入苏州大学）染织系朱就民老师、无锡轻工业学院造型系（现江南大学设计学院）创始人之一许恩源教授相继到无锡印染厂实习，两院毕业生多分配至上述工厂，成为设计骨干。江苏成为继上海之后的图案花样设计的榜样。

1965 年，东风印染厂开始在少数大花中试用喷笔。在大花、小朵花

---

[63] 沈农辞：《陈之佛先生与江苏印花布图案设计》，《美术与设计》，2010 年第 1 期，第 120 页。

新 华 通 讯 社 稿
编号6217——2 中国图片供应社供应

▲ 20世纪50年代新华社发表的一组题为"发展轻工业,造福人民生活"的图片,其中这张的说明词是"为了新的一年花样图案设计做准备,印染厂的设计师们外出写生"。这种方法一直延续到90年代初

及浅花布中使用较广泛，产品效果良好，颇受群众欢迎。以后喷笔在涤棉产品上使用，增添了涤棉的高档效果。在实践过程中，喷画技巧由生疏到熟练，创造了许多方法，并总结出"灵活、敏捷、准确"这一操作要求，做到快慢、高低、大小、轻重、长短、曲直随心自如、得心应手，使画面美观、真实、协调。他们还在花筒雕刻方面协调配合，广泛运用网纹喷蜡、网纹勾线等技法，不仅弥补了照相雕刻之不足，还另具特色，取得生动微妙的效果。在其他方面亦有许多技术成就，如：黑色的制作、设计开刀法、精细花样的缩小、改进刻油纸和刻刀等。[64]

上海美术家协会曾经派出了著名国画家黄幻吾先生到搪瓷厂创作花鸟作品，驻厂设计师再根据其作品进行设计，用分版方法分出若干个色块并制成模板，同样以手工喷绘来提高图案的美感，增加产品的品质。[65] 这种做法一直延续到 20 世纪 80 年代初，除了搪瓷产品外，还涉及玻璃、保温瓶行业，以后则进口了日本轻工业制造设备，用于增加产品表面光亮度，使得这种工艺大放异彩。由于这三个行业同属于轻工业局，相关设计师会经常因业务工作相聚，主动交流设计所采用的图案题材，并自觉地在各自的产品上应用，所以无意中出现了很有系列感的产品，即同一个图案、同一个时间段分别在搪瓷产品、保温瓶、玻璃产品上应用，并且还有细小的差异，特别是对新婚消费者十分有吸引力。

1962 年，东风印染厂因受生产技术水平和原料供应的限制，使精细图案难以生产。当时工厂生产的内销深色单面花布和大花布比重较大。由于单面花布布面粗、布质厚、吃浆多、渗化大，小花云纹印制时会变粗，

[64]《常州东风印染厂厂志》（内部资料），1988 年，第 58 页。
[65] 上海地方志编辑委员会：《上海地方志——美术志》，第一编"美术创作与设计"第十五章"美术设计"第二节"产品造型与包装设计"。

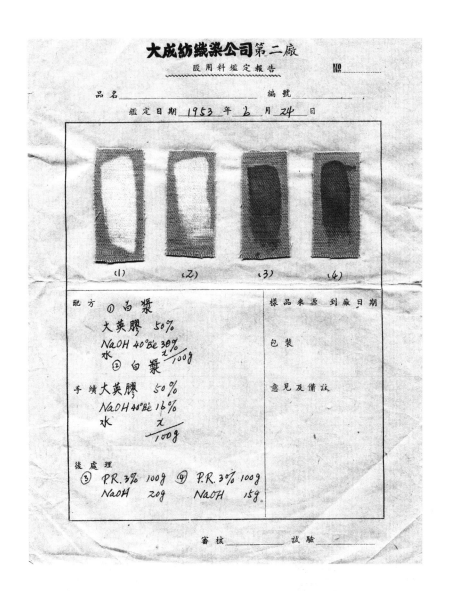

▲常州东风印染厂20世纪50年代（当时为大成
纺织染公司）用于校对印染色彩的鉴定报告

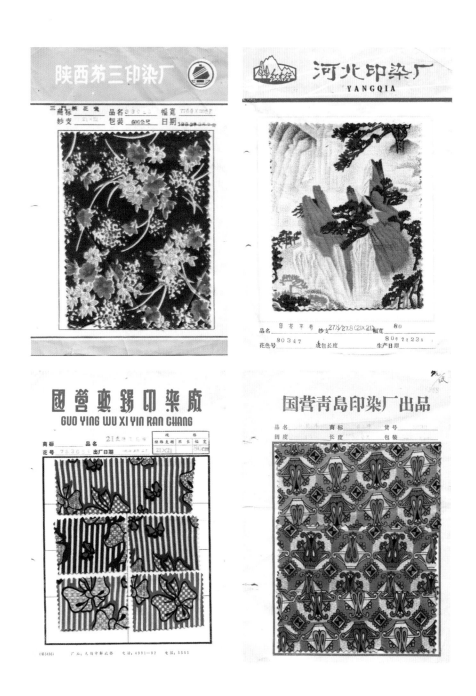

▲ 从 20 世纪 50 到 80 年代中国各个印染厂的花样图案设计

因此，花型以简洁大块为主，并在设计时充分利用雪花增加层次、丰富画面、减少吃浆量、降低成本，多绘制散点图案或几何形图案，提高印制效果。当时，设计大花的题材主要是孔雀开屏、凤穿牡丹、鸳鸯戏荷等。为了使老题材在表现方法上更具有时代气息，处理手法上在光感质感或是类似织锦刺绣等方面做了多种探索，使低档产品有高档感觉的效果，以满足人民既经济又美观的要求。如"秋江争艳"参考了中国画的传统技法，富有诗意的幽雅画面给人以美满幸福的感觉；"卫星唤春"则在翩翩舞动的凤凰中加上一颗装饰化了的人造卫星，既不感到生硬，又有新的意义；"满堂红"与以往的孔雀大不相同，虽然题材老，也给人以新的感受。当时，花样设计趋向于"写实"，并采用"繁"的手法，以表现富丽、辉煌、欣欣向荣、茂盛的气氛，在色彩方面以"新气氛"为中心，绘制上采取点线面的结合，依照调和对比的规律适应创作的中心要求。

1965 年，由于社会影响，花样设计显现出"左"的倾向，在省评选会上开始有了政审这一程序，对各种嫌疑的图案均予以否定。"文革"期间的极"左"思潮将不同设计的见解视为革命与不革命的分界，有些花样甚至成为"反革命"的罪证，以之对设计人员进行人身迫害。这期间要求花样反映"革命"、工农兵、英雄人物、革命建设，不要花花草草但要"向日葵"，既反对"封资修"，又要在图形上防止错觉。因而在花样中出现了"老三篇"、"四卷"、红旗、齿轮、麦穗、拖拉机、螺丝钉、火炬、向日葵、文字标记等形象；牡丹被批为"富贵花"，画猫是含沙射影等，龙凤判作封建帝王的东西，奇形怪状是资本主义，传统纹样是封建主义，花鸟鱼虫是消闲阶层的喜爱等；几何图形不能有"十二角"，十二角是国民党党徽，乱线条中可能有"反动标语"，色彩要红，慎用黑色，红旗要向东飘，太阳要从东出，要依照看地图的规矩看花样。这样的情况延续了三四年之久。图案设计人员人人自危，在谨小慎微、战战兢兢的状况下从

▲ 20世纪70年代的化纤新材料——的确良进行花样图案设计是各
大印染厂的重要工作。图为北京的百货商场内展销新设计的的确良
布料的场景

事创作，给花布图案设计事业造成了很大的危害。

1970 年春，由于旧的不能画，新的不敢画，花样大多是静止不变而又保险的"小朵花"，造成"一花独放"的局面，被群众批评为"老面孔"、"老花样"。

1971 年，周恩来总理指出，"花布还是花花草草"之后，情况有所改变，但仍有许多禁忌之处。当年纺工部先后召开图案评选的青岛会议、大连会议，促使图案质量有了新的发展。但仍然局限于"长江大桥"、"玉兰水库"、"金鱼"等大花样和 100 多只小花样。

1973 年，由于仅靠"三本"（美术资料本、花布图案照相本、外地交流样本）搞关门设计，脱离生产，脱离群众，设计的花型陈旧，对象不明，不受群众欢迎。东风印染厂调研组外出调研 30 多次，走遍江苏 70 多个县市，召开各种类型座谈会上百次，掌握了群众在不同时期对花布要求情况的第一手资料。为保证产品实物效果，还组织设计人员到山东、温州、杭州等地写生，1973 年设计人员有 13 人，花样图案中选率在 95% 以上，上半年参加全省花样定产会议，4 只大花贡花样全部中选，其中 1 只定产数达 1163 件。

20 世纪 70 年代图案的特点是：中型花纹较为活泼，花样精细，有高档感的喷笔花样，较抽象的图案和活泼的几何图案，朵花、大花贡花样明显下降，家具布装饰布不断上升，深浅花布线趋向不分。上半年，全厂设计方案在 500 件左右。不少设计在广交会上获得好评，多次获奖。

20 世纪 70 年代末期，花样室每年组织大型花型调研两次，小型调研 4 到 8 次，以实销与花样调研相结合，经销商协同搜集各地花布销售情况，有时还邀请各地来常州的商业代表参加审样，听取他们的意见和要求。从图案的花型、色彩排列和表现方法等各方面分析花布发展趋向，按照对象的年龄、地区分类，制订适当比例设计花样，使花样中选率稳定提高，有

心 红 手 巧(油 画)

沈阳市第一搪瓷厂 张浩林

的花布一印再印，受到群众的欢迎。随着国家整个社会环境的变化，专业院校专业设计教育的回归，设计师的思路得到了很大的拓展。但新的矛盾也随之产生，即老旧的生产设备不能适应新设计方案的生产。

为使落后的生产设备继续生产高品质产品，设计人员与工人师傅一起想办法，减少套色，适当增加层次，起到少套色多色彩的感觉，不使用大面积雪花，而采用泥点、线条和色块等方法，使图案适应机械设备的实际情况，从而使"老爷车"做出新贡献，成品也符合原样精神。[66]

1980年，花样设计每年近千张，在保持花型新颖活泼、设计精细多变、对象明确、实用性强等特点的同时，注意配合工艺创新要求，设计出难度较高，具有一定水平的花型。如：家私布有"云南石林"、"桂林山水"、"蝶扑秋菊"等花型；印花绒布有格子密纹花型和卡通花型；大花贡有"龙飞凤舞"、"闹元宵"等群众喜闻乐见、适销对路、雕刻印制要求较高的花型。工厂给设计人员每周半天自修时间，每年有2至3周时间让他们外出写生。

▲ 这幅宣传油画艺术性一般，但当时是作为宣传画出现的，表现为提高人民生活水平而发展轻工业所取得的成就。画面真实地反映了当时搪瓷厂生产的情况，产品的图案设计无疑是产品品质的重要保证，但是其生产过程基本上靠手工完成，后面工人手持的喷枪就是生产的"神器"，画面的品质控制也靠经验

---

[66]《常州东风印染厂厂志》（内部资料），1988年，第58页。

第五节

出口贸易中的设计回归

　　第一届广交会在 1957 年举办，此后一年举办两次。第一届广交会展出的出口商品仅限于农产品及其副产品，只有来自约 20 个国家（地区）的 1200 名来宾。《国际贸易消息》1976 年 10 月 28 日报道：1976 年第 40 届广交会有来自 110 个国家和地区的两万多位来宾，展品包括具有国际先进水平的自动机床、各种现代化的农业机械、石油产品、煤、质量良好的手表、收音机和各种混纺纤维产品。中国工业产品出口贸易一般来讲靠质量取胜，国内主管部门为了保持市场份额也会采取一些措施来保证外贸任务的完成。20 世纪 50 年代主要是手工艺产品，后期有不少工业产品，即便像陶瓷产品也是以批量生产的日用陶瓷为主，此时中国设计主要是服务于技术及批量制造。

　　海鸥牌 4 型 120 双镜头反光照相机因款式新、质量优而深受消费者喜爱。1964 年，该产品首次参加广州交易会，与香港客户一次成交 300 架，年末出口 2300 架，开创了中国照相机出口的先河。1968 年，上海照相机厂正式使用"海鸥"牌注册商标。海鸥 4 型系列相机最开始出口到中东地区，得到出口地的一些反馈，按照国际有关规定，以地名"上海"作为商标不能在国际上注册，相机说明书上的熊猫图案也不能用，因为多数照相机出口到信仰伊斯兰教的中东地区，熊猫的图案在伊斯兰教徒看来酷似猪，为避免造成误解，熊猫图案也被换下。

　　这时，上海轻工进出口公司提议采用其注册的"海鸥"牌，海鸥与上海有关，又有"飞向世界"的含义。不过，这或许都是后来人们的美好附会。

那时，叫"海鸥"的产品多得是，如"海鸥"牌洗涤、化妆品……后来听说海鸥是被西方人看不起的海鸟，又懒又馋，老是跟随在轮船后面，抢吃船员倒在海里的残羹剩饭，才知道用海鸥做商标对外宣传并不有利。但当时没得选择，要出口必须得用轻工进出口公司指定的商标。作为工业产品来讲，还有一种方式是贴牌加工。海鸥4型产品在西德、日本都是贴上他们本国的商标来销售的。

到20世纪70年代，上海、天津都建立了工业品出口基地，但大宗出口产品当数隶属轻工部的日用陶瓷产品，这是我们国家最有竞争力的产品。陶瓷生产基地江西景德镇是由市政府主要领导来具体分管生产、销售的，而轻工部在当地建立了各种陶瓷科研机构，以支持当地陶瓷厂的技术进步。在设计方面，景德镇陶瓷研究所集中了一大批专业人员，由轻工部承担各种研究经费，研究内容涉及陶瓷材料、造型设计、装饰设计、工艺技术、生产设备、科技情报、市场信息、人才培训等全产业链上的各种要素，同时承担国家重大项目的研发和攻关任务。基于当时优越的条件，研究所的成果是按计划无偿提供给相关生产厂的，在主管部门的协调下，研究所与生产厂还保持着良好的互动。

从各个陶瓷生产厂来看，由于产品出口的需要，国家投入了较大的资金来进行设备更新和基础建设，加之有科研力量的推动，使得陶瓷产品品质及其生产效率得到很大的提高。因此，20世纪70至80年代末，景德镇十大陶瓷厂的产品品质达到了顶峰，而其中设计则是一股强劲的推动力。

景德镇光明瓷厂是以"青花玲珑之家"著称的专门精制青花玲珑瓷的国营企业。多年来，该厂在继承和发展传统特色的基础上对青花玲珑瓷器的器型和装饰手法勇于改革和创新，使之古今相融，相得益彰，品种齐全，丰富多彩。不仅能大量生产各式中西餐具、茶具、文具、咖啡具、酒具等

200 多个品种，而且还能精制各种名贵的皮灯、花瓶、薄胎碗之类的高级陈设瓷以及各种高档的展览礼品瓷，畅销港澳、东南亚、日本、欧美等市场，遍及五大洲 120 多个国家和地区。

20 世纪 80 年代中期设计的青花玲珑 45 头清香西餐具在继承传统特色的基础上，跳出工艺装饰老十字边、工字边和芭蕉脚的框框，积极开拓创新。既适用于高级餐厅、饭馆和家庭的餐桌，又是一种精美的陈设工艺品和馈赠宾客的高级佳品。它是由光明瓷厂青花玲珑研究所工艺设计人员王宗涛、李金球、刘文龙三位设计师集体设计创制的。该餐具深受人们的喜爱，在国外每套售价可比老产品增值 131.80 元，给企业带来较好的经济效益。

设计以西式用膳习惯结合当今时代的要求构思，结构简练，配套合理。整套餐具的器型线条流畅，口部形如喇叭状，足部稍向外撇，具有秀丽挺拔、清新明快、高雅洁净、精美别致的特点。分 10 个品种、45 件组合。单件品种有尺四鱼盘、荷叶顶碗、糖缸、奶盅，合件品种有大、小平盘，荷叶大碗和小杯小碟，其使用功能和器型特点都适合当代人们生活上的需求。装饰方面，构图新颖大方、自由活泼，不仅纹样精巧细腻、料色层次分明，而且每件产品从单件欣赏到整体组合都能烘托出生机盎然的气息。尤其是整套餐具的中心图案以花中之王牡丹为主题，象征着吉祥和幸福。设计者采用国画的手法把它巧妙地移植到瓷器的四周，再配饰小花和野草，又点缀上翩翩飞舞的蝴蝶，构成了一幅栩栩如生、欲动还静的蝴蝶牡丹闹春图，设计者还别具匠心地在底心周围分布海棠与桂花剪枝的两道花边，犹如绿草茸茸的花圃中盛开着芬芳鲜丽的海棠花和香飘宇间的桂花。特别是那米粒状的雕花玲珑眼变成碧绿透明的蝴蝶形在青花图案的衬托下别有一番情趣，仿佛一只只可爱的小蝴蝶欲飞入那百花丛中去享受沁人心脾的清香，一派生机勃勃、欣欣向荣的景象，不仅给人们以美的欣赏，而且还带来轻松愉快的精神享受。

青花玲珑瓷器不仅天冷时具有保温性能较好，不易散热的特点，而且天热时的感觉更好，正如日本客商佐野在一次秋交会洽谈业务时所说："青花玲珑瓷器的销售旺季是在夏天最热的时候，日本叫中元季节，因在这个时候送青花玲珑瓷器给别人，表示祝愿平安度过最炎热的夏天，看起来会使人感到很凉快似的……"

青花西餐具 1986 年 3 月荣获德意志民主共和国莱比锡国际博览会金奖，7 月该餐具又在江西省陶瓷行业优质产品评比会上，以 95.57% 的最高成绩获得全省同行业餐具类评比第一名。当时负责外经贸工作的中共中央政治局委员、国务委员方毅对该餐具给予了高度评价，特在北京挥毫，给光明瓷厂送来了四个刚劲有力的题词——"玲珑生辉"以资鼓励。

行业资料《我国陶瓷在国外》整理了 20 世纪 70 年代中期在《国际贸易消息》上刊登的有关中国陶瓷出口商品的消息。由于《国际贸易消息》属于内部参考资料，所以比较客观，可以看作是中国日用陶瓷在全球市场的真实反映，也是其设计产品的基本导向。

基本的判断是国际市场对中国陶瓷十分欢迎。1974 年 10 月 10 日《国际贸易消息》报道：目前中国陶瓷在国际市场上的比重还很小，在加拿大市场占 0.43%，在澳大利亚、北欧、西欧市场只占 5% 左右。拉丁美洲有许多市场尚未打开，增加陶瓷出口潜力很大。客户反映，中国陶瓷器供货不足，花色品种不全，交货速度慢。对加拿大已出口的品种销路很好，但数量不能满足客户需求。如能够增加供货量，进一步扩大新品种和新花型，有可能在加拿大陶瓷器进口中占第三或第四位。英国、日本的陶瓷花面有几百种，中国只有几十种。可逐步供应 56、40、48、53、72、104 头等各地适销的成套餐具。釉下彩精陶餐具很有销路。加拿大中国餐馆很多，他们希望使用中国餐具。

在几个重点市场的情况是，北欧市场：瑞典每年进口中国日用瓷

2000 多万克朗，陈列瓷 1000 多万克朗。"瑞典市场对我日用瓷需求不断增大。据商人估计，两三年后日本瓷可能要退出瑞典市场，西德瓷器因生产成本高，马克升值，价格昂贵。因此我国日用瓷在瑞典市场很有发展前途。如瑞典放松进口配额限制，我货花色适销，单咖啡杯一项，年销就可增至 500 万克朗以上。"

据陶瓷代理瑞典爱克罗公司反映，只要中国陶瓷品种对路，花面行销，价格便宜，对瑞典的销售可以迅速增加。该商强调：由于现在多数家庭均用洗碗机，所以最好生产一些防碱性、防热水冲刷的花面，一般以棕、蓝、绿、红色为宜。目前流行的花面是色圈，可由不同宽度、不同的和谐色条组成，也可由单独的深蓝、深棕色条（宽度大约 20 毫米）组成。该商还要求我们多生产一些低式桶形杯碟，这些品种在瑞典市场销路大、售价高，并称釉下青花有发展前途。

西欧市场：据驻英商务处反映："英国国内市场陶瓷器供应短缺，有时向国内陶瓷厂签订合同后须等两年才得到供应。市场上对中国日用瓷器有强烈的需求。"中国瓷器在英国市场的销路的进一步扩大，取决于英国是否实行配额限制。如果进口商能获得进口许可，则我国瓷器的销售额可增加 50 万英镑。

就价格方面来说，中国瓷器仍有竞争能力。据说日本瓷器价格在过去 6 个月里上涨了 30%，捷克货价格比中国高 25%，1975 年元旦他们将提价 10%，波兰货目前价格比中国高 10%。

北美市场：据中国驻加拿大大使馆商务处报道，1973 年加拿大从 38 个国家和地区进口总值 3711 万加元（约合 3817 万美元）的瓷器，其中主要从英国、日本、美国和西德等国进口，从中国进口仅 16 万加元（约合 17 万美元），仅占加瓷器进口总值的 0.43%。

1973 年起，加拿大市场的瓷器价格上涨很快。据报道，当年从英国进口的瓷器价格比去年同期提高 15%，由于从英国进口的瓷器享有联邦优惠免税待遇，所以它仍有很强的竞争力。日本已把瓷器价格提高 20% 以上，有些上涨幅度甚至高达 15%。但日本国不享有最惠国待遇，征收 15% 的进口税，日本商品在加拿大市场竞争力较弱。

瓷商们认为，瓷器价格上涨的趋势，反映了瓷器的相关原料（诸如包装纸、颜料）的供应紧张。许多日本出口商采取等着瞧的态度，不肯供货。一些进口商认为，当时是中国产品输入加拿大市场的最好时候，他们期望中国增加花色品种，改进包装，以满足美国和加拿大市场的要求。

亚洲市场：日本是出口陶瓷器的主要国家，也有少量进口。1969 年日本进口家用瓷器、家用陶器、艺术陶瓷的总金额为 136 万多美元，1972 年增加到 735 万多美元，其中从我国进口居首位，约占 20%。《国际贸易消息》1972 年 12 月 21 日报道：日本人喜欢瓷器，虽然日本的陶瓷比较发达，但是许多家庭都以在客厅中摆一件中国出产的青花或陶瓷花瓶为荣。中国陶瓷质细，釉色动人，加上绘工和中国风物特色，特别吸引日本顾客。同时还关注到，1972 年，日本陶瓷生产总值为 6 亿 5 千万美元，其中出口为 3 亿 3 千万美元，占生产总值的 51%，其余供国内销售，另有进口产品385 万美元。

日本出口的陶瓷，主要是日用陶瓷，其次是瓷砖、陈设瓷。进口主要品种是杯碟、水果碗、花瓶、烟灰缸等，从中国进口的有青花玲珑杯碟、碗和花瓶。关于日本进口陶瓷的关税，对中国香港、新加坡、韩国、菲律宾生产的陶瓷器可免税进口，而中国、美国及其他国家的陶瓷器则需按进口金额征收 10% 的关税，对一些名贵的装饰品如花瓶等还要征收 20% 的物品税。

伊朗每年进口陶瓷器数量很大。据客户反映，1971 年伊朗由各国（地区）进口陶瓷器为 6313 吨，金额为 406 万美元。伊朗陶瓷器进口来源约有 20 多个，从进口量来看，1971 年最大的供应者是日本，约占伊朗陶瓷器进口量的 60% 以上，其次为西德，占 4.8%，此外还从科威特（占 8.6%）、迪拜（占 4.9%）等地转口也不少。

中国陶瓷器于 1965 年输往伊朗，颇受当地人民欢迎，1972 年 8 月中伊建交后，对伊出口急速增加。伊朗自日本进口瓷器主要是高档货，式样较好，较吸引人，包装用泡沫塑料衬垫，破损少。中国货多是中低档货，瓷质比日本好，但式样不如日本吸引人。据客户反映，如能增加花样、款样（当地人喜欢玫瑰花等图案，色彩要清淡），改进包装，销路将会扩大。

香港市场：陶瓷器的本销和转口又见活跃。英国由于受到能源短缺和煤矿工人罢工影响，对香港瓷器供应已完全中断。日本主要由于石油涨价，生产成本提高，包装费和运输费增加，对香港出口的高档瓷器价格已提高30%。印尼、新加坡、美国均有客户从香港订购中国瓷器。

《国际贸易消息》1975 年 4 月 14 日报道：要想进一步扩大市场，主要的问题是：

①中国出口瓷器要改进包装，建议改用气泡包装，以取代薄卡纸和细刨花。美国市场对进口陶瓷的外包装具有特殊要求：一、用纸箱代替木箱，但纸箱要牢固，每件重量不得超过 80 磅。二、箱内充填料不许用稻草。三、箱上要刷明货物名称、重量、尺寸、颜色、牌号。四、一些要通过美国运输部有关机构检验批准的，在外包装上要标明检验证号码，易燃品还要标明"小心轻放"、"烟火勿近"字样。

②根据不同地区消费特点进行设计，改进花色设计。伊拉克市场对瓷器喜欢宽金边的，捷克和日本产品适合伊拉克需要。我国产品金边太窄，且亮度不够，因而售价低，还不好销售，如茶具，捷克产品每套售价 7.5第纳尔，而我国产品只售 3.75 第纳尔，我国出口的瓷盘在伊拉克大街上由小贩拿着贩卖。

③瓷器质量达到其他国家（地区）的要求。中国陶瓷器由于含铅和镉量过高而遭到美国一些地区海关的拒绝。美国海关根据陶瓷器含铅和镉量的高低，分两类关税率，第一类规定每打征收 5 至 10 美元，另加 2.5% 至 5.5% 的从价税；第二类每打征收 50 美分，另加 15% 至 70% 的从价税。中国陶瓷器按第二类税率征税。

日本和其他国家一样，对陶瓷器都有含铅量的限制规定，要求含铅量不超过百万分之七，含镉量不超过百万分之零点五，但对品种又有不同的具体规定：对 A 类陶瓷（盘类包括水果盘、汤盘、平盘），要求含铅量在百万分之二十以下；B 类（杯碟、碗等）要求含铅量在百万分之七以下；C 类（壶、奶杯、糖罐等）要求含铅量在百万分之二以下，上述三类的含镉量均要求不超过百万分之零点五。

同样情况在欧洲和加拿大也存在，芬兰工商部第 477 号法令规定，凡与食品接触的各种用具（包括陶瓷），不得含有对人体有害的物质，如铅、锌、镉、锑等。如这些用具每平方米含上述物质超过 0.6 毫克，则禁止进口。检验方法是：把被检验的用具于常温下浸泡在 4% 醋酸溶液中 24 小时，然后进行化验。

④设计观念的问题和对市场跟踪、研究的问题。日本的出口陶瓷厂商很注意对国外市场的调查研究，每年都派人到国外进行调查，了解当地人民喜欢什么形状和花面。根据各品种的销售情况，每年约更新 30% 的老品种和老花面，一个图案一般生产 20 万个就更换新的花面，以适应国外市场的要求，并且普遍采用礼品盒包装出口。

日本陶瓷器制造商以改进花样设计的办法来提高它的竞争性。据1973 年 6 月份的日本《进口商》杂志报道，日商通过筹办"国际性的花样设计竞赛"提高花样设计，使日本产品具有国际竞争性。该项竞赛的组织人已向英国、西德、法国和意大利等国的设计组织厂商和贸易公司发出了 3000 份请帖。在花样设计竞赛期间还将进行一些业务谈判。

据日商反映，日本人工贵，物价高，生产中低档瓷器不合算，加上日本的瓷土越来越少，早就要靠进口来解决，因此，只能着重生产高档瓷器。为了保持和加强它的陶瓷在市场上的竞争力，日本正竭力研究改进陶瓷的花样和造型。目前日本正利用它的陶瓷器花样造型好的有利条件卖较高价格。

日本人民对陶瓷器消费的习惯，一般买单件的较多，买全套东西较少，例如：喜欢购单件的杯碟，而不愿购买整套的茶具。日本人一般不买茶壶而用小茶锅，整套的茶具用来装饰，买的人很少。日本每个家庭都有各式各样的陶瓷器，六寸至八寸的盘子销量较多。在日本市场冬季是陶瓷销售的季节，因为用陶瓷杯子喝酒感到暖和，而夏季则玻璃杯子比较好销，因为夏天用玻璃杯子喝酒感到凉快。

随着国际陶瓷市场竞争的加剧，以及一些国家陶瓷生产技术的改进，当前国际市场上的日用陶瓷花面装饰变化很快，对销售的作用已越来越重大。由于资本主义市场对商品追求"时髦"、"新颖"，国外一些陶瓷器厂商，往往把花面装饰的经常更新作为不断扩大销售和提高售价的一种手段。在这种情况下，客户对中国出口日用陶瓷花面陈旧、翻新不快的反映也越来越多。科威特商人反映，中国瓷器的花面不能适应需要，往往是"给啥要啥"、"墨守成规"，日本货则是"要啥给啥"、"有求必应"。这是中国瓷器在价格上低于日本货的重要原因之一。黎巴嫩市场非常讲究花面图案，目前流行小花型、小图案和花型简单、图案清秀的花面，大花、红花已经过时。在黎巴嫩市场陶瓷花面已销售十来年之久，至今还在推销，有的客户对中国产品评价说："世界上最好的瓷器，最差的花形。"

⑤关于单件产品配套成为整套的问题国外反映较强烈。日用瓷器的单件品种，不论是新花日用瓷，或是青花玲珑日用瓷和粉彩日用瓷都要求配

▲ 20 世纪 50 年代出口象牙雕刻宣传卡

套供应。据反映，国外批发商为了使单件配成套，不惜高价向零售商购进鱼盘等主件。由于长期缺乏配套标准，造成中国各种日用瓷出口的幅度下降，以致被国外的某些仿制品和代用品乘机挤入了市场。1974 年由景德镇陶瓷科研机构和工厂联合攻关，制定了相关的标准，才实现了较好的产品配套，形成了各种产品系列。

在秋季广交会上，专门经营江西景德镇瓷器的中国香港商人对出口瓷器的品种、质量和包装等方面的问题也有反映：虽然当前资本主义世界经济危机仍无明显转机，但景德镇瓷器在国际上久负盛名，有些传统品种很有竞争力，仍有一定销路。港商反映，目前美国的中国餐馆很多，仅纽约的客户就要订购 1000 桌的景德镇餐具（粉彩和青花玲珑都行），但目前配齐 10 桌也有困难。许多客户购买瓷器要看底款，只要有"景德镇"三个字，就愿意买。景德镇餐具过去有万寿、扒龙、三多、白地金龙等 20 多个花面，目前只有万寿一种。日用瓷器中的鱼盘、品锅、鸭碗等大件也短缺，配不成套。过去香港茶楼酒馆多以景德镇瓷器招揽顾客，目前这些瓷器逐渐退出市场。同时反映，近来有些出口瓷器质量下降。主要缺点是：画工粗糙，画面脱色，有的用盖印代替绘画，画面简单，把孔雀头画得低下来，而在市场上抬头孔雀图案的瓷器好销；瓷面有吸水现象；颜色不够一致，如一套青花玲珑，深浅不一，玲珑也不透明，汤匙有长有短。[67]

在资料收集中，我们还发现关于中国和日本、德国陶瓷餐盘釉面结晶状况的比较资料，这是产品表面光滑度的核心问题。还有餐盘成型平整度、

---

[67] 全国日用陶瓷工艺科技情报站：《外观陶瓷在国外》（内部资料），1978 年，有关于中国出口陶瓷产品的信息。

▲ 青花玲珑 45 头清香餐具餐盘。玲珑瓷又名"米通"，它的制作技艺精湛、难度很大，要在洁白如玉的瓷胎上镶嵌着一个个碧绿透明的玲珑眼，因此被外国人称之为"嵌玻璃的瓷器"。从原料配方到高温烧成要经过 50 多道工序的精工细作，既运用了传统雕花技艺之妙法，又吸取了传统青花艺术之特长。如稍有不慎，就会前功尽弃。所以，其"巧夺天工"之技艺是他人欲仿所不可及的

▲ 青花玲珑 45 头清香餐具，在 1986 年德意志民主共和国莱比锡春季国际博览会上获得金奖。景德镇市光明瓷厂研制生产的青花玲珑"玩玉牌" 45 头清香西餐具，以美观新颖的装饰工艺和古今相融的独特艺术风格，赢得国外人士的高度赞赏

烧制过程中避免坯胎收缩变形的设计情报资料。日本、德国制造陶瓷的设备比较先进，并且一直致力于机械替代人工的努力。事实上中国陶瓷在承担出口任务的时候，针对批量生产的产品，在技术上还有很多空白点。如果说中国陶瓷的设计目标是实现"以技术推动市场"的话，那么创建品牌，以品牌拉动市场则是在出口贸易驱动下，中国设计的另一种思考。美加净牙膏是中国化学工业社在 20 世纪 60 年代赶超国际先进水平，实现产品升级换代创制的新型出口牙膏。1961 年以前，中国化学工业社出口的牙膏主要是铅锡管肥皂型牙膏。此产品质量不稳定，相继有 18 个国家、地区对铅锡管肥皂型牙膏表示不满，这不但使国家在经济上遭到很大的损失，同时在政治上也带来不良影响。

当时外贸部门为了挽回我国牙膏在国（境）外市场上的信誉，郑重地向中国化学工业社提出要求生产铝管泡沫型牙膏，替代铅锡管肥皂型牙膏。轻工业部很快下拨了创制资金。经过近一年时间的试制工作，特别是重新创造了"美加净"这个品牌名称后,铝管洗涤剂型高档出口牙膏——"美加净"牙膏在 1962 年 4 月正式投产，并于当年以 MAXAM 为英文品牌名，开始出口至东南亚地区，第一年出口量就达到几十万支，成为"高露洁"牙膏的竞争对手。以后出口量逐年增加，出口地区不断扩大，[68] 这是中国创建品牌开发市场并取得成功的经典案例。

能够实现创建品牌，以品牌拉动市场是有前提条件的。首先，牙膏作为一种日用化学产品，其制造难度远远低于机械、日用陶瓷等"硬性"产品；其次，中国化学工业社是生产中国第一支牙膏品牌的企业，为此特别研究过美国的丝带牌牙膏，在产品开发、市场营销方面都经过了充分的锻

[68] 中国口腔清洁护理用品工业协会：《中国牙膏工业发展史》（内部资料），2006 年，第 54 页。

▲ 为新华社江西分社"高速发展中国出口工业"图片发行配画
的宣传画。其中可以看出中国出口产品的主要品种是以纺织品、
日用陶瓷、皮革、玻璃器皿、食品、工艺品为主

炼，而设计师顾世朋老先生常年生活在上海，受东西文化的双重熏陶，精通日用化学产品的营销手段，加之外贸部门专业人员的努力，才成就了这一品牌。而顾世朋倡导的"人无我有，人有我优"的设计观念作为行业的优秀传统延续了下来，他到广交会上向外商介绍自己的设计，同时关注国外同类产品的设计，特别注意新材料在包装设计中的应用。

中国与外贸相关的产品标准、工艺技术、制造企业，包括外贸印刷厂、外贸设计公司都被认为是孕育先进设计观念的温床。事实上这些企业和机构直接面对海内外的市场需求，并且有机会接收更多的市场信息、竞争对手的设计观念和技术手段，设计的时候思想禁区也会少一些。在外贸驱动下的中国设计保留了一块观念"特区"，为日后设计观念的更新积蓄了能量。

重构中国现代设计体系的努力

第五章

第一节

工艺美术力量的延续及观念再解释

　　20 世纪 70 年代末至 80 年代初，以原中央工艺美术学院张仃先生等为代表的艺术家，为首都机场航站楼创作的壁画问世。普遍的评论是这批壁画的问世摆脱了政治说教的枷锁，是运用不同技法、材料和创作主题的风格多样化的装饰艺术作品，是反对"文艺为政治服务"并且注重艺术形式、注重审美情趣、注重艺术个性的作品。有观点认为这是中国公共艺术发展过程中值得记载的事件。吴冠中先生的檄文《内容决定形式》，明确否定了 20 世纪 50 年代以来中国美术创作以政治内容为导向的艺术观，回归了艺术本质，有较大理论价值。《形式决定论》一文自然点燃了对首都机场候机楼壁画形式与内容的讨论。

原本针对美术理论更新的大讨论，由于出自早年留学法国的吴冠中之口，其观点的影响力已经超出纯艺术的范围，他为之遭受的苦难也正是当时从事工艺美术或称为设计者的痛点，而这些问题借了首都机场候机楼壁画的创作得以引爆。

从当时实际情况来看，20世纪二三十年代留学归来的学者年事已高，基本上恪守着原来以图案为内涵的工艺美术理论体系，在缺少与国际同行交流的情况下，特别是经历"文化大革命"时期的压抑，其观念能量转化为一种实践性的能量。从现有这些学者的文献来看，再也没有以前的大部著作了，但在具体技巧的总结方面却颇有收获。雷圭元在1979年出版了《中国图案作法初探》一书，抛弃了理论性的阐述，而专注于纹样的研究和提炼。在论文方面，从中央工艺美术学院复刊以后的《装饰》杂志上所发表的文章来看，大部分属于由个人经验演绎、推理的设计认知和方法的记载。当然该杂志于1980年刚刚复刊，杂志长时间的停办降低了理论研究的水平。而另外一本《工艺美术通讯》只是作为内部交流的资料。

首都机场候机楼壁画创作可以认为是积压十余年工艺美术能量的集中释放。客观地讲这些壁画与公共艺术关系尚远，从设计为人服务的目标来看也有更大的偏差。机场候机楼作为公共场所是人流集中的地方，从空间管理的目标来看是让人流迅速分流，流向指定的目的地，而漂亮的巨幅壁画包含着丰富的审美内容，一定会吸引人们驻足观看、欣赏，而达不到快速疏散的目标。

首都机场候机楼壁画具有示范效应，它促使全国各地兴建的各类功能性建筑内部设计了不同题材的壁画。这种繁荣表面的背后实质是观念缺位，究其原因是观念无法回应时代的需求，只能通过技术、美学的炫耀来掩盖其不足。

▲ 丙烯画《白蛇传》700×200厘米，作者：李化吉 、权正环。通过蛇仙白娘子与书生许仙
的悲欢离合，歌颂了白娘子忠贞不渝的爱情和不畏强暴、追求自由的精神

▲ 重彩《哪吒闹海》1500×340厘米，作者：张仃；绘制：申玉成、楚启恩、李兴邦、王晓强；实习生：张浩达、徐平。根据明代神魔小说《封神演义》创作，描绘了追求光明、不畏强暴的小英雄哪吒的生动感人形象，全画由哪吒出世、恶劣龙、复仇三部分组成

从院校教育情况来看，在"文化大革命"运动中被冲击的老前辈返回工作岗位并担任负责人，工艺美术的教育思想重新确定起来并得到强化。1982年4月16日至28日由文化部、轻工业部联合主办，原中央工艺美术学院筹办的"全国高等院校工艺美术教学座谈会"在北京西山举行，史称"西山会议"。庞薰琹、张仃等老前辈倡议成立工艺美术史论系，专攻工艺美术理论研究，其目的是系统了解历史，掌握工艺美术的一般历史发展规律，在历史研究的基础上，既要走进去，也要走出来；二是需要将工艺美术的生产与现实需求结合起来；三是强调美学认识，将工艺美术与历史研究相对应地做研究，并提炼为理论。[69]

20世纪80年代开始，中国设计界进行了一次设计观念的大讨论，这种大讨论是中国设计发展到一定阶段的必然。因为之前的设计观念基本上是由20世纪二三十年代在欧美、日本留学归来的学者主导，历经十年"文化大革命"，这些老学者的思想能量一直处于压抑状态。20世纪70年代后期是老学者们思想能量重新释放和延续的黄金时段，主要表现于他们在20世纪三四十年代写作的专业著作得以重新出版，有些在修订后出版。姜今曾评论雷圭元老先生《工艺美术技法讲话》《新图案的理论和作法》两本书在今天看来对其中的不少论点和借用的例图还感到新鲜。[70]同时由于这些老学者们重返讲堂或充满激情地投身到各种设计活动之中，一时间变成了主流的设计观念。

随着与香港地区设计师交流的深入，广州美院尹定邦教授率先引

---

[69] 顾浩编：《田自秉文集》，山东美术出版社，2011年，第2页。

[70] 姜今：《老骥伏枥、壮心不已——工艺美术教育家雷圭元先生》，《实用美术》杂志，1982年，第38页。

▲ 毛主席纪念堂的建筑陶板装饰设计，以两个连续图案作为基本手法，由袁运甫、张绮曼、周令钊设计

进了平面构成、色彩构成、立体构成等具有包豪斯教育理念的内容作为设计类专业的基础课程，同时《装饰》杂志复刊后载文介绍了众多当代设计的思潮。20 世纪 80 年代中期随着以轻工部最先派往德国、日本的学者归来，并对现有院校教学思想、内容展开的抨击和改革的呼吁使现代设计观念的大讨论也随之展开。

从表面看，论战双方的焦点是"图案"课程的去与留，其背后却有一个更加宏大的命题，即中国为了经济发展与产业能级提升是需要现代工艺美术还是现代设计？

对于工艺美术而言，历经 20 世纪二三十年代留学的学者应该是为众人比较熟悉的，而工艺美术的基础毫无疑问就是图案。1956 年，雷圭元老先生担任了中央工艺美术学院副院长，我国图案事业的蓬勃发展，使他欢欣鼓舞，除了自己深入到教学第一线外，他还集中精力，系统全面地研究了中国图案。他从早年专门研究西洋图案中，深感民族图案是各个民族、国家工业发展的精华。看到我国的民族艺术的宝库如此丰富，他像"拓荒者"那样，敲开了这个丰富遗产宝库的大门，1963 年写出了一部完全是中国图案的理论著作《基础图案》。在这部著作中，他总结了中国图案的成果，从中国绘画美学的理论中提出"三远法"（平远、高远、深远）与散点透视作为装饰格局的基础，从而研究出中国图案创作的规律及其民族特色和美学价值。这即是今天广泛应用于装饰构图的"三体构成"（格律体、平视体、立视体）。它体现了图案造型结构的特征，道出了装饰化的创作方法。从中国建筑九宫格演变出来的"格律体"，用科学的几何分析和画面分割法进行论述，就立体造型和平面布局而言是一种非常严谨的创造方法。"平视体"则是以中国传统的移动视像的原理来观察事物和在平面上处理不同空间的方法。它在装饰化的格局中扬弃三度空间，采用二度空间变像的效果，解决了工艺施工（透视空间）的技术难题，而且成了图案的特殊形式，从而达到强烈的装饰效果。"立视体"是采用中国画散点透视的方法，利用运动视点把生活中不可能看到的东西依据作者的需要表达出来。从前厅可看到后厅，还可看到后厅的内室，这是立视体的优越性，不仅打破了立体空间（深度）焦点透视的局限性，也获得艺术上的装饰效果。这部著作已在国内外产生了很大的影响。

遵循这一方法，高校培养出了陶瓷、染织等一系列人才。原浙江美术学院工艺系染织专业王善珏老师重新设计了以花卉专业写生为切入点的教学内容，在写生中通过想象将创意的艺术表现融入到花卉造型的表现手法中，由此绘制了一系列从基础造型走向染织设计的示范作品，从而建构起符合专业特点的基础课程。其成果在"全国高校图案会议"上获得了张道一教授的肯定。浙江美院邓白教授帮助其修改成完整的教材出版。[71]

1982 年 4 月 16 日，由文化部和轻工部联合委托中央工艺美术学院筹备召开的"全国高等院校工艺美术教学座谈会"（即"西山会议"）在北京举行。出席这次会议的有中央工艺美术学院、浙江美术学院、鲁迅美术学院、广州美术学院、四川美术学院、西安美术学院、天津美术学院、南京艺术学院、无锡轻工业学院、景德镇陶瓷学院、湖北艺术学院、吉林艺术学院、广西艺术学院、苏州丝绸工学院、湖北轻工业学院、云南艺术学院、浙江丝绸工学院、沈阳市家具职工大学等院校的代表。会议还特邀了庞薰琹、雷圭元、沈福文、郑可、邓白、吴劳、祝大年等老一辈艺术设计家和艺术设计教育家参加。文化部和

---

[71] 王善珏：《变革的年代，创建的岁月》，选自《匠心文脉、往事如歌中国美术学院设计艺术八十年》，主编：宋建明、王雪青，中国美术学院出版社，2010 年，第 146 页。

轻工业部的负责人也出席了会议。

"全国高等院校工艺美术教学座谈会"是中华人民共和国成立30多年来第一次举办的工艺美术教育学术性专业座谈会。会议交流总结了工艺美术教学的经验，讨论了工艺美术教学存在的问题，提出了交流改进的意见和发展工艺美术教育事业的建议。来自各院校的代表根据会议的议题热烈讨论了工艺美术教育的特点；工艺美术各专业设计课的内容和任务；工艺美术各专业基础课的设置和要求、与专业课的关系；工艺美术专业应开设的公共课科目；如何加强基础理论教学、丰富艺术修养、提高设计能力等问题。各院校代表还与国家计委、轻工业部、文化部、教育部、纺织部、商业部、外贸部等有关部委座谈了关于工艺美术教学体制、培养目标、专业设置、专业分工、招生工作、毕业分配、实习场所等问题。会议肯定了30多年来工艺美术教育的成绩。中华人民共和国成立以后，工艺美术教育事业得到了很大的发展，在社会主义建设中起到了应有的作用。各院校通过专科、本科、培训和招研究生等多种形式，培养了大批工艺美术设计人才。在整理和研究中国民族和民间工艺美术传统的基础上，有选择地吸取和借鉴外国工艺美术有用的经验，对我国现代工艺美术教学进行了持续地建设，通过30多年来的教学实践，初步形成了中国工艺美术教育的雏形。专业设置在社会发展的需要下不断增加，全国各院校先后开设了染织、陶瓷、书籍装帧、商业美术、室内设计、工业造型、家具、漆器、服装、装饰绘画、装饰雕塑等专业。教学内容不断改进和充实，课程设置已具有中国的特色。开始重视理论建设工作，逐步深入地认识工艺美术教育的特点，为形成中国工艺美术教育体系打下了良好的基础。中国工艺美术长期以来是以师傅带徒弟的方式传承传统技艺的，没有形成完整、系统的设计理论和教育体系。中华人民共和国成立后30多年，工艺美术更多地关注技法训练和专业设计的提高，未能认真地从理论上总结过去的实践，缺少深入全面的调查研究。没有重视从理论上研究工艺美术教育的特点，以致基本功训练的内容和方法仍有照搬一般美术的痕迹，未能形成自己的特点，致使课程之间脱节，专业教学质量受到一定的影响。此外由于"左"倾思潮的干扰，违背工艺美术教育的规律，走了一段弯路，在十年动乱期间则处于停顿和后退的状态。

会议认为，工艺美术各专业要贯彻"古为今用，洋为中用"、"百花齐放，推陈出新"的方针。要学习中外古今一切有用的知识，深入研究传统，不断研究借鉴国外新成就，以丰富我们的教学内容，防止专业知识的老化。要把学习传统和复古主义区别开来；要把借鉴外国与崇洋区别开来；要把工艺美术中的抽象手法与绘画上的抽象主义区别开来。郑可在题为《对工艺美术教学谈一点初步看法》的发言中强调："工艺美术包括两个方面，一部分是传统的欣赏性的民间工艺美术或传统工艺美术，另一方面是与现代大生产联系的现代工艺美术，也可以说是工业美术，我们学校办学的重点应该是后一类。"祝大年以《生产—美术—设计》为题做了发言，发言强调科学、艺术、技术是矛盾的统一体的关系，强调高等院校培养设计人才的重要意义。庞薰琹以《我的建议》为题发言，对中国高等工艺美术院校的办学方针和具体工作提出了自己的意见。被称为"西山会议"的1982年"全国高等院校工艺美术座谈会"，以"轻纺工业"与"日用品工艺化"为中心展开了对工艺美术教育的讨论，实际上已经涉及中国工艺美术教育向现代艺术设计教育转变的许多重大问题。[72]

1982年春，在苏州丝绸工学院举行的第一次全国高校图案教学讲

---

[72] 陈瑞林：《中国现代艺术设计史》，湖南科学技术出版社，2003年，第240至242页。

座会上，张道一教授以《图案与图案教学》为题发表了演讲，提出重建中国图案学的倡议，并对新中国建立后的前 30 年图案教学的正反经验进行了反思，认为：所谓"图案学"，是基于图案（形状、纹饰、色彩）的实践，提出一套系统的基本理论的方法。由于它是在以往手工艺实践的基础上建立起来的，并且与我国图案有着密切的联系，所谓"猎我旧制，会以新法"，在我国一些学人最初介绍时，便不感陌生。就如我国的古代木刻曾经传往许多国家，但是，有别于古代"复制木刻"的现代"创作木刻"，却是外国人兴起的。鲁迅在提倡新兴木刻时，介绍西洋新法，叫作"木刻回娘家"。所以，日本图案学一经传入我国，也像回到娘家一样，很快便被接受，甚至连名词和术语也一起采纳。21 世纪的 20 到 30 年代，我国开始有了图案学这门学科。

尽管（图案学）它还带着这样和那样的弱点，特别是同我们民族的优秀艺术传统和现实的物质生产结合不够紧密，但总是初具规模，几乎所有的高等美术学校都设立了有关的专业。老一辈的图案家虽然屈指可数，但他们含辛茹苦，勤培桃李，并且编著和翻译了几十种图案书籍，为我国新兴的图案事业铺下了第一层基石。

我国近 30 年来的图案教学，对于结合各专业的工艺图案取得了很大的进展，但是为工艺图案打基础的基础图案，却没有得到足够的重视，甚至路子越走越窄。诸如：强调了"写生——变化"，并采取了一对一的变化法，看起来强调了"生活的唯一源泉"，实际上是限制了想象，使构思缺乏灵活性，即使按绘画的标准要求，也不符合艺术典型化的原则；批判了所谓"为变化而变化"和"脱离生产、脱离实际"，因而混淆了图案的共性与特性的区别，也就不能深入认识图案变化的规律；强调了"反映生活"，忽略了艺匠美的创造，只能画可视的物象，不能或很少画抽象的几何形纹样；简单化地把艺术的抽象手法和抽象主义等同起来，笼统地加以否定，致使在装饰结构和立体造型上失去了基础等。本来，老一辈图案家所建立起来的图案学的规模，虽带有这样或那样的不足之处，但是方法俱全，完全可以在此基础上充实、健全而成为一个完备的体系，可是，大厦未成，我们却采取了拆墙的办法，宁愿盖出一所不能使用的小屋。

在1983年秋于浙江美术学院举行的第二次高校图案教学座谈会上，图案教学的前辈学者又专门针对"三大构成"与"图案教学"进行了激烈的论战。张道一先生提出"融合观"，即将"三大构成"的技法及逻辑思维方式吸收到图案教学中来，并进行有机融入的教学。这一教学思想在随后的教学实践中，也证明了是有益和切实可行的。因而，这一时期各高等院校的图案教学，在图案题材、图案形状和图案风格上都取得了与原有图案教学不同的业绩。不少院校的图案教师纷纷发表文章认为：在以往的图案教学中，一般较多运用传统的形象图形来说明图案形式规律，即形式美的韵律、节奏、变化与色彩规律。由于这些图形的形式手法与色彩配置往往是综合性的，并不十分突出某一方面，所以特征有时不够明显，不容易说明问题。平面构成和立体构成、色彩构成主要讲组织的规律，一般用抽象的形象进行练习，做纯点、线、面的几何形组合，它排除了物象形象的干扰，将组织形式单纯化，突出某一种形式的韵律特征，所以很容易让人领悟其中的视觉美观规律，这是它的优点；但"三大构成"对于形象的装饰表现，夸张变形，以及各种形象图形不同风格与塑造方法的训练就显得无能为力了。图案设计并不只是单纯抽象形式的组合，丰富的想象、象征、寓意都需要形象的联想，而且是各种各样不同情趣不同手法的形象。所以，不能忽视和丢弃这方面的训练。鲁迅美术学院教师李丽也撰文认为："以三大构成取代基础图案，尽管在训练的方式、内容、出发点方面有所不同，训练目的却殊途同归。问题在于，面对现实或面对未来，对于应该如何展开教学或探索新教学模式这样具有发展性的问题，我们从现在开始就应当有所认识、有所准备、有所行动。"

1986 年春于南京艺术学院举行的"第三次高校图案教学座谈会"，可以说是对 20 世纪 70 年代末至 80 年代中期我国高校图案教学的一次总结与展示。此次会议的中心议题是"图案教学如何迎接新技术革命的挑战"，会议比较集中地对图案教学改革的问题进行了交流，主要围绕三大问题：① 探索符合中国国情的新教学体系；② 建立基本队伍，加强图案理论的研究；③ 加强图案传统教育的同时，注意新知识的传授。对这三大问题的深入思考和探索，标志着图案教学座谈会新起点的开始，而且中心议题已触及图案课程教学改革的核心，在我国设计教育界引起了很大的反响。[73] 次年，在《图案》杂志所做的本次会议专辑上刊登了纪要全文。

---

[73] 夏燕靖：《图案教学的历史寻绎》，《设计教育研究》，2007 年，第 76 页。

第二节

移植国外现代设计的知识

20世纪70年代末，第一机械工业部在对外合作工作过程中，发现国外的工业产品从直观上就优于中国，而工业设计是其决定因素，于是在向国外政府官员及企业了解并展开工业设计教育需要之后，着手在工科院校开展设计培训。从1978年开始邀请日本吉冈道隆等专家到湖南大学授课。吉冈道隆在日本属于老一代专家，曾经多次赴台湾讲学，在他的号召下，基于日本海外协力团的平台，原田昭等著名专家相继前来讲学。中国方面参加培训的主要是湖南大学建筑、化工等专业的教师，来自全国的收音机、电视机、仪表等相关行业的设计人员。曾经参加过培训，后来赴日本千叶大学学习工业设计的殷正声教授回国后任教于同济大学，湖南大学的程能林、何人可等教授则在以后推动中国设计发展的过程中发挥了巨大的作用。

20世纪80年代中期，由原轻工业部率先在所属的中央工艺美术学院、无锡轻工业学院中选拔，向德国、日本派遣学习工业设计的留学生。留学生们在不同的国外学院中学习，回国后通过推荐各自的导师来中国讲学，着重就现代设计的操作方式做了充分的介绍。

原无锡轻院吴静芳教授留学日本筑波大学，其导师朝仓直已教授是构成学方面的专家，多次长时间到无锡轻院授课。除了大家已经比较熟悉的平面构成、色彩构成、立体构成三大构成外，他向大家介绍了"光构成"的实验课程。所谓"光构成"是基于三大构成的原理，用光线为要素进行造型的训练，较之前者更加有趣。他还自制各种玻璃镜片，或利用平面镜的反射来达到新颖的成像效果，拓展了设计思路。

原中央工艺美术学院柳冠中教授留学德国斯图加特艺术学院，其导师雷曼教授也多次到中国讲学，其构成方法则更有试验特征，要求设计的造型具有能够承重、相连等物理功能，而不仅是漂亮、新奇，并以此作为设计基础之一。原中央工艺美术学院王明旨教授同期留学日本武藏野美术大学，也带来了新的设计观念。

受到上述教授的影响，原中央工艺美术学院辛华泉教授、陈菊盛教授，原上海轻工业专科学校吴祖慈教授，原苏州丝绸工学院黄国松教授等，较早翻译、编写了相关教材。吴祖慈教授还努力结合产品归纳造型方法。

原无锡轻院张福昌教授留学日本千叶大学。该校是一所工科大学，着重培养设计战略方面的人才，并直接服务于日本大型企业，东芝、日立、丰田、五十铃、索尼等代表性企业的设计部门负责人多为该大学毕业，由此也与各大企业建立了密切的合作关系。张福昌教授留学期间曾到日立中央研究所实习一个月，设计课题是"中国使用的吸尘器设计"。日本企业设计程序都有自己的方法，但大同小异。用日立公司的语言来讲是 D1、D2、D3，即设计的三个阶段。D1 为设计的计划（规划）阶段，D2 为实务阶段，D3 为生产销售阶段。

他用下图表示了三个阶段中创造性与合理性、设计人员与技术人员的关系

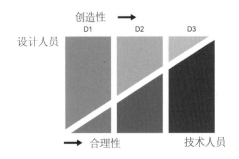

从上图可见技术人员主要解决产品的合理性等问题，而设计人员目标是创造性的设计。设计缺乏创造性，会使商品缺乏竞争力，抄袭还涉及专利问题，同时还反映设计者的职业道德问题。

若将三个阶段细分的话，如下表所示：

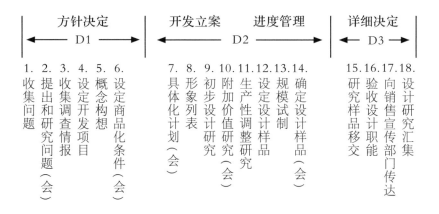

方针决定 D1 ｜ 开发立案　进度管理 D2 ｜ 详细决定 D3

1. 收集问题
2. 提出和研究问题（会）
3. 收集调查情报
4. 设定开发项目
5. 概念构想（会）
6. 设定商品化条件（会）
7. 具体化计划（会）
8. 形象列表
9. 初步设计研究
10. 附加价值研究（会）
11. 生产性调整研究
12. 设定设计样品
13. 规模试制
14. 确定设计样品（会）
15. 研究样品移交
16. 向销售宣传部门传达
17. 验收设计职能
18. 设计研究汇集

张福昌教授在《国外技术美学研究》杂志上撰文介绍：在日立中央研究所设计研究所中，每一产品都必须经过这18道工序，严格审定后才投产，因此，日本企业一般不采用学校学生的设计。有时企业出钱搞设计比赛，目的是买好的构思。由于实习时间有限，他在日立的设计，按日立的方法分三个部分进行：

D1 设计条件的设定：

为什么要选择设计吸尘器的课题？

吸尘器的普及是进入家电时代的象征之一。日本最早生产吸尘器为 1931 年，但到 1960 年普及率只有 7.7%，到 1970 年达 68.3%，1975 年为 91.2%，1980 年为 95.8%。现每年生产 400 万台，家庭普遍有两台。日本的吸尘器现在只有 10% 在国内销售，90% 出口。

由于吸尘器造型设计比电视机、冰箱等产品变化多，涉及的问题也更加复杂，这次实习得到很多收获。加上日立公司的马达产品世界闻名，为此选择了这个课题。

设计怎样的吸尘器？

①清扫工作的现状和工具

方法和工具虽各地区有差异，但大体是洒水→扫地→装入畚箕→倒入垃圾箱，工具主要为扫帚类、抹布类、羽毛帚、拖把、各种材料的畚箕、废物器具等。

②使用场所

因设计时国内资料全无，张教授仅凭经验和记忆而作。这方面要充分考虑不同的建筑类型（如砖木结构与钢筋混凝土），同时要考虑室内陈设中的家具等因素，如：家具、橱柜的脚越多越不方便。

③垃圾的种类

垃圾的种类与地方、季节、生活水平、风俗习惯、环境等因素有关，随着科技发展和物质生活的不断提高，垃圾的种类和数量都在迅速增加。为了决定吸尘器的用处，就要列出室内外可能的和常见的垃圾种类，要考虑得越周全越好。家庭垃圾主要的8种为：纸屑、灰砂土、灰尘、草屑、果壳，棉絮、虫骸、煤烟灰。

④中国清扫工作的问题点

用扫帚打扫主要有如下缺点：不卫生，不彻底，效率低，易疲劳且占时间，不美观等。

⑤中国使用的吸尘器的基本要求

吸尘器品种繁多，但大体上分办公及家用两大类。中国的吸尘器必须适应国情，要在"适用、经济、美观"的原则下，认真研究具体情况。例如：日本的吸尘器因主要为妇女使用，尺寸都按主妇要求设计，而中国男女共同使用，尺寸上应有所不同；另外日本室内多为地毯、木板，而中国多数为水泥、砖、木及泥等，吸尘头材料应用耐久材料，强度也要增加，价格能在100元左右。归纳起来目标为："高效、省力，便宜、漂亮"。

⑥产品基本构造

在目标、方针定后，便要研究产品构造，为此列表比较日本与中国产品的各项数据。（表1）

同时，还要收集吸尘器的历史资料以研究形态的演变、各公司产品性能及使用现状的分析等，在这基础上转入第二阶段。

机体基本形	日本 （日立CV—6615）	中国
机体类型	罐（箱）形	缸(箱)形(收藏)
消费电力	500W（100V）	350W/500W（200V）
吸尘效率	140W	140W
机体重量	3.4kg	3.4kg
机体尺寸	381×209×274	
集尘容积	1.6L	2.0L
集尘方式	过滤网板式	过滤网板式
工作噪音	59	55
移动方式	三轮	三轮
价　格	12800日元（91元）	100元

这里要指出的是，我们以往的设计教育及工厂设计实务，一般不大重视这一阶段的工作，一接到任务就盲目画草图。由于这一阶段工作的不充分，便造成产品经不起推敲，缺乏竞争力。

D2 开发立案，形象展开

这是将设计目标、方针具体化、形象化的阶段。在构思的第一阶段要根据目标、方针将每一个细部都认真推敲，画出种种设想的细部图，这一阶段可不管生产的可能性、成本等问题，要穷尽一切想法，然后进入产品形象的草图设计状态。设计人员最重要的是迅速拿出好的构思和形象方案，一般一个产品至少画30-50张草图，同时在草图上要写上功能说明等，让别人一看就明白设计者的意图。

在大量的构思草图基础上，经反复比较选择，然后逐步集中到2-3个上，再深入设计较仔细的草图，集中到一张上画预想图。

D3 进度管理与色彩管理

①从草图到模型图的过渡问题

国外企业一般不再强调透视的预想图而强调模型。每个企业的设计部门都设有模型部门。这次便采用由透视到三视图的方法。先决定形体比例（长、宽、高），画出这比例的立方体，透视图就是在这范围内展开的，在画成三视图时要特别注意转折和细部处。小产品要画原大草图，大产品要按比例画草图，最后还要用原大图样来检查功能及研究细部。

②平面向立体过渡问题

这是从事产品设计的人一直会遇到的问题，尽管自己经过较长

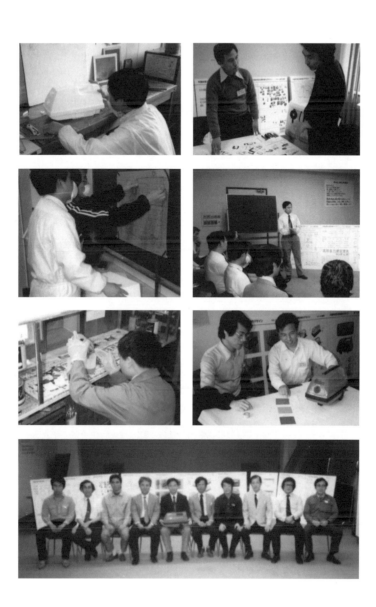

▲ 张福昌教授在日立公司实习的照片记录

时间的研究，找到了规律，但实际产品中变化是极为微妙的，设计者只有亲自做模型才能使产品真正符合设计者原来的设计意图。

他深切体会到模型制作步骤十分重要，如果基本形、基准线及步骤乱了就会出现返工浪费，而正确的步骤来自经验和智慧的结合。

③制图

日立公司采用三角法制图，另外各公司还有各自的规定。这是一门很重要的设计语言，设计者必须人人过关，制图犹如说明书，要让人一看就明白，无任何遗留问题和重复。

产品模型是用发泡塑料制成的，时间为1天半。模型做好涂上腻子后再喷漆。色彩计划是指产品选择什么样的色彩问题。设计选用了红、黄、绿、象牙白及黑5种色彩，黑色是防震挡板条及开关部分。红、黄是中国常用色，为强调产品的存在感和诱惑性等因素便采用这二种为先，绿色是为增加城市现代住宅及环境中绿色而设想的方案，象牙白是适用部分顾客和环境需求的，这几种也是国外常用的色彩。

张福昌教授还大力介绍了松下幸之助如何通过设计推动企业甚至行业的发展。通过对松下公司案例的具体描述，他似乎想告诉国人设计是何等的重要，又想说在每一个国家产业腾飞前，围绕着设计发展都有一段痛苦的经历。[74]

在缺乏现代设计整体框架的情况下，中国专家在引进国外现代设计观念方面进行了如下的努力：其一，从各种实地考察中发现国际同行的操作程序；其二，从各种设计文献中发现世界各国推进现代设计

[74] 张福昌：《松下先生二三事》，《工业美术新潮》1986年第5期，第7页。

▲ 通过完整的设计程序的中国吸尘器，成为当时中国设计教育的现实教材，也是当时
中国家用电器生产企业的研究对象

的方法。然后从这两者中寻找可以复制的模式，以期提高自身的设计水平。总体来看，理性的思考弥补了以前仅仅基于设计师主观感觉进行设计的不足，更重要的是重新确立了未来中国设计发展的正确道路，而完整的设计过程是理性思考的基础，设计的最终成果又印证了其必要性。

20 世纪 80 年代，积极参与国际设计竞赛是中国设计师检验自身设计观念和更新设计观念的重要途径。其中，日本大阪国际设计竞赛曾是中国设计师追踪的目标之一。该竞赛是在当时地球人口已突破 50 亿大关，人均耕地面积急剧减少，城市更加拥挤不堪的情况下，探索用设计来解决未来人类生存问题的活动主要是通过思想意识的改变，配合适当的技术可能来提出设计方案，为此，设计观念的创新是首要的。更有趣的是每届设计竞赛分别以东方人熟悉的"土、木、水、火、金"来命名。例如 1987 年第三届设计竞赛以"水"为主题，获得大奖的是查尔斯诺·欧文教授指导的美国伊利诺伊理工学院 20 名学生设计的方案。该方案由以下几个单元组成：

① 水上农场

水上农场是一组由蛇形管道、充气温室、分布式钢桥等数平方公里规模的设施组成，其设计构想是根据生态循环的生物链原理而来。在蛇形管道内繁衍培育了大量的浮游生物，人畜的粪便污物经过处理后，配以适量矿物质排入蛇形管内，浮游生物以此作为食物。紧接蛇形柱的是软体海洋动物，由蛇形柱排出的浮游生物经过滤程序，喂食这些软体动物。而在鱼塘里，鱼类以浮游生物和软体动物为食。在充气温室中，植物与蔬菜都以无土栽培法培植。分布式钢桥固定连接数公里长的浮动农场，钢桥固定在水下浮筒上，这些浮筒的空气与水之比可以任意改变，由钢缆进行固定。

② 浮动式工厂

这是一个整体结构为 18 米高、24 米宽、96 米长的浮动式工厂，距水下浮筒深度约 9 米。计算机控制的移动式导向泵提供了动力定位，液压腿柱起到稳定和调节升降的作用。浮动式工厂可以到达劳动力成本低廉和原材料运送方便的任何地方，即使在暴风雨的威胁下也可以平稳移动。在员工生活的船舱内，各种舒适的生活娱乐设施应有尽有。

③ 浮动交通中心

轮船码头、航空港、直升机场、火车站这些大众交通中心由水下铁路管道与陆地相连。在立体交叉单元中，四个长臂围绕中央服务枢纽构成 X 形，在顶端设有直升机起落台，台下甲板供乘客或货物装载上船或飞机。浮动筒形救生圈是由钢缆在水下固定的，钢缆的拉力由计算机进行控制。轻型救生圈为水上飞机标明跑道位置。

④ 水上能源工厂

海洋暖流能源转化工厂利用深海与海洋表层之间的温差发电。海风和太阳能都是取之不尽，用之不竭的能源。生物能量工厂、燃料细菌合成工厂、热反应堆等都可建立在海洋上，以避免对人类产生威胁和工业区的综合性污染。[75]

早在第二届主题为"土"的设计竞赛时，中国青年一代设计师被其主题及主题说明所吸引，时任无锡轻工业学院工业设计系教师的何晓佑、过伟敏共同组队参加了竞赛。由于当时中国设计师不了解该项竞赛的宗旨，许多工艺品设计被送去评奖。何晓佑、过伟敏

---

[75] 蔡军：《"水"的设计——第三届国际设计竞赛优秀作品》，《设计》杂志 1989 年 3 月，第 28 至 29 页。

两位老师通过来学院讲课的日本专家的介绍，并认真研究了前一届竞赛的获奖作品，采用中国北方土炕的原理，设计了给建筑墙体供暖的方案，结果入围竞赛展览。这是中国人参加这项竞赛首次获得榜上提名，从中可以看出中国设计师对于设计的理解已经产生了变化。当时何晓佑老师刚从英国留学归来。而之前长期在无锡轻工业学院工业设计系讲学的英国设计师汤姆逊先生，也为改变学院师生的设计观念做了许多铺垫。

从各种文献中发现世界各国现代设计发展的经验是20世纪80年代到90年代的重要工作。在这个过程中，我们对美国工业设计师学会第一任主席雷蒙德·罗威的介绍带有"设计神话"的崇拜。因为他提出了一个极具蛊惑性的口号："昨天的设计是从唇膏到火车头，而今天的设计是从信用卡到智能大厦。"1949年美国《时代》杂志称罗威为"美国工业设计师的领袖"。更具有神话色彩的是1967年，根据肯尼迪总统先前的推荐，美国国家宇航局（NASA）继续留任飞船可居性研究的顾问罗威。他的具体任务是设计出保证宇航员在太空90多天航行中拥有舒适、安全的生活环境。这个生活环境还要避免在地心引力为零的情况下产生幽闭恐怖等空间病。几年后NASA副主任写信给罗威，称赞其"在人类历史上的最大成就中发挥了作用，没有其设计，许多空间任务可能会夭折，你使空间生活相当舒适，并有助于宇航员们完成任务。"[76]

中国人似乎在罗威的成就中看到了希望，也期盼中国有罗威这样涵盖"从唇膏到人造卫星"全领域的设计师诞生，解决中国设计涉及

[76] 雷蒙德·罗威1980年10月9日在英国皇家工业设计师年会上的讲话，林青摘译，《设计》杂志1989年第3期，第35页。

的轻工业产品、包装，甚至汽车车辆、品牌、企业形象等设计问题。事实上这仅是一种幻觉，在美国高度市场经济的条件下，有丰富、完善的设计促进要素配置，这并不是罗威一个人或一个设计公司打造的，罗威的工作仅是这些众多要素中的一个，他只要专心做好自己的工作就可以了。另外美国是一个擅长"传播"的国家，对设计师的吹捧有助于在全球范围内推销美国产品，罗威的设计具有"长而浅"的特征，即设计的领域很广，但深度不够。

当时也有一些学者关注到了与设计相关的其他因素。《设计》杂志曾刊登一篇题为《设计与国际贸易》的译文，其主要内容是讲"二次大战"以后国际贸易的重大变化，分析了东西方国家关系出现的新格局，看到了不同国家通过设计取得新的市场机会的可能性。估计译者对专业并不太熟，所以全文看起来缺乏重点，前后也不连贯，但无论如何是关注到这个问题了。

20世纪80年代后期，随着现代设计观念的不断积累，中国学者开始关注建立一个具有完整的现代设计思想框架的体系。这种框架体系不同于一个设计流程式的操作性框架，而是具有观念革命性质的全新框架。既不在原来装饰设计、工艺美术、美术学研究成果上嫁接，也不局限于某些局部观念的更新和再解释，而是针对设计学的框架建构，这种框架能使人们进行反思，并预测设计未来的走向。

原中央工艺美术学院柳冠中教授在1987年10月发表了一篇《让历史告诉未来》的文章，由此将在中国长达10年之久的设计理论争鸣推向了高潮。

该文首先是让"设计"这个概念"悬置"起来，以便我们从各个角度进行审视。其次作者设计了一个坐标系统，横坐标为"自然经济"——"商品经济"——"信息经济"三个社会形态，同时给出了三个社会形态技术特征，即与"自然经济"对应的"手工业时代文明"、与"商品经济"对应的"传统工业时代文明"、与"信息经济"对应的"高技术后工业时代文明"。纵坐标则是每个社会形态，表层：生产力与生产关系；中层：科学技术水平及其研究方法；深层：哲学。作者坦陈：这种哲学观必定不是所谓手工业时代的工艺美术家、艺术家、理论家所能理解掌握的。而只有培养作为大生产培训基础上的高技术信息时代所需要的综合性通才——设计师，才是当前工艺美术的出路。否则，我们将无法适应时代的需求，无情的历史进程将淘汰已有几千年辉煌成就的工艺美术事业。[77]

也有学者试图从设计自身发展的角度来揭示其观念演化的轨迹。原上海工艺美术学校校长朱孝岳先生长期从事中国工艺美术史、艺术概论教学工作，同时多次参加原轻工业部专业人才培训教材的写作。在 20 世纪 80 年代初，出于了解欧美现代设计思想的目的，在强化自身英语能力的同时投身到翻译介绍西方设计文论的工作中，基于良好的文科知识基础，朱孝岳先生特别关注欧美"思想源"之素材。他在《两种对立的设计观》中选取了美国费城艺术博物馆采访马克斯·毕尔、爱尔多·索塔萨斯的内容，作为他对当代设计观念变迁的思考。其中马克斯·毕尔为德国乌尔姆造型大学的创始人之一，其设计观念传承包豪斯。后者则是意大利"曼菲斯"集团的核心人物，是 20 世纪 60 年代"反设计"领导人之一，这种对话本身反映一段设计观念的变化，而其中的提问都是当时中国设计界关心的问题。

---

[77] 柳冠中：《让历史告诉未来》，《设计》杂志 1987 年 10 月，第 11 页。

问：对于优秀设计的标准？

毕尔（以下简称"毕"）：优秀的设计必须做到产品的形式与它的功能之间取得和谐的统一。

索塔萨斯（以下简称"索"）：这是一个柏拉图式的问题，也就是说，它想象在某时某地存在一种优秀设计，然后才可能去讨论什么是优秀设计的问题。我的意思与之不同，我认为问题不在于优秀设计是怎样的，而在于要弄清什么是设计。从人类学的观点来看，设计是社会本身所需求的一种形象反映。

问：在技术发展变化的情况下，怎样才能坚持这个标准？

毕：技术的发展将促使产品的形式与功能达到更和谐统一的境界，还能使产品价格更便宜。

索：现在简直不可能坚持什么标准。因为依我看来，优秀设计恰恰不是坚守什么标准，而是顺应历史的发展，人类社会的发展变化和技术的发展变化。要是说有什么标准值得坚持的，那便是不断去探求历史与历史的形象反映之间的关系。在设计中唯一能坚持的就是人类对现实世界的好奇心和反映现实世界的形象的一种追求。

问：在产品废弃周期很短的社会中，一个永恒性的产品有什么价值呢？

毕：每一件产品都有一个合适的形式，以它内在的应用质量保持着它的价值。这是一种合乎经济原则的考虑，不应该把这样的产品视为无用的废物。

索：我的答案是同样的。要是社会规划在不断更替，唯一能持久的设计便是与这个变更的社会相关的设计。这种设计可能赶上社会的发展，可能超过社会的发展，可能嘲笑社会的发展，可能维持与社会同步发展。而设计中不能持久的，便是企求寻找形而上学的空谈，去寻找绝对的、永恒的标准。我不理解为什么宝石就一定比极乐鸟的羽毛好一些，为什么金字塔就一定比缅甸的茅屋好一些，为什么总统的演说就一定比晚间恋人的情话好一些。当我还是年轻之时，我只是从时尚杂志和一些十分古老的、被人遗忘的、破烂的、积满尘埃的文物堆中去收集资料，在那些地方，生活或是才处于萌生状态，或是处于怀旧情调之中，而与活生生的、坚实的现实生活与社会的深厚的基础是无缘的。因此，我觉得生活的变更，正如生活中的糖一样可爱。

问：在当前，应该怎样正确引导设计方向？

毕：要正确引导设计的方向，必须抓住需要解决的问题的核心，必须通过典型产品开发的实验，以及对现有产品进行分析，然后找出解决问题的方法。设计教育必须保持实践环节，对现状的分析是找到有效的设计方案的唯一正确途径。

索：对我来说，设计是一种研讨社会、政治、性爱、食物和设计本身的途径。说到底，它是建造一种关于生活形象的途径。设计不应该被限制于赋予蠢笨的工业产品以形式。因此，要是想对设计加以引导，首先得教导人们去研究生活。你必须努力去阐明：技术是生活本质的一种具体形象的表现。

问：请预言设计的未来。

毕：设计和创造是一个问题的两个不同提法。设计在欧洲一般被看作是商业的帮手，这当然也有它的未来，但我不是一个预言家，我不能预言将来会不会出现我所喜爱的优秀的功能性的设计。

索：这个问题正如提问未来的诗歌、未来的性爱或者未来的球赛是怎样的一样是极难回答的。但是无论如何我将坚持不懈努力工作，许多年轻人也会坚持不懈努力工作，来恪守 60 年代"反设计"运动宗旨。我们试图赋予设计更丰富的含义、更广泛的灵活性，使它担负起个人和社会生活中更为自觉的责任。[78]

虽然编译者没有武断地提出一个结论，但其选题的目的，包括翻译叙事的语境却是在告诉读者，即便是国际成熟的设计观念也是处于动态的发展之中的。当时这篇译文是中国为数不多的，能够引导中国设计思考、关注国际设计观念演变的文本。

第三节

已有观点认识的"设计"问题

专业杂志是设计观念讨论的主要载体。原中央工艺美术学院创办于 1958 年的《装饰》杂志毫无疑问是开拓者，基于众多的专家及深厚的学术成果而具有高度的权威性。由于在很长的一段时间里一直是唯一的专业学术刊物，所以具有很宽的学术视野，也是中国设计观念演变研究的主要资料。而上海人民美术出版社的《实用美术》杂志在很长的一段时间内引人关注，该杂志让"美术"、"装饰"、"工艺

---

[78] 朱孝岳：《两种对立的设计观》，《工业美术新潮》创刊号，第 12 页。

美术"共同走向以"实用"设计为目标的导向,这种导向依然延续着20世纪三四十年代上海设计师中性人格的特点,但客观上优化了中国原有的设计观念。

在其 1979 年 4 月创刊号的出版说明上写道:日常生活中使用和接触到的衣、食、住、行各个方面,不仅要求符合使用和经济,而且还要美观。"虎豹无文,则鞟同犬羊"(刘勰《文心雕龙》),意思是虎、豹的皮若没有花纹就和狗羊的皮一样。工业产品设计及装潢的优劣直接影响到销售和使用。[79]

没有必要去指责出版说明的浅薄,从中我们可以读出当时行业中一部分精英思想的变化。这些人已关注到设计中的感性价值的作用,即除了可供人们实际使用的价值外,满足人们感觉需求的要素已经是不可或缺的。这一切都将依赖于设计观念来实现,也就是说"更新观念"是实现这个目标的第一步。

有了战略目标还必须有战术路径,详细表述为:力求图文并重,每期有侧重地选刊最新的设计与产品外,适当介绍我国传统的优秀实用美术和国外现代产品设计及包装,供专业人员借鉴、参考。[80]

创刊号的首篇是由上海著名设计师蔡振华先生撰写的《看得远一点,做得好一点——联系轻工业设计工作 漫谈实用美术若干问题》,蔡先生一文至少反映以下三个问题:

其一是揭示了 20 世纪 80 年代初期中国现代设计变革的路径。由于蔡先生长期在经济相对比较发达的上海地区从事设计活动,因此一切

---

[79] 《实用美术》,1979 年第 1 期(创刊号)。

[80] 《实用美术》,1979 年第 1 期(创刊号)。

[81] 《实用美术》,1979 年第 1 期,第 2 页。

设计观念未来的变化都要有经济目标指向。他认为：实用美术这朵花，它不仅作为人们精神上、官能上的享受，而且以它的设计来培养现代工业，是现代工业成长中不可缺少的营养剂，更确切地说是现代工业生产中不可缺少的组成部门，没有它的点缀装饰，工业产品必然暗淡无光。[81]

每件工业产品都有它本身的造型设计及从属于它的装潢和包装。它们与原材料质地担负了工业产品外表质量的全部责任。其他更重要的一半就是产品内在质量的问题了。实用美术与生产关系既然如此密切，他们势必千方百计地在实用美术上下赌注。因为设计上的革新往往决定产品在市场上的命运，所以越是资本主义危机阶段，旁的事业可能会有一定的冷落，而在有关花式品种更新工作上，商业宣传的劳务支付上，所付的代价只会有增无减。[82] 以上是在当时社会、经济条件下对设计的认识，客观地讲已经十分到位。

其二，蔡先生并没有诉求一个完整的设计思维方法论，而是基于自己的经验和经历来表述：生活是如此的丰富，生活又是如此的复杂。在实用美术领域中可以探讨的问题是不少的。现在把范围压缩得小一些，就轻工业产品设计中，选择几个方面，提出一些看法，以供大家参考。

他认为对于一种工业产品的设计，假使工作做得细一点的话，设计时就要对物、对人有所区别。人们的社会地位，他们的心理状态，使用要求是不会一样的。[83]

其三，强调了设计师主观作用的发挥。他认为设计"风格"问题

---

[82]《实用美术》，1979 年第 1 期，第 2 页。
[83]《实用美术》，1979 年第 1 期，第 2 页至第 3 页。

是设计师个人的问题，人云亦云并不是最好办法。他认为"造型"与"色彩"在轻工产品设计过程中是重点，如果仅仅按照传统的思维方式进行设计是不高明的做法。现代工业产品其趋势不外乎重视材料发挥它的质地美，注重造型，充分运用线条和色块节奏。另外从工艺的质量来争取市场地位，装饰工作要做得恰如其分，简括但不粗糙，精致并不繁琐，如有必要加一些装饰纹样，要使纹样确实起到画龙点睛的作用。

在谈到色彩时，他认为色彩是"首先在起作用"，并认为作为设计材料的生产部门有必要和义务提供可供设计师多种选择的色彩。在提及中国传统喜爱的金色、银色时，他强调金、银色也要有"有光"、"无光"（亚光）之分，恰当应用。

在文章结尾他认为设计"是块蕴藏着无限财富的田园"。他这种思想代表了当时在企业一线设计师的心愿。因为当时中国尚无独立的设计师和设计机构，在制造企业中会有一个设计部门，负责设计工作，而市场销售中反馈的问题首先会反映到他们那里，他们这一群体对新材料、新工艺也最敏感。当年在上海日用化公司工作的设计师顾世朋，首先用电化铝帛代替金帛烫金，除了为国家节约大量贵金属外，还由于电化铝色彩丰富，具有一般油墨不具备的闪亮效果，被顾世朋首先用到化妆品包装上。他认为：评价实用美术设计主要是看产品的最后效果。因此它在很大程度上取决于生产工艺及所用的材料。相对地讲，美术设计是否能符合生产工艺和充分发挥材料的特性是设计人员构思设计时的一个重要方面。[84]

---

[84] 蔡振华：《新材料与设计创新》，《实用美术》1979 年 4 月，第 12 页。

1. "实用美术"的定义与发生契机

实用美术这个词就字面讲，它是由"实用"和"美术"两个词组成的，美术冠以"实用"，显然是表明了它的性质，也限制了它的范围。也就是说，它是实用的，而不是非实用的。

在出版说明中《实用美术》主编周峰先生写道："实用美术的含义有广狭之分。按一般文艺学的分类，美术分为绘画、雕塑、建筑、工艺四大门类。就其性质和功能而言，前两者是鉴赏性的，后两者则带有实用性。因此，广义的实用美术不仅包括工艺美术，也包括建筑美术。建筑美术为人们创造实际应用的生活环境，工艺美术为人们创造实际应用的生活用品。但通常所指的实用美术，又往往是狭义的，习惯专称工艺美术。"

由此，我们可以概括为：所谓实用美术，就是结合着人们生活的一种实际应用的美术，它体现为日常的用品和消费品；另一方面，它又同科学技术和工业生产的发展紧密结合着，随着生活和生产的变化，实用美术也日新月异，然而，从其性质和本质来说，体现了一个共同的原则，这就是"实用"和"审美"的统一。

在《实用美术》的创刊号中，联系实际地探讨了新中国发展中实用美术的若干问题，主要指出我们的工业产品要从质量、包装等所有方面体现社会主义制度的优越性。其次，文章就轻工业产品设计中的几个方向提出了几点意见：第一，要根据使用对象来设计，设计时要对物、对人有所区别。人们的社会地位、心理状态、使用要求是不一样的，每件工业产品，由于使用对象不同，总有它一定的属性。总之任何产品在设计中要注意使用者的主要对象，不了解对象，不从产品特性来考虑美化工作，就不一定有良好的效果。第二，要合理运用材料，懂得材料上的质地美而加以充分利用，切忌使用繁琐装饰，掩盖材料的质地美，这样产生的造型风格具有一定的特性，并加上使用功能上的出色，这样的产品，不仅可以满足国内

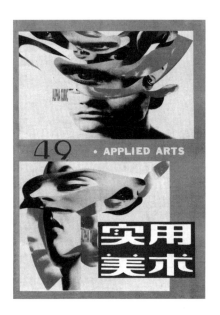

▲ 左图为 1979 年《实用美术》创刊号封面，左下方的四个图形也是象征"衣、食、住、行"，显然受到《装饰》杂志的影响。右图是第 49 期，采用国际设计师设计的作品做的封面

市场的需求，而且也会赢得国际市场的欢迎。第三，要考虑产品本身与周围环境的相互关系。文中以西餐具的设计为例，说明了这一问题。这种以外销为主的产品，设计重点应该放在哪里呢？一直以来，我们产品的规格一直没有超过西方传统产品的规格，这样我们在国际市场上要突破西方的垄断地位就比较难。所以我们要创造出合乎现代规格和使用要求的新产品。蔡振华以为停留在已属于过去的框子里人云亦云的设计总不是个办法。今天西方资本主义世界整个设计风尚趋向简洁明快，重点放在造型变革上，其中最值得我们注意的是充分体现材料的质地美和使用上的方便舒适。在西餐设计上，我们不能只考虑产品本身，因为它不是孤立存在的，它与现代的盘碟、台布等联系在一起，设计西餐具时，如果不考虑以上问题，它的适应性必然变差了。除了以上提到的问题外，还有一个非常重要的色彩运用问题。色彩在工业产品外表上具有举足轻重的地位，产品有没有特性，能否引起消费者的注意，色彩是首先起作用的，而色彩效果的好坏关键在配色。由于使用者不同，物品效果各异，考虑色彩就要从它本身具备的条件出发。

以后几期的前言中，周峰又写道：实用美术是工艺美术事业的核心。它和现代工艺、民间工艺、民族工艺、装饰美术、商业美术等有连带关系。他认为"实用美术所要解决的，是通过有关人民衣、食、住、行、用各方面所需求的美术设计工作，来提高人们的审美能力，建设一个美好的生活环境。20 世纪 50 年代，人们认为生活中的美术设计是'资产阶级思想'，到了 80 年代，人们仍旧没有意识到实用美术的重要性，并且有着'外国的月亮比较圆'这种旧社会留下的思想。做好我国自己的实用美术事业就显得极其重要，这不单单维护了我国的经济利益，也维护了我们的民族自尊心。"因此，《实用美术》介绍了很多相关的内容，比如《中国民间美术专辑》《环境设计知识专辑》《装饰色彩基础特辑》等。

杂志关注实践性。《实用美术》企图在介绍时下的设计时能够总结出某些规律，给其他相关实用美术部门的设计者提供一定的参考资料，起到启发与借鉴作用。它从第 6 期开始增加了外国资料的比例，多加了外国的设计技法，彩页还刊登了国外知名设计师的产品等，使国内的同行进一步了解设计工作，了解世界设计的发展趋势，对大专院校相关科系的学生也可作为一种补充教材。

《实用美术》这本期刊所面对的受众主要是设计相关从业人员和学生，它是设计师的参考资料，是了解世界设计的窗口。1979 年邓小平提出了坚持四项基本原则，提出要适合中国情况，走出一条中国式的现代化道路，整个中国的重心转移到经济建设上来，"聚精会神搞建设，一心一意谋发展"。

上海自开埠以来，就是中国和世界联系的重要窗口，是中国最重要的经济商业中心，在新时代，上海自然也担当起了经济发展的重任。而实用美术是现代工业生产中不可缺少的组成部门，一个国家在科学和文化上的成就往往在产品身上自然而然地体现出来。在这样的环境中，《实用美术》在上海出现几乎是必然的。上海有着与国外频繁的经济文化往来，有众多轻工企业，诸多设计类相关院校，还有地处长江三角洲这一优越的地理优势，编者希望借助上海得天独厚的条件，利用这样一本杂志，为中国现代化建设做出贡献。

2.《实用美术》杂志的价值取向

在《实用美术》创办的前 3 年时间里，共出版了 10 期杂志。开始的几期都专注于一个特定的领域，依托于一个特定的行业，并联系相关专业机构加以协助。比如：第二期蜡染，与贵阳市工艺美术研究所合作编辑，整本都在介绍中国蜡染的风格、历史及工艺，用文字和图片结合的方式，

探索民间艺术的造型和节奏的规律，使读者在构思设计新稿时能从中得到
一丝启发。第三期花色图案纹样，与上海市纺织局和外贸局合作编辑。第
四期家具，与上海市手工业局和外贸局合作编辑。每期杂志，都有主题。
随后，期刊根据当时国内设计发展的需要编辑杂志的内容。周峰曾经在其
中的一期序中写道：在向"四化"进军中，我国的包装装潢、工业产品造型、
商业广告、房屋建筑等设计大大落后于世界先进国家，每个从事设计工作
的同志都想要更多地了解这方面的资料，为了适应这种需求，杂志刊登了
更多的摘译外国的设计技法，当代的设计理论、设计观念，开启了从微观
具体慢慢走向宏观远景的道路。其中第 6 期摘译了日本设计师真锅一男的
《设计技法》，介绍了感情的抽象表现和图形的形成，文章提出什么是造
型创造的源泉这一重大课题。毫无疑问，敏锐的感觉和丰富的感情是首先
不可缺少的。感情根植于生命深处，不是人为创造的，它的抑制或激动和
理智是相对的。不管人们如何抑制自己，感情的流淌并不会停滞。因此，
运动变化可理解为青春和力量的源泉，而人类欢乐、悲痛的感情则是造型
艺术的源泉。这篇文章对广大设计从业者的造型水平的提高很有帮助。

《实用美术》还刊登过一篇《象形文字的启示》，文章主要介绍了中
国汉字的象形文字和古埃及文字，从中得出了对于现代装饰图案设计很有
意义的规则：单纯化和特征化是一般原则，高度概括又形似神传是重要的
艺术特点。象形文字对于解决我们如何不受比例、明暗等现实限制，按照
审美理想和立意进行形象塑造有很大启发。

杂志第 10 期刊登了一篇《形式心理》，第一次将形式造型与人们的
心理感受联系在了一起。设计的不同形式传递出不同的情感，引起使用者
不同的心理反应。那些美好的抽象形态之所以美好，也绝对不是偶然，而
是它唤起了人们心理上的感知、记忆、联想、感情。形式心理是现代设计
构成的基础，而心理的依据是生活、自然和社会的一切事物活动。现代设

计，绝不是什么偶合游戏，更不是求怪离奇，而是更加纯洁、健康的美。它的美深深地扎根于这个时代的土壤中。正是这些文章使《实用美术》从单纯的各个设计专业领域走向了整体的设计探索。

《实用美术》创办到中期，已经不再将目光集中于轻工业方面，它将自己的版图扩展到整个设计领域。比如刊登过的《建筑时代》《色彩的感情象征意义》《实用美术的色彩与影响》《装潢概论》《鞋的高跟与美及其他》《近未来设计断想——人，科学，环境》等论文。杂志中新开辟了萌芽篇，刊登年轻学者的文章和作品，记录更多的设计新探索。

除此之外，杂志还加入了国外知名设计师的专访，院校学生的文章和翻译的国外文献，比如对英国工业设计协会副主席道格拉斯先生的专访，道格拉斯明确提出了"中国需要工业设计"这一命题。杂志还针对当时的热点"耗散结构和工业设计"刊登了相关学者的研究，这一切都给予阅读者更多的机会了解世界设计最新的方向和思想动态。可以说每一期新杂志都是读者了解国际国内设计界的最好窗口。

为了满足读者迫切需要掌握实用美术基础知识的要求，杂志从第14期开始连续刊载实用美术基础，共分12讲，四期连载完成。这12讲的具体内容是：① 实用美术概述；② 实用美术类别；③ 实用美术的基础训练；④ 自然形态与艺术形象；⑤ 平面构成；⑥ 立体构成；⑦ 色彩的原理和设计；⑧ 字体设计；⑨ 形式美法则；⑩ 纹样的格式与创造；⑪ "古为今用""洋为中用"；⑫ 现代实用美术各流派介绍。

杂志中新增的设计方法的练习，给了设计师和在校学生提高设计基础技能的机会，就像在课堂上一样，你可以跟着杂志学习。杂志还将关注点投到了中国的设计教育问题上，刊载了一些关于基础课程教学的相关研究。第39期刊登了《在设计教学中强调民族性》的文章，提出了由于我们的设计一味追求洋化，导致缺乏民族个性，使得我们的产品难以打入国际市场。在教学交流这一板块中，学者们还就色彩构成教学与专业设计这一问题进行了探讨。鉴于中国设计教育落后的现状，对设计教育问题的研究探讨是十分重要的。总之，《实用美术》在中期开始跨界互动，融会贯通，共享心得。

当一本杂志已经有了自己固有的风格，如何在稳定中进取，长长久久地办下去，是每个杂志社必须面对的问题。在出版了40期之后，《实用美术》也到了这一艰难的阶段。

《实用美术》依旧致力于追逐世界最新潮流，刊登了诸如《产品设计的界面设计》《企业—形象—CI》《中庭设计》《超前设计与适当设计》《人类自身的设计》等当时最新的设计研究领域和方向。同时，杂志社还对杂志的封面进行了创新。自20世纪90年代以后，《实用美术》的封面大多采用国际设计师设计的图形为封面，使杂志更加与国际接轨。

除此之外，还刊登了很多新颖有趣的设计研究和展望，比如在《试探民间美术的创造心理》一文中所述，所有艺术品的"质"都是人类共有的情感，在民间美术中更是如此。它将对生活的认识、情感转换为简朴的形式和强烈、夸张的色彩，取得对人类情感的共识作用。"质"的情绪色彩的真挚纯度表现如何，往往决定民间美术是否有价值。只有当创造者在创造过程中产生的形式准确地表达了情感本质，情绪色彩的真挚纯度才能达到相对完美，这样艺术品才具有永恒的生命。民间美术对于自身所依赖的生活空间的条件变化极为敏感，它以雄厚的历史文化为背景，向人们呈现了对于生活行为的夸张变形，表达了对生活认识的客观感受，使艺术形象更符合完美意象又不失生活逻辑。《实用美术》还发表了一篇题为《明天的产品》的文章，有会飞的汽车、行走的电视、能言的手套、知羞的服装等奇思妙想的产品，虽然没有广泛流行开来，但它们独特的构思也给了我们很多有趣的灵感。

　　为使杂志更好地发展创新，《实用美术》还和当时的华东化工学院等学校合作，刊登了很多年轻一代不同类型的学术论文研究。笔者还参加了后期《实用美术》的大部分编辑活动，希望为这本杂志注入新鲜的血液。

3.《实用美术》杂志编辑特色

　　《实用美术》杂志从创刊号开始，一直注重请行业中的名人，特别是学校的名嘴教授撰文，当时考虑的问题只有一个，即将这些作者的成熟思想传播给行业、设计师、专业院校学生，完全没有考虑名人的效应。

　　前期作者中有一大批从欧洲留学归来的老一辈设计师，其中，在第10期的杂志中，专门介绍了雷圭元先生的生平。他本人也在《实用美术》上发表了《中国图案美——略谈民族风格》和《中国图案美——再谈民族风格》等文章。这两篇文章阐述了中国民族图案在不同历史时期的特点和表现手法，说明了民族图案永不过时的魅力。图案的魅力就来源于它的民族风格和民族特色，这两点使得民族图案永不消灭，即使图案风格一时受到时代潮流或外来影响干扰，它仍旧会转化为新的民族风格和民族特色，这是无可否认的事实。张道一教授是我国著名的工艺美术史论家、民艺学家、教育家、图案学家、东南大学艺术学系创始人，长期潜心研究美术和工艺美术的历史及理论，他的"本源文化论"改变了美术史上被颠倒的发展序列，为艺术分类学提供了可靠的依据并奠定牢固的基础，纠正了历史上形成的道器观，真正恢复工艺美术的历史地位。《象形文字的启示》《杂谈汉字之意匠美》等都是他发表在《实用美术》上的文章。《杂谈汉字之意匠美》从鲁迅先生设计的书籍和杂志封面说起，谈到汉字的演变发展，并从中总结出适合现代使用的规律。对于古人，我们不能"外状其形，内迷其理"，应该从古代和民间汉字的意匠中领悟精神，探讨方法，学习巧意。他写道："当我欣赏王羲之的书法时，仅为那妍美流畅的风格所吸引，对有些字甚至会联想到图案和构图。"如"国"和"安"字的一笔回绕，笔画劲秀有力，结构屈曲自然，流畅而富有节奏之美，就像是一个生动的百吉纹样。试看那些具有动势之美的书法，不就是一幅幅的图画吗？它给人以联想，不仅想象到大自然中的生生百态，也感到其中所蕴藏的美的奥秘。

蔡振华先生主要在上海从事工商美术设计，业余时间画些漫画，并为出版社做封面设计和插图，备受当时广告界和出版界瞩目。蔡先生除了为《实用美术》写了开刊第一篇外，还写了关于广告设计的《熟悉它，理解它，运用它——提高广告设计的艺术质量，增强广告宣传的实际效果》一文，就如何让广告达到成效展开了深入的探讨。

后期作者更加丰富，张福昌教授在《实用美术》中发表了《人类自身的设计——未来设计任务的核心》等文章，探讨了未来设计面临的困惑、核心，以及未来设计师应该具备的能力等问题，对未来国内的设计走向做出了方向性的探讨。陈维信教授发表了《近未来设计断想——人，科学，环境》《环境，环境文化》等多篇论文。原无锡轻工业学院的刘观庆教授、苏州大学的诸葛恺教授等均有论文发表在《实用美术》上。

全国美术设计院校的青年教师，往往将自己的第一篇论文投向《实用美术》。笔者的《图形语言与设计》《CI 计划创造企业形象》等文章，尚未完全形成成熟理论，经过朱孝岳先生的推荐，也受到周峰先生的热情接待。最后发表在《实用美术》上，非常兴奋，也格外珍惜第一次写稿机会。

此外，很多院校的设计专业的学生，也有机会将他们的设计作业、研究论文发表在《实用美术》上，比如上海工艺美术学校学生的作品赏析等。这给在校的学生提供了一个更大的舞台，一个与整个社会、设计界接触的机会。

主编周峰的编辑思想十分开放，他编辑的专辑是一项十分有益的尝试，如"广告摄影"专辑（原上海工艺美校张苏中老师主笔）采用全彩图片，介绍了广告摄影的技法并刊登了很多摄影佳作。"美食专辑"除了介绍餐厅的环境、摆盘的艺术，还介绍了宴席的艺术，餐桌的礼仪等。这种用专题介绍某一个领域的创意是《实用美术》的重要思路，它将目光扩大至设计以外的其他领域，都是在主编周峰灵机一动下形成的内容。

周峰努力促成读者、作者、编者之间的互动。他生性豪爽，不拘小节，自称与夫人是"破镜重圆"，却是对爱情格外珍惜，杂志中图片提供者中常有"芷芳"字样，即以他夫人名命名。

随着周峰先生退休年龄临近，接班问题日趋突出。他曾想从高校调一位年轻的教师来任主编，并事先让其参与编辑工作，但因种种原因未能如愿。

与此同时，由上海社会科学院新闻研究所主办的《设计新潮》杂志、中国工业设计协会主办的《设计》杂志，以及由陈逸飞改版的《视觉》杂志等迅速崛起。《实用美术》显得力不从心，为此上海人民美术出版社酝酿了诸多改版方案，并在学院圈、设计师中征集了意见。由于这个圈子中的专家缺少杂志发行及运作的经验，因此没有实质性突破。1995年一个偶然的机遇，杭州之江国际广告公司同意参与"协办"，由其担任杂志的运营工作，编辑部主任亦由原浙江美术学院的陈华沙教授担任。杂志名称改为《创意》，改版后变成大开本全彩色印刷，大部分稿子由浙江美术学院老师提供。但其内容既缺少像《视觉》杂志全部引进欧美大牌杂志的编辑思路，也缺少像《设计新潮》杂志定位"设计"，介绍"新潮"的编辑方针，更缺少像《装饰》杂志具有强大的学术力量支撑，所以经营了很短时间后即告搁浅。

上海人民美术出版社一直想在"实用美术"领域再次复兴，也尝试过出版《大美术》等杂志，但均未做长。《实用美术》杂志的遭遇并不是个别现象，事实上若干年后《设计新潮》杂志、《设计》杂志都经历了上述

图五　　　　　图二　　　　　　　　　图一

图八　　　　　图十

图七

图九

色彩训练习作

文见第34页

图四

图三　　　　　图六

郝创华　于冰凌　张爽　张瑞韵　盛韵　陈磊
朱佳硕　郭强　金澜　胡亚婷　万青　周立

图十一

图十二

▲ 不同于传统色彩设计训练的教学案例，上海工艺美术学校学生色彩训

练习作，指导老师：丁乙

相同的情况，就连英国著名的《Design》杂志也未能幸免，究其原因：

①缺少有设计类杂志运营能力的人

1979 年，文化大革命刚刚结束不久，中国进入了一个新时期，经过一场十年的文化浩劫，中国的各类报纸杂志都百废待兴。之前几乎没什么设计类的杂志，对于这类杂志的运营一切都是在实践中慢慢摸索的，运营设计类杂志的专门人才的短缺是无法避免的硬伤。

②缺少具有传播价值的撰稿人

虽然《实用美术》的主要受众是设计相关从业人员和院校师生，但作为一本非纯学术杂志，让学术见解变得通俗易懂、平易近人，也是十分必要的，有助于设计理论的传播与普及。

《设计新潮》杂志编辑黄培庆十分强调这一点，因此在组稿时事先与作者沟通，努力将作者的学术见解化为可读性较强的文章，由于其本人也有丰富的写稿经验，因此改稿、编辑起来十分得心应手。

③新媒体的崛起

随着社会时代的发展，电脑、互联网、智能手机开始普及，网络使得这个世界真正地变成了地球村，数字化给人们提供了一个新的信息载体，报刊不再是必需品，无实体的数字媒体显得更加方便、快捷、有效率。在以网络媒体和移动媒体为代表的新媒体的强势攻击下，报刊等传统纸质媒体必然会遇到前所未有的巨大危机。

④读者眼界的提升

改革开放以后，设计界纷纷走出国门，设计信息渠道增多，业界已经不在乎这些杂志载体的信息。互联网的普及也使得新的信息几乎达到了全球同步。

一本杂志的长久繁荣不是一件容易的事情，最重要的一点就是拥有自己的特色，然后在保持自己特色的基础上，紧随时代步伐，不断改革创新。通过研究《实用美术》这一具有时代代表性杂志的兴衰与它的文化价值取向，我们可以总结出以下几点经验：

一本杂志就像是一棵植物，你必须按时按量的给它浇水施肥，持续不断。如果一下子浇了太多的水，施了过多的肥，那么这棵植物必然会因为无法吸收而死亡。所谓的滋润就是要细水长流，坚持不懈。而作为一本杂志，就要在保留自己固有的特色上，跟上时代的发展，更换新鲜血液；在稳定中求创新，在潜移默化中慢慢改变，保持与时代的同步性。

这里所说的改革创新，不是指纸张印刷的改良，从黑白到彩色，杂志越做越豪华，越做越夸张是没有用的，这样做除了浪费资源成本外，唯一的用处是短暂地吸引人的眼球，杂志最重要的是翻开后给读者呈现的内容。

一本老杂志在它长久的发展过程中，一定有一个属于自己的定位，有自己专属的读者群。老杂志要在新的时代继续发展下去，首先要做的应该是保留住原来的读者群，其次才是发展新的读者。为了求新而大刀阔斧地改革，只会渐渐丧失掉自己的特色，丢掉本属于自己的领土，那么失败消失便成为必然。只有渐进式的改良才可以保住自己的根，守住自己的魂，有了基本的实力，才可以去开疆扩土，寻求更好的发展。

第四节
观念表达的新平台

  1989 年中国工业设计协会的刊物《设计》杂志创刊。该杂志的创刊表明了中国现代设计思想急需表述"观念"的迫切性，同时也有与《装饰》杂志、《实用美术》杂志等"不同化"的渴望与定位，特别是该杂志还承担着为"工业设计"观念正名的使命。

  杂志发刊辞中说：它凝聚着中国工业设计家们为设计事业开创奋发的心血汗珠；它标志着工业设计这一新兴的边缘学科在中国已经争得应有的学术位置；它展示的工业设计伴随我国商品经济、四化建设推进，必将迎来一个发展的高潮。[85]

  该杂志预设是中国设计理论的最高权威，为此首先发表了芬兰工艺设计协会主席托皮欧·帕里宁、国际工业设计协会原副会长木村一男、长期在中国从事设计教育的德国斯图加特艺术学院副院长、工业设计系主任克劳斯·雷曼教授、日本京都大学工业学部樋口治教授、德国《MD》杂志编辑吉泽拉·舒尔策、日本夏普公司设计本部长坂下清等著名专家的贺信。[86]

  如果说前者是从专家的角度表述的话，那么将中国科学界泰斗钱学森先生的《发展工业设计的几点意见》作为开篇内容，则表达了编

[85] 《设计》杂志，1989 年第 1 期，第 2 页。

[86] 《设计》杂志，1989 年第 1 期，第 7、第 8 页。

[87] 《设计》杂志，1989 年第 1 期第 9 页。

[88] 德意志 150 年设计回顾展，转引自柳冠中《产品—形态—历史》，《设计》杂志，1987 年第 1 期，第 33 页。

辑者希望从"专家"和"行政"双重权威上巩固工业设计的实际地位。

钱学森的"意见"实际上是漫谈，并无严格逻辑，但基于其科学、技术、美学的相当功底及对工业文明发展的思考而得出了"我们的工业设计是自然科学技术和社会科学、哲学里的美学的汇合"。[87]大致与国际通用的工业设计概念相当，这种提法对当时中国而言，较之世界工业设计协会的通用概念更具有概括性和说服力。

钱学森一文解决了《设计》"登场亮相"的问题，使行业眼睛一亮。然而此时的中国对于设计理论的阐述尚处于空白状态，缺少有理论价值的文章，而对西方现代设计理论的翻译工作也还在进行中。恰在此时，"德意志150年设计回顾展"在北京举行，这个展览规模不算太大，展览布局是将各个历史时期被消费者接受的成批产品置于中心，又将其历史背景图片作为展出实物的背景。主办者认为：人们应当这样认识产品，即首先了解这些产品的物质、文化条件。[88]

主办者介绍了设计在英国的起源、新艺术运动、德国制造同盟、包豪斯，以及二战以后的设计思想和20世纪70年代对设计的反思，指出：20世纪70年代，德意志制造同盟和包豪斯的原则受到了批评，世界经济发展受到了质问。这个时代不是生产的时代，而是一个重新认识的反思时代。目前德国设计界出现了两种趋势，一种是有长期经验的，并取得成就的"传统工业设计"原则，是多数派；还有一种少数派，渴求打破这种"传统的观念"，迈向新的境界。这种趋势使得严谨的德国设计开始变得灵活了，虽然这些新作品极少被大批生产，大多数只能在艺术陈列馆中被视作展品来与民众接触。

《产品——形态——历史》是以实例和感觉的方式，来展示德国文化观念的一部分。通过对这些工业制品演变过程的辨识，我们可以通过历史分期来认识与造型艺术、建筑艺术一样所表现出来的文化演进。

文化发展已不再被理解成个人的、独特的艺术品风格的更替，而应理解为包括生活、环境所有范围的一个日常文化的方式。这些物化的方式很明显地印上了那个时代的典型标记。

随着 19 世纪上半叶工业化的开始，德国文化发展经历了一次重要的转折。除受到来自法国的思想冲击外，还受到了迅速改变的经济和工业发展的社会影响。"一切是可以制造的"这一信仰深深地影响着 19 世纪下半叶的德国，并试图通过工业生产不断地达到"伊甸乐园"式的理想阶段。

产品不再仅仅是依据技术标准、功能需求和商业性质制造出来的东西，而成为具有时代精神风貌的日常生活用品。反过来，这些产品能帮助我们理解它那个时代的形式烙印，即从日用品中可以清楚地推断到社会的观念以及意识形态等诸多背景。我们过去和现在的工业制造，不仅仅是作为技术的造型发展的表面特征，而是一种多层次的、非常综合的，常常也是极矛盾的文化现象。

因此，中国展览用 7 个历史时期来展示政治、经济及社会之间的关系，有意识地放弃了只表明技术、工业和形态的平铺直叙。我们从这复杂的"积木"中能体察到德国设计的历史不是一部技术发展史而是一部思想发展史。[89]

相对于上述力求传播现代设计知识的努力，广州美术学院工业

[89] 德意志 150 年设计回顾展，转引自柳冠中《产品——形态——历史》，《设计》杂志，1987 年第 1 期，第 34 页。

[90] 广州美术学院工业设计研究所：《工业设计与中国现代化》，《设计》杂志 1987 年第 1 期第 15 页。在《装饰》杂志 1988 年第 2 期中以《中国工业设计怎么办？》为题讨论了同样的问题。

设计研究所则力求以"常识"来证明现代设计的重要性。由于该院教授王受之已经开始系统研究世界工业设计的历史，并发表了《世界工业设计史》连载，所以该院以童慧明教授为代表提出的观点既没有缠绕理论问题，也没有从溯源起始谈现代设计，而是抽取了各国工业设计发展黄金时段的若干"数据"、"事实"来启发行业对工业设计的理解。

广州美术学院工业设计研究所提出的研究报告显然无意面对院校的思想与观念之争，而是直指其在提升产业竞争力方面的作用。特别提出了在 20 世纪世界经济增长中，现代工业技术和管理科学固然奠定了坚定的基础，但它们对人类社会发生影响和推动经济之轮前进，却是通过设计实现的。[90] 研究报告很早提出了"技术本身并没有价值"的观点，指出"商品"才是关键。在当时中国对"商品"概念尚不清晰的时代提出了商品是设计的最终目标，商品是企业综合利用技术取得市场成功的唯一载体，而决定其命运的则是"设计"，它是科学与应用、技术与生活、企业与市场、生产与消费之间的桥梁，是促进经济增长的工具。同时研究报告指出：对不发达国家或发展中国家来说，从促进贸易与国民经济发展的角度倡导和评价工业设计，远比哲学家、艺术理论家对设计的深奥阐述更有价值和现实意义，更能引起国家政府和社会的重视。

在市场经济日趋国际化的今天，一个发达的工业化国家，经济的支柱越来越依赖制造业的强大程度，即能否在国际市场最大限度地销售自己生产的工业制成品。实现这一点，有赖于生产、设计和销售三个环节的紧密配合与团结一致。

以往，企业家们多把重点放在生产或销售环节上。但是，"二战"结束以来，设计的地位却得到了引人注目的提高。更多的人认识到：未来的世界市场竞争，将是设计的竞争。如果不采取更开放、更主动、更有远见、更富挑战性的设计方针，任何一个企业在先进工艺、现代设备、科学管理、廉价原料和销售技术等方面的优势都可能发挥不出来，甚至在竞争中一败涂地。因此，设计是一个国家、民族和企业在经济上保持兴旺发达的法宝。

为了给上述观点找到论据，研究报告列举了大量事例。

20世纪70年代末，瑞典国家工业委员会着手组织一个专门的政府机构，系统规划国家的工业设计战略。同时，瑞典手工艺和设计协会与国家消费政策委员会联合在全国掀起一场名曰"使日用品更美"的设计运动，提请企业界注意："只有通过优良设计和高水平的技术质量，瑞典工业才能保持自己最佳的国际声誉。"

近年来，美国、苏联、意大利等国家设立的国家元首工业设计顾问、全国性工业设计委员会、工业设计奖，以及日本通产省的工业设计发展的重要工具，都全力使用国家政策让其在经济增长中发挥作用。

值得注意的是，为强化未来企业管理人员对产品设计重要性的认识，今年以来，美国开始在商学院校设立产品设计课程。他们强调：在日益具有挑战性的国际竞争面前，美国企业的生路是"如何应用质量控制，保证高速度和成功地生产一系列质量稳定的优良设计产品。否则，几年内我们就会陷入危机"。

1982年1月15日，英国首相撒切尔夫人亲自在唐宁街10号的首相官邸主持一个工业设计研讨会，由一个工业大臣和工业界高级管理人员参加，研究制定英联邦国家发展工业设计的长期战略与具体政策以及设计教育投资问题。在会上，撒切尔夫人指出："为英国企业创造更多就业机会的希望，寄托在国内外市场成功地销售更多的英国产

---

[91] 此段数据分别来自《羊城晚报》1986年3月13日第3版。

品上。……如果忘记优良设计的重要性，英国工业将永远不具备竞争力。"由于英国政府在发展工业设计方面做出的巨大努力，使英国工业在经历若干停滞与"昏睡"后，于20世纪80年代以来开始重新增长，出现了1986年3.6%的较高增长率，并成为世界上工业产品设计水平一流的国家。为此，1985年在华盛顿召开的世界工业设计协会联合会（ICSID）上，将"世界设计奖"授予以撒切尔夫人为首的英国政府，以表彰其为推进工业设计所做出的杰出贡献。

如此众多的国家给予工业设计高度重视，说明设计在经济发展中已成为举足轻重的因素了。在今天的国际市场上，优良设计的产品与缺乏设计或设计过时的产品，在销售价格上的差距正越来越大。能以领导潮流的创新设计投放市场，意味着巨大的财富收入。因此，在同样消耗能源、材料、人工、运输等成本费用的前提下，优良设计成了竞争中取胜的保障。而且，企业若想扩大再生产，必须开发和占领更多更大的市场。实现这一目的，也必须通过工业设计。因为只有对不断滋生的消费需求和未完全满足的需求加以调查研究之后，以新功能、新款式的产品设计提供给消费者新的生活方式，才能满足要求，开拓出新市场。

上述这些资料来源非常单一，均来自新闻报道节目，[91] 但是作者试图说明的却是以下的观点：

日用消费品（即我国轻工产品）的生产，我们始终沿着两条相互关联的错误道路前进。

一条是"实用品美术化"。

它使社会在本质上把日用品设计简单理解为产品表面的"美化"，是用花哨俏丽的图案为其乔装打扮，穿上漂亮的外衣。基于这种认识，国产的许多日用品尽管在数十年的发展中，在表面色彩和装饰上的"花色品种"变化万千，却在产品的使用方式、基本功能和结构上极少有设计进展。如每个家庭必备的保温瓶，虽有竹壳、金属壳和塑料壳之分，表面色彩和装饰图案变化也不计其数，可软木塞式结构却持续生产了近30年！只是受外来影响，近年才开始出现气压瓶和电热瓶等新结构、新功能产品。

同样，在当前方兴未艾的"美化城市"热潮中，各城市街头巷尾出现了大批经过"美化"的大熊猫、青蛙、大象等动物雕塑式的垃圾箱。由于这些设计缺乏起码的依据（城市建筑特点、人流计算、容量计算等），也不能满足起码的设计要求（便于投入、便于清理、防雨水灌入等），结果适得其反，造成了垃圾外溢、难以清理的污染源，既亵渎了可爱的动物，又糟蹋了城市景观。

另一条是泛"工艺美术化"。

在当今任何一个发达国家，"工艺美术"与"工业设计"都是两条泾渭分明的设计道路。前者是指手工艺方式、密集型劳动生产的传统工艺产品设计（在我国称为特种工艺品，如木雕、牙雕、贝雕、草编、竹编、织绣、景泰蓝、艺术陶瓷等），即使是"现代工艺美术"，除了设计观念和表现手段、材料更新之外，并没有跳出作为陈设品的使用范围。而后者则泛指大工业生产方式、机器制造的产品设计。

随着一个国家的工业化程度提高，过去用手工艺方式生产的简单日用品将越来越多地被技术化和复杂化。

但几乎所有的产品外形设计，均停留在我国引进并生产该产品时的起点上！产品设计的墨守成规、因循守旧，造成的是中国人民消费生活面貌的"几十年一贯制"，是中国产品在国际市场的地位低下，是巨大的经济损失。试问：我们付出了同样的人力物力，为什么不多付出一点设计的智慧，使财富收入翻番呢？

更加令人担忧的是，在近几年的经济改革中，国家通过多种渠道，引进了许多国外的先进技术、设备和生产线，开办了一大批"三资"企业，生产一些相当于 70 或 80 年代世界先进水平的产品，如小汽车、摩托车、彩色电视机、收录机、电冰箱、洗衣机。但是，若不在引进的同时重视工业设计，在解剖、分析和学习这些优质产品设计特点的基础上，组织力量设计更新产品，而是像过去那样年复一年地追求"世界之最"，几年后它们就会成为过时产品，积压现象仍会重演！只有不断淘汰老产品、设计新产品，才是刺激技术进步和设备改造的最有效方法。唯有如此，我国企业素质才能真正向世界先进水平看齐，中国的工业产品才真正有可能与国际市场竞争。

该文回应了当时行业正在热议的"工艺美术"与"工业设计"之争。实际上广州美院工业设计研究所成了"工艺美术"与"工业设计""无关论"的辩手。

客观来看，这份研究报告涉及了当时中国经济发展的"结构"问题，也关注到了形成这种"结构"问题的"行为"。虽然各种概念提出、递进之间尚缺乏严密的逻辑，但具有强烈的问题意识，即发现问题所在，并本着解决问题的精神来研究，因此在改变人们观念方面起到了重要的作用。为延续这种观念，童慧明在 1988 年 8 月参与创建了广州南方工业设计事务所，1991 年 1 月又在广州美术学院创办"雷鸟产品设计中心"，1996 年创办"广州造型坊有限公司"。

第五节

重建设计知识世界

20 世纪 80 年代中期，随着中国派往欧洲、日本学习设计的留学生归国，带来各个国家的设计发展经验。"工业设计"已经不再作为推动新产品诞生的一种手段而被讨论，它已经成为当时中国设计界的主要思想而被感知和应用。这些所谓"工业设计"思想的引进，较之百年以来中国历史上从未停顿过的产品引进、技术引进具有更大的颠覆性效应。

回首历史，自晚清以来，欧洲的工业产品一直输入中国，欧洲的传教士也带来新的科学知识和技术技能。据悉，欧洲向中国输入的西洋奇器较之向美洲输入的更多，但当传教士离开中国以后，这些产品又被束之高阁。民国时期，中国向欧洲，主要是德国购买了大量的工业产品装备军队，同时在日常生活中大量使用美国的工业产品，这也诱发了中国制造企业向欧美学习，制造好的工业产品的欲望。当时我们在看到这些世界产品的同时至多看到的是其背后的工业技术和制造体系，所以最想模仿的是后者。

1949 年新中国成立初期，这种努力也一直没有停止过，只是选择的工业领域由过去的轻工业领域转向重工业领域。以后中国一直用"体用二分"的权宜之计来对待国际技术、工业体系的引进，所谓"体用二分"与中国历史上"西学为体，中学为用"的观念是一致的，即承认西方的产品、技术、制造领先于我们，但我们对于西方的文化则采用了漠视的态度，这种漠视的态度既有意识形态的原因，也有设计研究方法论上的原因，导致我们对产品的理解停留在技术、制造层面，而对其更深层次的知识没有做过探究，至多在艺术、美学的意义上做一些肤浅的"解读"。这也造就了长期以来中国设计具有依赖技术的特点，因为此时的中国，只"解释"欧洲工业产品、技术、制造体系，对其背后的知识缺少理解的动力，对西方的现代哲学、社会学知识更是严重匮乏，交叉研究机制尚未建立。

20世纪80年代中期回国的留学生们都是经历过上述时代的人，他们在国外学习过程中历经了以计算机技术为代表的第三次工业革命洗礼的西方国家的经济和社会的现状，看到了围绕现代设计建立起来的知识体系和思想意识为经济、文化带来的变化。

要将这些知识揭示给中国的同时代人是十分不容易的。首先20世纪二三十年代形成的设计观念已经固化为一种"常识"被确立为主流的思想，并且贯穿于整个中国设计教育之中，这种影响力还体现在行业研究导向的话语权中和学术、行政资源的分配过程中。

一般的历史发展经验告诉我们，外来的新知识一旦与习惯的"常识"相悖，"常识"会萌生"反抗"的想法，但是如果能够引入国际的设计话题，那还是有可能触动传统思想在新的知识刺激下发生转换的。

所以留学生带来的首先是国外的"工业设计事实"，国外企业用设计创造经济效益的事实最能够被接受。1982年，留日一年的张福昌教授写出了参观松下公司的随感，但大标题却冠以"中国工业设计前程似锦"。文中介绍了松下公司1951年在日本生活条件相当艰苦的情况下创办设计中心，由1人发展到300余人的情况，同时介绍松下社长亲自与设计师一道评价产品设计、推动设计规划的工作，提示的核心是：工业设计要受到社会的广泛重视，日本花了15-20年时间，在中国也需要一定的时间。

他热衷于具体的产业成功案例的介绍，如日本卡西欧公司创办于1957年，以生产大型计算机为主业。至1964年，西方已开始生产集成电路，走上了生产小型便携计算机的道路，但卡西欧没有实施转型因而导致产品积压，企业面临倒闭境地。卡西欧公司通过研究发现世界上其他公司生产的 8 位数便携计算机一般供单位使用多，而生活中只要 6 位数就足够了，主要是家庭主妇和学生使用，前者售价 40 万日元，后者只需 11.28 万日元。卡西欧公司就专攻后一类计算机，投放市场后迅速成为领先者。

作者对比了中日两国设计的差异，试图寻找其原因。其中日本有工业设计人才 1 万余人，其他商业设计人才 5 万余人，工艺美术人员不算，而中国当时有中小企业 40 余万家，大部分没有设计人员。张福昌教授指出：对工业设计而言，实践、教育、生产、科研不结合，必然导致教育（知识）贫乏、老化甚至失败。日本设计学院教授半数以上具有在企业从事 30 年左右设计实践的经历，而中国的教师则多数从学校到学校，也缺乏与企业合作的机制。稍后张福昌教授又以"松下先生二三事"为题发表文章，同时还在不同场合介绍过东芝等公司的设计发展情况。其中谈到东芝每年投资 740 亿日元，丰田汽车每年投资 3200 亿日元，索尼公司投资 420 亿，松下则投资 1000 多亿用于设计研发。此时，日本产品已风靡中国，读到此文的设计行业人员会有更深切的感受。

除此之外，作者还介绍了日本人机工程学研究、色彩科学研究、住宅照明器具和照明计划、包装设计与现代科学等研究成果。由于这些知识的取得是基于工科概念的实验和对比研究得到的结论，是支撑日本设计活动的核心力量，所以其思想方法、实验手段、措辞乃至成果表述方法都与以前仅靠概念推演和自我觉悟的设计观念表述大不相同。如果说作者有关日本企业优秀产品设计的介绍是求"真"的过程，对于后者的研究则开始了求"解"的过程。虽然在这一过程中作者也

---

[92] 张福昌:《千叶大学工业意匠学科情况介绍》,《感悟设计》, 中国青年出版社, 2004 年, 第 104 至 130 页。

不乏对"什么是工业设计"这类概念的厘清和介绍，但作者重点针对企业，针对应用，这与他在千叶大学的学习过程有关，也与他在日立公司的实习经历相关。

由于这个时代参与中国设计体系重建的专家大部分是学院的教师，当时中国现代设计知识体系重建过程中最紧缺的是专业人才培养的方式与手段，所以对于大学教育体系的考察和介绍是前期的重点。1982 年，张福昌教授详细向国内介绍了千叶大学设计学科的教学理念和手段，除了介绍其以科学、工科为基础展开工业设计教育的特色之外，还深入地介绍了各个教授研究室的研究方向和人员结构。[92] 或许是有感于国内基础教育与专业教育目标的严重脱节，或许是感受到日本围绕设计目标展开的基础课教育与国内以美术为核心展开的基础课教育的巨大反差，他重点介绍了基础课的详细训练课题、方法、课时。以后笔者在不同场合听到过张福昌教授对此表达的感受和对国内设计院校基础课设置的批评。对于设计实验室、设备及训练的报告乃至对毕业生去向的介绍连同上述内容一样多次见诸专业期刊、各类演讲，以及给各级政府、学校各级领导的报告之中。

纵观这一个时代的设计观念大讨论的基本内容，可以用下表来表示：

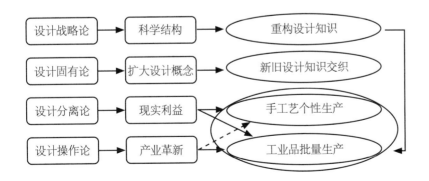

客观地看，参与这场大讨论的观点分布在不同的知识层次里，每一种观点的表述也都欠完整，互相之间其实不太具备比较性，更谈不上互补性，因此没办法从学理层面进行更深入、更持续的讨论。但这并没有影响这场大讨论的历史意义，无论是处在大讨论中心的"旗手"还是远离其中心，专注于设计实践活动的"操盘手"，都经历了一次空前的设计观念的洗礼，其结果是拓展了思想资源，形成了推动中国现代设计发展的新动力。

第六节
品质生活、商业传播双轮驱动下的中国设计

如果说20世纪70年代生活品质的标志是拥有"自行车、缝纫机、手表、无线电、照相机"（简称三转一响带咔嚓）的话，80年代需要的则是"电视机、电冰箱、收音机、电风扇、 空调"（简称新五样）。还有一个显著的变化是，以前衡量一个家庭的生活品质是数家具的"腿"，因为传统家具底部均有四个底脚支撑的造型，所以"腿"越多表明家里的家具越多。一般而言，一张床、一个餐桌、四张餐椅、一个大衣柜、一个五斗橱为最基本配置，由此也产生了32条腿，在这个基础上再增加各类家具则可以再增加"腿"。组合家具时代的到来，人们不再将有多少"腿"作为衡量家庭生活的标准。以上海家具研究所及上海家具厂为先导，率先介绍了国外组合家具的使用情况，主要以原上海工艺美校家具设计专业毕

▲ 这是一幅中国工业品进出口公司上海分公司产品样本"上海家具"封面上使用的图片，其中的成套家具正是当年的最新设计，配合的道具是日本的和纸吊灯，似乎是设计师意识到产品过于刚硬，想为其创造些柔和的氛围。同时，桌面用品又使用了景德镇造的金水龙凤茶具，这是当年出口产品中的"当家花旦"，好像意在提升产品的档次，彰显其品质生活

业生为主体的设计师敏锐地感到，这种组合家具节省占地面积，功能合理且能够互相组合，没有装饰，特别符合当时上海等大城市居住面积小、多代同堂的生活状态。另外从其风格来看毫无疑问属于现代风格，对于当时刚刚从贫困状态走出来的中国消费者来讲，无疑是寄托着一种召唤，预示着一种合理的、新的生活方式的开端。上海家具研究所当时属上海市第二轻工业局主管，他们的经费来自主管单位拨款，而任务则是开发设计，以此支持下属工厂的生产、销售。根据科技情报反映的国外组合家具的设计、使用状况，他们很快设计出了适合中国家庭使用的组合家具，并在他们的专业杂志《家具与生活》上介绍。当年几乎所有的生活、设计类杂志都有组合家具设计的介绍及相关文章，同时在各种展览上展出他们新设计的样品。由于其设计概念完全不同于传统中的家具，所以吸引了许多年轻人的目光，许多适婚青年讨论得最多的是如何打一套组合家具。

当时上海的家具工厂已经开始制造组合家具，但由于生产装备落后，大量靠手工制造，技术工人还没有完全适应新产品的制造，更没有订制概念，所以不仅制造成本较高，不能实现批量生产，只能做到"出样"展览一下，而且价格奇高。聪敏的市民们想到可以请有手艺的木匠用传统的手工技术来做，因为此时农村木匠进城打工已经是合法的了。但这些木匠的头脑里只有传统家具的图式，对组合家具的合理性、形式美往往一无所知，而且在组合家具中材料使用的原则更是与原来传统家具相反。这时上海一些有经济头脑的出版社联手上海家具研究所的设计师共同编写"上海现代组合家具"一类的图册书，其中第一部分往往是国外组合家具的实景图片，这往往会激起消费者的购书欲望，第二部分是设计图纸，往往是假定一个10至15平方米左右的空间，画出效果图。这种效果图的画法也不是以前"渲染"的画法，而是用"麦

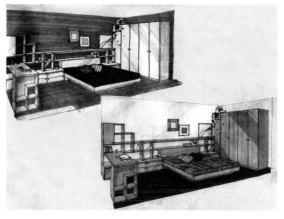

▲ 上海文化出版社出版的朱仲德、强文
编著的《上海组合家具》，书中列举了
两个相同造型的家具运用不同色彩的方
法，上图为土红、白和灰色，下图为浅
灰色、蓝和粉红

▲ 这套家具名称为"阶梯型"卧房家具，
由上海家具厂陈建国设计、范鸿秀绘图。
整套家具设计轻松、活泼、线条流畅，
具有当代风格，色泽为淡茶色与白色。
选自《上海家具博览》，杨强、尤齐钧
主编，上海科学技术出版社

克笔"来画，简单的线条构描、大面积的色块处理也充满着现代气息，能够直观地感受到每一套家具的风格。购书者仿佛感到这便是为自己的家设计的。第三部分是制作图，说明实景图、效果图中家具制作的可能性，有基本的比例尺度、材料规格、做法、结构件示意，甚至表面处理提示，十分详尽。最有意思的是不少这种图册的制作图中画有轴测图，或俗称"木匠图"，即没有透视的立体图，能让木匠一看就明白结构，然后可以根据图纸尺寸来制作。

组合家具的推出从需求层面来看，满足了消费者对"合理"、"风格"的追求，成为当时拥有者表达其"现代性"的一个符号，同时这种符号又是一种承诺，即将承载合理的生活。由于组合家具的现代性所决定，它抹杀了差异，追求同一性，其造型、组合再变化也不可能有更个性的产品出现，于是材料的表面处理变成关键。同样造型不同表面色彩成为当时的流行，后来发展到表面用松木设计制造的组合家具，由于相比前者更加让人感到温暖、舒心，所以也十分受到消费者的欢迎。

从推动家具制造产业更新换代的角度来看，组合家具的设计也是具有十分重大意义的。由于更新了设计，其工厂的制造装备、制造流程、原材料供应、工艺标准、检测标准等都需要重新架构，尤其是制造装备需要添置、更新。而且家具制造行业越来越清晰地认识到，现代家具不是能够用手工加工来制造的，特别是对于一些链接件的研发已经刻不容缓，否则，产品看上去貌似差不多，但一经使用则完全散了架。到20世纪90年代中期，上海及国内主要家具厂的设备已经达到相对高的水平，但各种链接件的研发工作却迟迟没有大的进展，与国外的距离也越来越大，一些关键的加工设备要到国外去采购。

家具板材表面的处理，由于运用了机械喷涂树脂漆及抛光工艺，使得可以更好地想象更多的设计方案。曾有设计师将荷兰风格派画家

▲ 将荷兰画家蒙德
里安的作品应用在
玻璃杯的设计上

　　蒙德利安的画应用在组合家具的设计上，这显然是设计师受到过现代主义绘画的训练。在组合衣柜白色的板材上，有若干个抽屉设计成蓝、灰、红颜色，使其形成了独特的风格，一经推出大获好评。

　　在这个时期，蒙德里安的画还被用在不同的工业产品上，首先是在气压式保温瓶瓶体上使用。因为设计师感到气压式保温瓶的工作原理与传统保温瓶不一样，作为一个新产品必须有新的设计语言去阐述，于是想到了用蒙德里安的彩色方格图来装饰。对于看惯了传统保温瓶的消费者来说，对于蒙德利安的几何图形所含的现代色彩大为欢迎，产品一经上市大受欢迎。

　　蒙德里安的作品应用在玻璃杯上是出于一个技术的机遇。当时中国的玻璃杯印花只能印半个立面，画面不能贯通，因此产品上所有装饰设计都是根据这种工艺设计的。恰好这个时候上海玻璃器皿二厂从日本进口了一套印制设备，一次可以印360度，即一次可以将杯子立面全部贯通印制。这时该厂的一个设计师灵机一动，将蒙德里安图形印制到了杯体上，没料到产品受到市场追捧。据说这个设计师平时很有个性，他不屑传统的装饰设计，又苦于没有新的技术支撑他的设计构想，在借助于新生产装备技术和他的现代性预想后设计了这个产品。厂长曾开玩笑对他说，你可以每天不工作，但每月必须为厂里设计一件这样的产品。

　　或许设计师、厂长、经销单位都只是想到了新产品能够卖得更好，但认真追究后可以发现，现代主义风格的设计不仅给予当时的消费者一个消费符号，更是给了消费者一个承诺。

　　事实上，这个时期中国工业产品的设计观念都是沿着这种思路高歌猛进的，这里指的是在产业形态中的设计观念。趁着中国以优先发展轻工业的政策导向，国家大量从国外进口先进轻工业生产装

▲ 上海的商业橱窗被称为上海商业的明珠，一度是传播产品信息的主要渠道，设计受到高度
重视，常常是由经验丰富的设计师来主导，每年会举办各种设计评比。上图是得奖的设计作
品：上海市第九百货商店广东万宝电器橱窗。刘根福设计

备，并在全国布局，更新设计，同时，随着中国社会环境日益宽松，
老百姓的消费欲望也被激发了起来。在产业一线的设计师，将新的
设计观念、技术手段、对消费者的良好愿望，聚焦于一点，可以称
为是设计思想与思想资源密切结合的时代，对于处在物质短缺时代
的消费市场的确起到了强心剂的作用。不少中国高品质的工业产品
都诞生在这个时期。

在中国与世界的交往过程中，特别是中国设计师与国外同行的交
流过程中，大家进一步认识到好的设计一定要有好的传播手段。在这
样的认知共识下，商业传播的热情再一次被点燃，特别是上海，原来
就有极好的商业文化基础。加之当时一批谙熟商业宣传的老前辈们还
健在，其商业传播的理论和实践经历对当时商业传播而言是十分珍贵

▲上海高级花露水广告，蒋昌一 1980 年设计，获中国工业设计协会装潢设计学会首届年会三等奖

▲20 世纪 80 年代蜂花洗发精广告，蒋昌一设计

▲美加净银耳珍珠霜广告，陈琪芸 1982 年设计，获全国第一届广告装潢设计展优秀作品奖

的。于是以产品广告、橱窗设计、包装设计为核心，拉开了新一轮商业传播的序幕。

从本质上讲，这一轮以商业传播为中心的设计观念的展现，基本上回归了 20 世纪三四十年代商业传播的模式。从事这一轮设计工作的设计师似乎多少都与上一轮设计有关联，但有以下几个显著的特点：

①所有设计紧紧围绕"产品"展开，无论是广告、橱窗，还是包装设计，原因是在产品短缺的时代，特别是冰箱、洗衣机等新家电还供不应求的时候，一个好产品不需要有更多消费利益点的诉求，只需要其登场就能够激发起消费热情。所以广告中产品放在突出和显要的位置，而品牌特征由于尚未规划而退让到次要的地位。橱窗中的产品也一定是占有显著位置的，笔者曾经看到过在上海市第一百货商店橱窗内展示的华生牌电风扇，连续三年一刻不停地转动，以此证明产品质量过关。所以这一轮设计其实是为"产品强权"做了注脚。

②广告、橱窗、包装营造了良好的氛围，为消费现代主义设计创建了良好的语境。特别是上海的橱窗设计遍布各个重要的商业窗口，南京路上第一百货商店自然是上海商业繁荣的象征，所以一楼的橱窗自然是重中之重，不敢懈怠，集中了上海优秀的设计力量全力以赴。特别是调动了光、声、电，造成了迷幻的效果，但展陈的主体手段还是现代主义的几何形态，只是经过前者的调剂和补充显得柔和了不少。

在上海商业局系统内曾经有过一个橱窗设计核心小组，专门进行实验性的橱窗设计。其特点是运用原木、皱纸、碎石等感觉比较柔性的材料，试图打破原有橱窗均一材质的现状，营造了一些理想的生活场景。这些大部分是通过淮海路上妇女用品商店的橱窗来展现的。这些实验性的橱窗一出现便有别于上海第一百货商店的主流特性，可能是淮海路高雅商业文化传统的基因在起作用。

这个时代的包装及广告都强调"优美"。由于进口了大量先进的印刷装备，轻工、外贸两个系统的印刷厂工艺水平大大提高，为印制高水平的广告、包装奠定了技术基础。所以当时的设计师可以讲是沉浸在浪漫主义的创意情绪中进行设计的。

③当时的广告主要风格之一是表现"现代美人"，主要服务于一些现代的工业产品、日用化学用品等。而"古典美人"则主要用于一些传统产品包装的改型和再设计。贵州茅台酒的包装是比较典型的快速升级换代的产品。20世纪70年代末，茅台酒出口量激增，为了提高销售价格，想在瓶体包装以外再设计一个礼品纸盒包装。

当时所谓的包装设计服务是依附于印刷厂而存在的，哪一个印刷厂能承揽到印刷业务，设计就由哪一个厂的设计人员来完成。茅台酒更新包装由上海人民印刷七厂吴儒章先生承担设计，他以金色、红色、白色、黑色作为基本色彩，考虑的是在国外超市里有比较明确的商品形象。据设计师赵佐良先生回忆：吴儒章先生十分有修养，设计过不少优秀的产品包装，对于茅台酒包装设计也是颇费了一番功夫。在保持原有瓶体标贴设计风格，即红、白为主的同时增加了金色，以求提高产品的档次，提高销售价位。此时茅台酒已更名为"飞天牌"，此前茅台酒经历了50年代无品牌时代、60年代工农牌时代，70年代为了强化国际市场上的产品形象，改名为"飞天牌"，以敦煌壁画中的飞天形象作为品牌图形。吴儒章先生在包装盒的金色上面增加了一个大的飞天形象，以此告诉国际市场有关中国高档特产的信息。整个设计主题十分明确。

稍后，茅台酒试图设计礼品盒装，进一步提升产品档次。先委托上海美术设计公司倪常明先生设计，后因印刷业务被上海人民印刷八厂承揽，该厂相关设计师除了为包装盒做局部改进设计外，基本上保留了第一版的风格。但该厂刘维亚副厂长为茅台酒设计的礼品盒，成

▲ 贵州茅台酒礼盒，获 1980 年上海市包装装潢展览二等奖

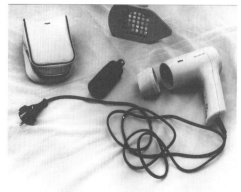

▲ 新华社在 20 世纪 80 年代中期发布的题为《国外优秀日用品设计集锦》图片，一套共计 15 张。在此以前，新华社发布的图片以中国社会政治活动、体育活动、文艺活动内容为主，发布经济活动照片也是为了配合国家重大事件、重要节日。20 世纪 80 年代初，有关中国工业化发展道路、政策成为热门话题。经济学家吴敬琏认为：工业化过程从轻工业开始是符合生产力发展规律的。英、法等国工业化从轻工业开始并不能说明从轻工业开始的工业化就是资本主义道路。从我国实际情况来看，由于原来底子薄，人民生活水平低，发展轻工业更有着特殊的重要意义。同样，鲁济典撰文《生产资料优先增长是一个客观规律吗？》，文中指出：社会主义工业化不应从重工业开始，而应从轻工业开始，……一切资本主义国家发展生产力，实现扩大再生产，都是从生产消费资料为主的轻工业开始的，为什么社会主义国家加速发展农业和轻工业就不符合客观规律呢？诸如此类将社会制度与工业化道路问题交织在一起的讨论一时成为焦点，也有人从更学术的观点来讨论当时中国经济结构、生产资料优先增长规律、经济总量平衡到经济结构优化等问题

▲ 1985 年，由原中央工艺美术学院张仃院长撰写的文章《为美化人民生活而培养人才》刊登在《人民画报》上，这是该文的配图。说明词为：随着工业生产的发展、人们物质水平的提高，改善日用工业品和交通工具的造型设计已成为四化建设中一项迫切需要解决的问题。工业美术系造型专业就是在这种形势下成立的

▲ 作为中国承接国际制造加工业转移的缩影，日本三洋电机（蛇口）有限公司是日本三洋电机株式会社在蛇口工业区兴办的企业，员工有 2400 人。图为该公司装配流水线。《人民画报》1985 年第 5 期报道：该厂每天生产录音机 2200 台，收音机 7400 台。经过培训的工人一天能够装配 2200 台家用计算器，产品远销亚洲、非洲、欧洲、美洲

为一个成功的案例。这次的设计并不是单纯的再美化，礼品盒的结构呈现出一种有机的理性逻辑，充分借助加工工艺、纸质，使之能够承担起保护商品的功能又不失美观。在礼品盒印制时恰逢笔者在人民印刷八厂实习，见到刘维亚先生在审查打样稿。在金色的卡纸上划出九宫格并以纵、横两个方向的凹凸线条填充每个方格，这样纵、横凹凸线条相间隔的金色卡纸不论在哪一个方向、哪一种光线下均能够取得闪光的效果，体现了现代工艺带来的美感。上述两种美感合而为一造就了礼品盒的高级感。此时的包装设计已经不局限于美化、装饰的概念，正如刘维亚先生后来讲：在印刷过程中，采用凹凸工艺，使包装图形增加变化、改变平淡气氛，使工艺有整体感。设计与制作及材料，如鱼水一样，不能分离，而且是互相促进。

在中国南方，此时正如火如荼地进行着一场"三来一补"的产业革新。所谓"三来一补"是指"来料加工、来样定制、来件组装、补偿贸易"。当时广东工业基础比较薄弱，发展工业的资金也欠缺，但是广东敏锐地感到当时资本主义发达国家正将劳动密集型产业转移到生产成本相对低廉的地区，于是尝试性地展开了"三来一补"的经济形态，以此引进海外先进技术，淘汰自己落后的生产装备，提升本地区的产业能级。随着"三来一补"的展开，从原来涉及到的工艺美术行业、服装制造行业，逐步向轻工业产品制造、印刷工业、机械工业、电子工业发展。在这个过程中，广东的企业逐步领会了如何为进入买方市场的消费者设计的基本原理，并开始将广东设计、制造的产品推向全中国。得益于广东经济体制的灵活性，很快夺取了轻工业、部分电子工业产品原有的市场份额，其新颖，具有电子时代特征的轻工业产品更是令人目不暇接，产品的包装设计语言成熟，具有传播力。而上海等地传统的轻工产品开始滞销，原有的设计观念开始失灵了。

第六章

国际产业转移中的中国港台地区设计

第一节

设计的登场与华丽转身

1. 现实的契机

自开埠以来，中国香港由于缺乏自然资源，只能凭借优越的地理条件，扮演转口港的角色，围绕转口需要服务的工业随之而建立。抗日战争初期，为逃避战乱，内地大批工厂、企业迁港，为香港工业打下了坚实的基础。"二次大战"后，中国再次有大批资金、技术、劳动力流入香港，加上东南亚各地政局动荡不安，陆续有华侨资本和其他外资流入香港。1947 年 10 月，据《幸福》杂志提供数据，差不多有 5000 万美元的中国财富流到香港；有 228 家企业转移到香港注册。

此外，1932 年渥太华协议生效 [93]，英国和英联邦国家给予香港特惠关税待遇，使香港的产品有了重要的出口市场。1953 年，美国也容许香港输入产品，并逐步成为香港最大的出口市场。[94] 因此，至 50 年代末，香港的工业发展前景呈现蓬勃生机。20 世纪 60 年代，香港继续受惠于"二战"后全球第一波经济分工，得以分担发达资本主义国家转移出来的部分低附加价值、劳工密集的轻工业。另外，由于当时香港正值战后婴儿潮，人口暴增，加上大量廉价劳工的涌现，这成了香港工业发展的另一优势。从 1960 年至 1969 年，香港制造业工厂总数由 5346 家，增加到 14078 家。制造业工人从 224400 人，增加到524400 人，分别增加 1.6 倍和 1.3 倍。

从 1960 年起，香港政府为配合工业发展的需要，加强对业界的支援，成立了香港工业总会及香港科学管理协会。到了 60 年代中期，香港贸易发展局（下称"贸发局"）、香港生产力促进局及香港出口信用保险局先后成立，作为支持基层企业发展的半官方工商机构。其中贸发局是负责拓展香港与全球贸易的香港法定机构，为香港制造商、贸易商及出口商服务，其宗旨为"为香港公司，特别是中小企业，在全球缔造新的市场机会，协助他们把握商机，并推广香港具备优良商贸环境的国际形象"。贸发局更设有内部设计团队，当时其团队之领导人周志波亦曾为当年成立的香港设计师协会会长（1976-1978；1989-1990 年担任设计协会会长）。与此同时，三个技术中心成立，它们是香港标准及检定中心、工业设计中心和包装中心，从环境、生产技术和设计、品质检定到包装出口等方面协助提升香港工业的竞争力。

---

[93]《香港制造：香港外销产品设计史（1900—1960）》，第 21 页

[94]《香港史略》，第 219 至 220 页

从以上政府对工业界的支援和配合，可见 20 世纪 60 年代工业已担当起带动香港经济增长的火车头角色。由于面对的市场以海外为主，为应付英国及美国等西方市场的激烈竞争，香港工业产品的设计素质愈来愈受到业界的重视，因此，香港设计委员会于 1968 年成立，隶属于香港工业总会，是香港最早致力推动本地设计的非营利组织。委员会的宗旨为在香港推广和加重设计在业界所扮演的角色，鼓励及推动业界利用设计去增值服务，通过专业设计师和学术机构的合作，提升香港设计水平和素质。[95]

2. 设计业的崛起

"设计"一词很早已在香港出现，初时只限于平面设计范畴，即商品注册商标及广告制作的设计（1941 年时香港已有超过 12 间广告公司）。[96] 20 世纪 30 年代前，中国外销画名家关作霖的曾孙关蕙农就以设计月历海报闻名，被冠以"月份牌王"的美誉，他为当时的香港化妆品制造商广生行旗下的"双妹唛"设计海报，为该品牌建立了鲜明的形象，成为香港早期广告设计的经典先例。[97]其后，在产品式样，特别是家具、室内布置、工程及展览制作等事宜方面，"设计"一词运用渐多，开始得到较全面的适用。在 20 世纪 30 年代的各类工商贸易刊物及香港中华厂商联合会主办的工业出品展览会中，钢具、装具与印刷机等产品，经常以精良设计作卖点。1939 年"大用装具公司"的宣

[95] 香港工业总会网站 https://www.industryhk.org/tc/individual_page.php?id=83465

[96]《香港制造—香港外销产品设计史》，第 20 页。

[97]《香港制造—香港外销产品设计史》，第 19 页。

▲ 香港历史博物馆展出的在香港生产的金钱牌搪瓷产品，当时在香港市场的宣传口号是"瓷牢、坯厚、花色多"

▲ 香港历史博物馆展出的在香港生产的康元牌微型电风扇产品

传口号为"全国首创、新型装具、专家设计、构图艺术化、制造科学化，是市场衰落的救星，是扶植商品的利器"。由此可见，在当时"设计"概念已涉及了产品的款式、构图、制造及市场，很清楚地将现代"设计"一词的含义及范围表达出来。值得留意的是马端纳（Matthew Turner，后改汉名为田迈修），一位于1982年至1995年在香港理工学院(现香港理工大学)任设计理论的教授,他在1988年策划撰写的《香港制造：香港外销产品设计史 1900-1960》（Made in Hong Kong: A History of Export Design in Hong Kong， 1900-1960）中指出，香港就"设计"一词的创立及运用，较其他国家早，例如二战后的瑞典，还没有一个与"设计"意义相同的名词出现。

然而，在20世纪50年代前，致力于把西方设计概念引入工业生产的设计师并不多，已故雕塑家及设计师郑可是其中的一位。战后，他成立的个人设计室，既是美术工作室，也提供工业产品设计服务，并开办了设计课程，教授勒·柯布西耶的设计理论、现代法国设计、包豪斯设计理论及1937年世界博览会的美国设计。及后，他对现代设计的精通得到合众五金有限公司的垂青，1950年他为该公司创立了设计和机械部，使之成为当时附设有美术部的有限公司之一。合众五金厂的主要产品是汽灯，郑可参照汽灯的构造原理，为该厂设计出一系列新产品，例如台灯、火油炉、焗炉及暖炉等。郑的设计具有浓厚的包豪斯风格，其修改美国"波士"牌煮食炉的设计，加入了欧陆风格，以供应亚洲市场。[98]

1900年至1950年间，香港工业产品的设计跟随当时的平面设计风格，以适应性和综合性为主，无论在选料、造型、意象还是工艺方面，

---

[98]《香港制造—香港外销产品设计史》，第19页。

▲ 第 12 届香港华资工业出品展览会（1954），于中区的新填地举行，图中为会场人流及交
通情况。（《香港工业七十年：商厂七十周年志庆》，由香港中华厂商联合会提供）

都糅合了中、日及西方的设计特色，形成具香港特色的现代设计风格。例如位于皇后大道 10 号的宏兴公司的一款纯银火柴盒，造型取材自西方的"舞熊"，衬以日本酒瓶的装饰图案，构成欧、日合璧的设计风格。从 20 世纪 60 年代开始，美国成了香港产品的主要市场，香港设计师为迎合美国市场的需求及当地人的口味，设计创作理念受到了限制，这也是 70 年代前香港设计没落的主因。张一民是 20 世纪 30 年代另一有"月份牌王"之称的张曰鸾的儿子，战后曾夺得多个设计奖项。但他放弃继承和改良父亲的中国设计风格，在其 50 至 60 年代设计中，不再见到中国的装饰图案，取而代之的是美国式的广告意象。

20 世纪 60 年代，香港设计业由外国设计师主导，其中最具代表性的是来自奥地利的石汉瑞（Henry Steiner）。他于 1961 年（即香港工业总会成立翌年）来港，受聘于香港第一份彩色周末副刊《亚洲周刊》（Asia Magazine），担任美术指导。至 1964 年，他创立图语设计有限公司（现为石汉瑞设计公司"Steiner & Co."），专为世界各地知名客户及企业提供设计服务，包括企业商标和公司形象的设计，书刊及包装的设计，他也是香港首家企业的形象设计顾问。图语设计可谓培育了不少香港设计人才，例如在 80 年代创立形意设计公司（Kinggraphic Design Limited）、1998 至 2000 年担任香港设计师协会会长的韩秉华，曾任职图语设计公司达 9 年之久。韩表示从石身上学到了对设计的严谨态度和广阔的创作思维。[99] 另一位曾跟石氏学设计的设计师，是之后转投电影制作，现于香港演艺学院从事教学的翁维铨。

1972 年，香港工业总会辖下工业制品设计促进委员会成立了香港

---

[99]《香港 70 至 80 年代平面设计研究计划》，香港文化博物馆。

设计师协会。翌年，协会由英国设计协会干事雷里爵士主持揭幕，并由尼华达先生担任首任会长。1974 年，协会增设专业行为（小组）委员会，为香港设计师草拟专业行为规则及设计收费指南。同年，协会会员先后集会 7 次，互相交换意见，并邀请香港及海外著名设计师和工业界人士发表专业演讲。应邀人士包括前国际工业设计社团协会研究与资料小组主席、国际图形设计委员会创办委员梅道先生、石汉瑞先生、哈里·威格有限公司总经理哈克曼先生[100]、塑胶学会主席丁鹤寿先生、联合国工业发展组织设计顾问郭德夫先生、英国班克思与迈尔斯设计事务所设计顾问班克思先生和澳洲工业设计委员会昆士兰区干事哈里士先生。协会在第一年出版了两期资讯。1975 年，协会举办首届"香港图画展"，它也是"香港设计展"的前身。1977 年，首届"香港设计展"诞生，增设"产品设计"类别。1980 年之后，"香港设计展"改为每两年举办一次。

在香港整体工业发展需求大增的背景下，首个设计组织（香港设计委员会）诞生。尽管贸发局等官方机构与本地工厂也开设设计部，但在 60 至 70 年代期间，工业界对设计服务的需求并不殷切。然而，由外国设计人才主导的设计组织，不但启蒙和培育了一批香港年轻设计师，并通过定期举办业界活动，促成了设计创意人才的交流，同时开始为设计业制订规则及指南，为香港设计业走向专业化奠定了重要的基础。

中国台湾地区设计发展的动力源自发展对外贸易的需求。以"台湾生产力及贸易中心"为主体的设计推广活动成为 20 世纪 60 年代台

---

[100] 香港设计师协会会员名录，第 10 页。

▲ 20世纪50至80年代战后新兴工业的转型：纺织、制衣、塑胶、钟表、五金等等

▲ 右下为和兴白花油于80年代的玻璃瓶、瓶盖及招纸包装设计，招纸分别印有图案标志和产品资料。（《香港塑胶业五十年》由香港塑胶业厂商会提供；纺织厂图片由香港历史博物馆提供；钟表产品图片由香港历史档案馆提供；和兴白花油包装图片由和兴白花油药厂有限公司提供）

湾地区促进设计发展的核心力量。1961 年，台湾生产力及贸易中心下属的"产品改善组"率先开设了短期的工业设计培训班，以提升产品设计的能力为目标，促进台湾外贸产品国际市场竞争力。次年又邀请了日本著名的设计专家小池新二赴台共商培养地区工业设计人才的方案。在小池新二的帮助下，一大批德国、日本的工业设计专家相继来到"台湾"讲学、辅导。为了使台湾地区设计人才的培养纳入其教育发展规划，促进学校有更明确的办学目标，更有效地培养实践型人才，"台湾生产力及贸易中心"连续 5 次举办暑期研习班，请世界各国的著名设计师讲课，以求快速形成设计发展的氛围，不纠缠于理论的探讨，更注重产业引领的人才培养方式。

　　1967 年台湾地区工业设计协会宣告成立，稍后出版了《中国工业设计》专刊，其"金属工业发展中心"成立了工业设计室，标志着行业对工业设计的深入认可，并且预示着设计将以地区产业为基础融合发展时代的到来。这一年以"生产力及贸易中心"加入国际工业设计协会（ICDIC）组织为标志，从结构上为台湾地区设计发展做了新的规划和部署，进一步确定了基于国际设计资源发展自我的策略，也为台湾地区产业升级换代做了有效的铺垫。

　　进入 20 世纪 70 年代，台湾地区一面谋求融入国际经济合作体系，一面不断展示自 60 年代以后以设计为核心能力提升产业发展的成果，并加强学习西方的设计经验，特别是日本的经验，考察范围从产品设计扩展到包装、品牌等领域，同时积极参加各种国际组织的相关活动。1972 年"工业设计协会"派人参加"亚洲生产力组织"主办的"工业设计促进讨论会"，并将 1973 年的高层峰会放在台湾举办。而"工业设计协会"则在 1973 年 10 月 8 日至 9 日派人参加了第 8 届国际工业设计协会举办的年会。同年，台湾"工业设计及包装中心"成立，次年发行了《工业设计及包装》杂志，举办了第一届产品设计竞赛，以后每年举办一届。1976 年，时任国际工业设计协会会长的荣久庵宪司再次来到台湾参加工业设计协会的年会，这给予了行业从业人员巨大的鼓励，也更加促进了台湾地区以设计为竞争力，支撑制造业走向高品质的发展进程。

3. 设计教育与基建

在整体经济结构和业界行为以外，60 年代也是香港设计教育崛起的年代。不断涌现与完善的设计课程，不仅在培养人才上扮演重要角色，随着行业结构的转变，设计教育对香港设计风格的形成与演化，也是影响深远。

早在 20 世纪二三十年代，"设计"概念在香港尚未成形，因此当时称为美术教育。其时，很多画家设馆授徒，这类课程通常称为"艺专"，例如万国艺专、九龙美专及岭海艺专等，也开始出现商业美术课程，教授手绘商品插图和美术字。

1947 年，香港第一所由政府资助、提供专业工科教育的院校"香港官立高级工业学院"（香港理工大学的前身）改名为"香港工业专门学院"。1956 年，学院得到香港中华厂商联合会 100 万元捐款，在政府拨资和拨地的支持下，开始兴建红磡校舍，并于 1957 年由港督葛量洪爵士揭幕，拉开了香港工业教育史的新一页，20 世纪 60 年代正式设置与设计相关的兼读制证书课程。

1965 年香港中文大学成立校外进修部，为在职成年人提供文化、艺术与语言的进修途径。香港设计教育界先驱王无邪于同年回港，在其中任职行政助理，负责艺术与设计的相关课程。在他任职一年内，开立的两个课程均对香港艺术及设计的发展影响深远，其一是两年制的设计文凭课程。香港设计奠基人之一的靳埭强及"大一设计学院"创办人之一的吕立勋，就是在 1968 至 1969 年间在中大校外进修部攻读第一届商业设计文凭课程的；其二是由王无邪的中国画老师吕寿琨任教的水墨画课程，引领了香港现代水墨画运动。其余曾任教的名师还包括留学德国学习设计的香港设计先驱钟培正，曾在澳洲求学，回港后任职于当时香港最大的格兰广告公司的陈兆堂，创立图语设计公司的石汉瑞和由美国回流的建筑师何弢。

现任香港艺术馆、一画会、视觉艺术协会名誉顾问的王无邪，于 1969 年出版的《平面设计原理》，成为香港设计学生或设计师必读的经典，影响超过两代以上的香港设计师。王无邪在此书中从视觉文法观点探讨平面形象的可能性，他将包豪斯的设计原理化成简单的平面设计练习，让初学者很容易明白和理解，并能有效地跟从此书循序渐进地学习，掌握从事设计工作的基础。由他创立的中文大学校外课程"艺术设计文凭课程"，正是参考包豪斯的理论以及他在美国时曾任教的相关课程而发展出来的一些基本设计理论。

在 1965 年立法局会议中，钟士元博士倡议在港成立一所理工学院。随着香港理工学院条例于 1972 年正式生效，"香港理工学院"成立，并接管了"香港工业专门学院"的校舍及职员，其使命是开办专业课程，培育人才以满足社会对专业人才的需求。与此同时，提供设计教育的部门正式命名为设计学院。

1970 年，吕立勋联同梁巨廷、张树生、张树新和靳埭强，创办了香港第一所设计学院"大一艺术设计学院"，起初以小规模业余性质开设夜间课程，后来逐步扩张，开创了：工商设计、时装设计、室内与环境设计、珠宝设计、多媒体设计等各类专业文凭课程。1971 年，前身为"白英奇主教学校"的"明爱白英奇专业学校"成立，开办会计、设计、旅游及酒店等多个证书及文凭课程。1974 年，靳埭强在"大一设计学院"创设插图文凭课程，是首个同类型课程。

20 世纪 80 年代，首个香港设计学位课程开办，除平面设计及时装设计外，还有产品设计与室内设计供修读。王无邪也在香港理工学院负责开办夜校课程，兼教基础课程。

香港设计业一直没有主流的学术思想，在当时殖民地统治架构下，由殖民地政府推动及培育的理工学院等学术机构，贯彻的是英式设计教育，推行"以设计作为解决问题手段"（Design as problem solving）等西方设计教育理念。另一方面，以中文大学校外进修部为首的设计院校，包括理工学院的夜校课程，则深受王无邪平面设计原理和包豪斯风格熏陶，因此逐渐发展出两条路线的设计风格。

中国台湾则是一批私立的工业专科学校率先开设了工业设计课程。1964 年台湾私立明志工业专科学校设立了 5 年制的工业设计科，被视作台湾地区设计教育的开端。私立大同工学院 1966 年设立 5 年制工业设计科。1967 年私立新埔工业专科学校、1969 年私立南荣工业设计专科学校设置工业设计科。而在 1965 年台北工业专科学校成立的工业设计科，分建筑设计、产品设计两组，学制两年。

在新一轮设计人才培养过程中，台湾师范大学、台北工业专科学校、明志工业专科学校、铭传商业专科学校、艺术专科学校、实践家政专科学校、成功大学、大同工学院、昆山工业专科学校、南荣工业专科学校、复兴工商专科学校持续参加每年一届的"大专院校工商业设计科系毕业作品合展"，其中有不少作品参加了国际各种发明、设计评选并获得奖励。

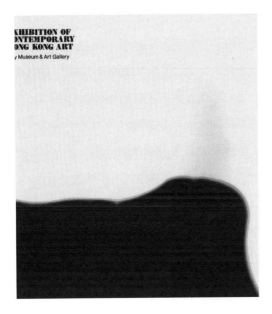

▲1969年举办的当代香港艺术
展览（1969 – 1970）海报，王无
邪为评选委员之一

▲1979年举办的当代香港艺术
双年展。（当代香港艺术展览场
刊，由香港艺术馆提供）

4. 设计风格之形成

20 世纪 60 年代开始，香港工业迅速崛起，纯艺术的设计观念不能满足于现实应用，制造业在设计上的需求与日俱增。当时，绝大部分香港厂商皆以西方市场尤其是美国作为主要销售地，愈来愈多的香港产品在美国设计，或是由香港的美籍设计师设计。香港设计毕业生多数投身工厂的设计部。但能够进行原创的力量还是相当薄弱，为了迎合市场特色和当地顾客口味，许多设计以抄袭各地风格为主，只有少数如米亚、Kinox 等品牌，能兼容本地及外国市场，因此大部分香港设计人才可说是绝无竞争力。香港工业总会在 1961 年就引入了 6 位美国专业设计师，并协助他们在香港开业，这一群设计师日后雄霸香港设计界。当中包括 1964 年创立图语设计公司的石汉瑞，他对香港设计人才的成长和设计风格的形成可谓举足轻重。70 年代由外籍人士创立的设计公司还包括 Grapho Limited、Nick Jesse Design Associates Limited 和 PPA Design Limited 等。

如果从现代设计文凭课程创设来计算，在 1970 年之后的 10 余年里，香港设计行业的发展称得上是创造了奇迹。香港设计业在一片荒原上耕耘，在崇洋的西风中播种，在自己的土壤中植根、汲取养分、壮大成林并开花结果。20 世纪 70 年代后期，当地土生土长的华人设计师已在国际崭露头角，不少优秀作品获得了国际奖项，活跃的华人设计师也渐渐增多，实在令人欣喜。

1979 年，香港设计师协会与日本字体设计协会联合主办了 Design'79 香港日本设计展，吸引了众多两地平面设计师，可以说是香港设计在国际交流中的重要里程碑。许多获奖作品呈现了当时香港和日本的设计师水平，除引起两地同行互相比照观摩外，也激起海外设计界对香港本土设计的广泛关注。海外重要设计刊物《Graphic design+》和《IDEA》当年还第一次以专题介绍香港。

时隔两年不到，日本字体设计协会与香港正形设计学校联合开办了"Design NOW Hong Kong"（即"现在香港设计展"）。成立于1980年的正形设计学校由多位中大校外进修部前两届设计文凭课程的毕业生创办的，靳埭强担任首任校长。这个展览以该校校董和教师为班底，邀请业界精英共46人，包括60年代的拓荒者和70年代成长的中青两代设计师、插画师、摄影师和艺术教师，全面展现了香港华人设计师的实力。后还在东京、大阪、香港、纽约、广州和天津巡回展出。《IDEA》1981年7月号第167期再次以6页篇幅评价了香港设计。日本在第64届东京奥运会与第70届大阪世博会后已成为设计强国，香港当年的设计虽然不能与之相比，但在整个东亚地区也是老二。

20世纪70年代末至80年代，中国台湾为了适应外向型经济的发展，将"工业设计及包装中心"撤销，取而代之的是"对外贸易发展协会"产品设计处，负责企业产品设计及包装的推广、优化。次年由其主办的《产品设计及包装》专刊创刊，大专院校工商业设计科系毕业作品合展更名为"第六届大专院校工业设计联合巡回展"，主题为"工业升级与工业设计"。"对外贸易发展协会"一面组织深化讨论"如何运用外销产品与包装设计塑造企业之新形象"问题，一面举办外销产品与包装优良设计选拔暨展览。

1983年，国际工业设计协会前主席阿瑟·普罗斯到访，并举办了专题研讨会。这是台湾设计行业力图引入更多西方观念来充实自己的又一重要举措。

除了"对外贸易发展协会"的工作之外，还有两个并行的工作组织，其一，"工业设计协会"的主体职能是扩大区域合作，以其影响力让全球了解台湾地区的设计能力，同时参与亚洲区域会议，该会议是在国际工业设计协会主导下运行的活动，目标是将不同区域的设计观念及设计举措进行交流和促进。1983 年，以 "工业设计新产品" 为主题的区域会议在台湾举行，是年正是 "中化电脑中心"、"对外贸易发展协会" 产品设计处共同开发个人手提式电脑——敏捷（MAGLC）PB88-S19 通过美国联邦通讯委员会检验；其二是 1980 年成立的 "台湾发明人协会"，主推 "发明创作奖"、"发明开发奖"，该协会曾参加了世界各地的发明展，在第五届纽约 "世界发明奖" 中夺得 5 枚金牌，日内瓦第十一届国际发明展夺得 3 枚金牌和 25 项奖。该协会配合地方政府 "标准局" 举办了 "第一届发明展"。

20 世纪 80 年代中后期，中国台湾地区设计十分活跃。1984 年中国台湾地区 "对外贸易发展协会"（下简称 "协会"）产品设计处与日本机械设计中心共同举办 "产品设计与表现技法" 实务研习班，由日本机械设计中心工业设计家清水吉治、助理栗板秀夫讲授课程。

同年，协会还与日本机械设计中心联合举办 "产品设计座谈会"。主题为 "如何建立台湾地区电器产品在日本市场之优良形象"。中国台湾地区方面有 "电工器材公会"、"台北市电脑公会"、中国台湾地区 "工业设计协会" 及 "对外贸易发展协会" 的代表参加，日本方面有日本机械设计中心组成的 "日本设计师考察团" 成员参加。

其特点是针对中国台湾地区未来在国际市场上有竞争力的行业，借电子产品兴起及国际产能转移的时机，提升其产业竞争力。这一做法一直延续到 20 世纪 90 年代末期。

为了迎接 1995 年在中国台湾地区召开的国际工业设计协会年会，由 "对外贸易协会" 主导与雅马哈摩托车公司合作设计未来的交通工具。1993 年 "对外贸易协会" 实施小欧洲计划。

第二节

设计政策为"经济小龙"注入持久活力

中国台湾的工业发展自 1986 年以后，在外在环境中遭遇到极大的转变，尤其是台币对美元的升值，对外销导向的产业界造成很大冲击。另一方面因为岛内集资过多，土地、股票上涨到金钱游戏的地步，制造业的劳动力都转到服务业，使得制造业人力不足，工资每年约增长 15%，使台湾不再是一个拥有廉价劳动力的地方。再加上社会对环保的要求，以及银行利率的上升，台湾的制造成本大为提高，没有办法再做便宜的东西了。为改变这种状况，从 1987 年起，"台湾产品设计周"扩大为"台湾产品设计月"，增加了"国际优良设计作品观摩展"。在工业界的人才结构方面，台湾 250 万工业从业人员中，工程师只占 5%，非技术性劳力占 55%，所以台湾的工业还是比较偏向装配性、劳动力密集型的工业。未来工程师在比重上要赶上先进国家的 10%，还需要大幅度改善。

至于技术的提升，不只是开发产品的技术，也包括生产的技术、设计的技术、品质的技术等。简言之，目前产业界对提升技术方面的投入，只有营业额的 1%，而先进国家则为 3%-5%。

因此，除了从业人员每人每年产值需要增加以外，首先在人才的培养上要下功夫，工程师的比重一定要占总从业人口的 10%-15%，这包含了研发和生产两个方面的工程师，而非技术劳动力（作业人员）则要降到 40% 左右。

其次是研究发展的投入，要从目前营业额的 1% 提高至 3%。欲完成这个目标需要更多的努力，此点在政府与民间之间均有了共识。

在国际上，必须要让别人了解台湾正往升级的路上走，了解台湾非常重视设计和产品品质。台湾的产品要在国际上打出形象是十分困难的，因为台湾95%的企业为中小规模，而且过去基本上为委托代制型，要打国际形象牌则很艰苦。

为了改变此种状况，一方面基于升级本身的需要，另一方面也为了要在国际上让人了解台湾追求的是高级产品，因此政府推出了三个重要的计划：

第一个计划——《五年全面提升工业设计能力计划》

本计划于1989年7月开始，由政府在工业发展的转型期中，为辅助企业改善产品质量，协助企业的产品计划及开发而推动。

计划目标：

①培养符合台湾地区实业界实际需要之工业设计人才，使之成为台湾产业未来发展的主要力量。

②建立完整的工业设计咨询服务网络、各种设计规范及标准，据此改善台湾制造产品在国际市场之竞争力，从而塑造台湾产品设计之新形象。

③结合台湾地区及国外设计专家，以示范性工业设计实务为基础，给台湾产业新产品开发导入工业设计之观念及确立未来设计发展的方向。

④充分加强地区内外工业设计交流，鼓励创新，逐步建立台湾产品在国际市场之声誉。

工作项目：

①以院校为基础大力培养工业设计的专门人才，包括就职前训练计划、在职训练计划、电脑辅助设计计划、短期研究班计划。

②由成功大学、台北工业专科学校负责，重点研究岛内外工业设计成功的案例，包括产业的设计技术调查计划、工业设计资讯服务计划、工业设计发展研究计划。

③由地区政府主导对企业进行工业设计的个案辅导，包括产业与个案设计开发顾问计划、台北国际交叉设计展、产业间交叉设计展、工业产品设计辅导计划。

④由台湾地区外贸协会产品推广中心负责，广泛进行台湾设计的宣传与推广、包括优良设计与产品选拔计划、"台湾产品设计月"活动，"新一代设计展"。

第二个计划——《五年全面提升产品品质计划》

该计划由生产力中心总管，并结合学校、研究单位和产业界，系一项全面性活动，此计划亦和多项国际活动相结合。

计划目标：

引进欧洲品牌与设计，结合台湾的生产技术，提高台湾产品在国际上的竞争力，并培养欧洲品位的设计人才，提升台湾的设计能力，提升产品品质。

具体工作：

①参加国际产品设计展览。

②举办国际设计展览及国际设计研讨会。

③推动"国际设计师联谊会"开展工作。

④参加世界工业设计协会1991年南斯拉夫国际大会，争取1995年设计年会之主办权。

第三个计划——《全面提升国际产品形象计划》

该计划亦称《提升"台湾制造"产品形象计划》，工业设计和品质两者是十分重要的，看起来是功能性的工作，但普及面非常大，而且两者在创造产品的附加价值方面亦扮演着重要角色。

该计划主要包括以下几点：

①以全面提升台湾产品在国际市场之形象为主，必须充分体现产品的"产业形象"、"优良品牌形象"。

②协助企业提升企业形象与自创品牌，举办"国际企业形象与设计"研讨会，对外发表商业设计相关咨询。

③协助农政单位改善农产品之行销设计，为改善农业结构，发展精致农业之政策，执行《发展农村小型食品加工事业示范计划》，协助各农会重塑形象及产品包装。

今日台湾产业界不愁基金，不愁设备，更不愁技术，仅为劳动力报酬高升、人力不足发愁。有些经营者的观念跟不上时代潮流亦是一愁，早期的经营方式、人事管理制度以及员工福利等均需有完善的地方。

提升工业设计能力是振兴产业界改革的重要一环，设计能力提升的目的在自创名牌，这既非官方的责任，亦非消费者的责任。岛内上下包含消费者都在台湾产品之形象、品质、价格与是否能国际化之问题上加以重视。

台湾企业形态已走向国际化，产品也以国际市场为舞台，希望出口的产品都能与其他国家一较高下，在国际市场上占有一席之地。

第三节

港台地区的设计观念的激活与互动

　　未来的10年是台湾地区推动的《全面提升工业设计能力计划》《全面提升产品品质计划》及《全面提升国际产品形象计划》陆续完成之时。正是凭借这一系列政策，台湾地区向世界宣布工业设计脱胎换骨之时机，借着主办世界设计大会，将可在世界范围内达到全面宣传的目的。

　　1979年，香港新华社召集约8人的"香港设计师与教育工作者交流团"赴广州美术学院进行为期3天的设计讲座活动。由王无邪担任团长，靳埭强任副团长，联合多位理工学院讲师和夜间课程的兼职讲师，由新华社下属美术社社长尹沛文陪同北上。交流团一行人带着丰富的幻灯片、参考书刊及新买的放映机（赠送给学院），对设计概念新思维、基本设计现代美学教育、设计实物（商业与产品设计）、案例分析等课题畅所欲言。在此过程中，靳埭强还坦率地对工艺美术和装潢等名词及教学观念提出批评，得到众多与会者的共鸣。这是一次香港设计与内地南方地区的破冰之旅，两地人士各抒己见，畅快交流，讲座取得巨大的反响和成功。

　　两年后，由正形设计学校组织，靳埭强任团长的香港教师团再次访问广州美院，还将前文提及的"现在香港设计展"陈列在美院的展览馆，让内地同行欣赏。靳埭强在全国包装协会年会上发表的中银商标与补品店包装等案例大受好评。同年，香港设计师协会"'设计'86"双年展亦于广州美院展出。作为协会主席的靳埭强又带领交流团进行多场讲座。频繁的设计学术交流活动，为南方改革开放初期带来了丰富的资讯和借鉴，并进一步推动了内地设计界的革新。在临近香港的经济特区与南方省会，在改革开放后不到10年时间里，就义无反顾地推陈出新，呈现出朝气蓬勃的景象。香港设计界的无私奉献值得记下一功。

香港设计业与珠江三角洲的渊源，始于20世纪80年代工业发展下创作者与制造者的关系。90年代初，国内进入改革开放时期，深圳成为经济特区，全国人才涌入，带动新兴产业发展，其中印刷业的兴起不但有利于深圳设计业的发展，基于商业项目的需要，更促进了深港两地设计人才的交流和合作。

虽然深港只有一河之隔，但两地设计业的正式交流，始于1992年在深圳举行的首届"平面设计在中国展"（Graphic Design in China，GDC）。活动由深圳市平面设计协会创办，1996年又举办了一次，不乏港澳台设计师参与。

1991年《台湾创意百科》丛书出版，作为发行人、召集人的王士朝在其前言中写道："在这5大册的年鉴内，大家可从每件佳作中体会出这几年来，身为创意人的各位朋友，为着追求各自的最高目标而绞尽脑汁地提出了各个优秀点子，以完成时限所计划的成绩，对于提升国民生活水准及促进社会各行业的发展贡献匪浅。而我能肯定地说，这套创意百科会是提供探讨研究我们这个年代中，所呈现设计面貌的最佳史料。"[101] 而作为总编辑的杨宗魁则认为：其丛书的发行，首先是给设计师一个空间发表设计作品，提供同行互相观摩的机会；其

---

[101] 王士朝为《台湾创意百科》所作序，1991年。

▲《台湾创意百科》中收录的案例。上图为郑志浩设计的花舞香皂礼盒包装，
下图是萧多皆设计的台湾电子公司在海外销售产品的各种包装

▲浩汉公司按1:1油泥模型设计制作交通工具的现场及最终完成的摩托车

▲浩汉公司设计的金龙牌大型商用客车，微笑的前脸部和两侧线条设计奠定了产品的风格

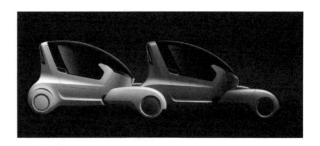

▲宙庆工业设计公司设计的奇瑞新能源概念车，由两个单元组成，当两个以下人出行时可驾驶其中一个单元，多人出行时可再加挂一个

次可以作为地区工商业者应用、采购设计的指南；再则可以在国际交流过程中强化地区设计师的优良形象，提升其在国际上的地位；还有就是可以作为教学的案例。

4年以后，《台湾创意百科》丛书再度编辑出版，除了原有的包装、广告、摄影、插图、商业设计外，增加了企业形象设计，共计6册。特别值得注意的是王士朝提出了对于台湾设计的发展必须进行反思的观点，虽然他没有更系统地上升到理论层面，但是也可以看出他的真情实感。历经一轮跨越式的发展以后，出现问题是必然的。

随着中国台湾与中国大陆地区同行交流的日益增多，这套丛书也随即被介绍到大陆，其设计对于大陆设计师而言是一个标杆。当时大陆设计师几乎都认真研究过这两套丛书，也认真反省了自己的设计观念。随着设计工具的更新，大陆的设计师已经能够从台湾地区同行的发展历程中看到自己未来的发展方向和目标。1998年，第三套《台湾创意百科》丛书出版。

在产品设计方面，1988年成立的台湾浩汉产品设计公司（以下简称浩汉公司）对大陆影响最为直接。这不仅因为浩汉公司在上海安亭开设了子公司，更由于其随同台湾经济发展方式骤变而华丽转身后沉淀的设计观念和创新意识，顺应了当时大陆同行的思考，使不少原来犹豫徘徊的设计师毅然走上了设计服务道路。

浩汉公司创立初期被称作"技术扎根"时期，主要与意大利、日本等相关公司合作，引进产品模型制作标准，建立设计程序及技术手册，在计算机辅助设计、计算机辅助工程设计方面独树一帜。90年代中后期，在总经理陈文龙的带领下，公司进入"市场开发与经营"时期，其出版的《搞设计》一书集中体现了这一时期建立设计专案管理模式，服务产业发展的思路。在"国际化布局"时期，浩汉公司在意大利米兰及中国上海设立了子公司，建立了设计知识管理应用平台。这一时期，陈文龙广泛受邀在大陆各种论坛、会议上介绍浩汉公司的设计，大陆设计公司纷纷到他那里学习、取经，而院校毕业生都以到浩汉公司实习、工作为荣。浩汉公司持续的影响力还来自后来在国际上夺得了德国 iF、红点、IDEA 等国际大奖。陈文龙本人也大量参与国际工业设计协会的活动和台湾创意设计中心的活动，使其成为了两岸机构交流的中介。像浩汉公司这样影响大陆设计的还有青岛统力星投资公司旗下的宙庆工业设计有限公司，它走过的道路与浩汉公司几乎相同，设计领域从汽车到消费类电子产品，但真正倚重的是为汽车、摩托车制造厂制作 1:1 的实物模型。在为中国一汽、北京吉普、长城汽车、钱江摩托、建设摩托服务以后，宙庆工业设计公司由其设计总监挂帅，为奇瑞汽车设计了概念车。

服务于苹果公司的萧铭楷先就职于华硕公司，后来长期在上海经营设计公司。他的"手感经济"理论曾经影响过中国一大批从事 3C 类产品的青年设计师，其理论有较高的完整性；王炳南、李淑君等台湾平面设计师在大陆均有设计公司，他们曾经以"印象台湾"海报设计活动为契机，在大陆展开各种商务活动和讲座。台湾师范大学林磐耸教授等人翻译、编写的有关企业形象设计的书籍传入大陆，成为这方面设计的重要教材。

20 世纪 80 年代初建立起来的两岸三地设计合作、交流在以后的"香港营商周"、深圳申办设计之都、深港设计双年展、台湾设计金点奖、中国设计红星奖等方面都得到了充分的发展，除了各种设计活动交流以外，还有各种具体的商务设计工作，将中国大陆地区、中国港澳地区、中国台湾地区的设计师进一步联系在一起。

第七章

中国现代设计思想资源的充实与更新

第一节

实体化的中国现代设计观念

1. 更新设计观念是产品发展的原动力

苏州长城电扇总厂（以下简称"长城厂"）是较早确立设计概念的企业之一，其发展可划分为四个阶段：三轮电扇大战及大力开发第二代支柱产品。然而工业设计从引入、参与、协调直至贯穿经营活动的也恰恰为四个阶段，与前者形成了一一对应的关系。这是事物发展的规律，还是偶然的巧合，暂且不予论定，但可以肯定其中存在着极其必然的内在联系，那就是工业设计思想观念在生产经营活动的发展中渗透得更加广泛、更加深入，并直接参与经营决策，贯穿于生产经营的始终。

　　事物的发展都有其客观规律，从参与、协调到贯穿始终在表面上反映了量的变化，但从企业的发展形象而言，确确实实体现了质的变化，即再也不是被动的、简单的造物行为，而是创造性造物行为。长城厂的设计活动也跨越了由表及里的发展过程。这是调整认识的阶段，也是观念更新的阶段。从广义上讲，它指在生产经营活动中，包括计划、销售、产品开发、培训、组织等；从狭义上讲，包括开发的立项、方案制定、开发的方法与程序、专业人员的分工配备及组织等。可以认为，如果仅将设计作为一种手段来应用，而不是作为一种崭新的观念和方法论来指导企业的经营活动，则是一种短期行为，充其量只能停留在初级阶段——造型。这正是当时被最大程度接受的那可怜的一部分。长城厂虽然也受其干扰，但终究跨出了大大的一步，将其作为一种宏观意识指导企业的生产经营活动，积极进取的工业设计人员也通过自身素质的完善奋力地跨越这最初的阶段。全员素质的提高保证了设计作为一种规划，这种规划体现在每年投放市场的产品类别、品位及时顺应时代发展的需要，顺应不同层次人们不断提高的物质需求和精神需求，并逐步转向引导市场，反映出提高人们的生活质量、改变人们的生活方式和工作方式的超前意识。这确确实实是一种系统工程，没有崭新的设计观念是绝对办不到的。

　　该厂主要设计师汪道武先生认为：设计是对产品功能、材料、构造、工艺、形态、色彩、表面处理、装饰等诸因素的考虑。通过社会、经济方面要素的综合，使其既要符合人们对产品的物质功能的要求，也要符合人们审美情趣的需要。这是人类科学、经济、艺术有机统一的创造性活动，无论是企业领导还是专业人员都应真正体会其真谛，一知半解式的小打小闹是对设计的曲解。

　　长城厂有两个开发部门，即电扇开发部、小家电开发部（设置两个开发部门的本身已体现了一种创造性的规划行为），每个开发部门都设置了"工业设计科"，配备了较齐全的人力物力。对改进型产品，工业设计科负责方案设计，根据方案的需要，由所需专业汇同完成，其终端是保证方案的实现。对创新型产品，工业设计科承担前期开发的调研及预想，从生活方式、工作方式的角度去规划提出课题，技术开发同步式交叉进行，去佐证预想能否实现或经修正后能使其得以实现。此时工业设计思想必须贯穿始末，这中间包括功能的制定，操作方式和材料的选用，尺寸和形式色彩的视觉效果，以及与之协调的产品说明书、包装等。否则各专业背对背地工作只能导致物与物之间机械地叠加或被动式的补充，其后果不言而喻。[102] 长城厂设计师汪道武先生自身具有很高的艺术修养，曾经在广州南方工业设计事务所从事过产品设计，其间带出了许多中国设计的骨干，如在上海创建指南工业设计公司的周佚。当时这些开拓者以其自身的努力在更新设计观念的同时还将这种观念转化为具有市场价值的产品。

2. 独立设计机构彰显巨大活力

与此同时一批独立的设计机构应运而生，广州南方工业设计事务所是最早的试水者。1988 年在《关于南方工业设计事务所注册申办报告》中写道：珠江三角洲地区经过 9 年的发展，已具备了参与国际市场竞争的能力，开拓国际市场遇到的第一个问题就是新产品的设计与开发。以往的"三来一补"式工业生产是外商提供样品、技术和设备，国内企业以密集型劳动从事加工，产品的附加值和利润多数为外商所

---

[102] 汪道武：《"长城电器"与"工业设计"》，《设计新潮》杂志，1992 年第 4 期，第 36 至 38 页。

得。目前珠三角地区企业已经认识到独立自主地进行新产品设计与开发是今后发展的必然趋势，对于提高企业的应变能力和竞争能力都是极为重要的。南方工业设计事务所对自己未来的定位是"以工业设计的智力劳动参与并促进珠江三角洲地区为中心乃至中南地区的经济发展，直接推动企业的新产品设计与开发工作"。[103]

事务所法人是从国营广州白云电子厂辞职的副厂长吴新尧，发起人还有王习之、童慧明、刘杰、阚宇。同时集聚了一批机电、结构工程师。1991 年，时任中国工业设计协会副秘书长叶振华任董事长。由于当时缺少现实的设计公司运作研究样本，事务所成为了所有行业相关人员关注的焦点，而凡有志于中国设计事业的年轻人都以进入事务所实习为荣。冯娴整理的"南方之树"谱系中表明，在以后中国设计中占有一席之地的"习之设计实业公司"、"雷鸟产品设计中心"、"广州造型坊有限公司"、"创新设计中心"、"指南工业设计"、"点彩设计公司"、"元方设计"、广州美术学院"集美工业设计"乃至广州美术学院的设计教育发展等都与南方工业设计事务所有着密切的传承关系，其创始人、核心成员都来自前者。

深圳蜻蜓工业设计公司是由俞军海等青年人合伙开设的，并与深圳经贸局合作，人员以国家干部调动方式进入。"蜻蜓"英文名为 dragonfly，而 dragon 又有"龙"的意思，蜻蜓是复眼，较之常规眼睛具有更加宽广的视野，创始人的创意思路是要以一双慧眼去观察世界、观察生活，避免因近视眼而产生的"短视"行为。[104]

---

[103] 对叶振华先生的采访以及冯娴在《艺术与设计》杂志上介绍《南方工业设计事务所——对中国第一间工业设计公司的调查》，《艺术与设计》，2003 年，第 57 至 59 页。

[104] 赖良：《深圳归来话蜻蜓》，《设计新潮》，1993 年第 5 期，第 2 页。

266

　　他们是这样想的，从日后从事的工作及效应来看也是如此。俞军海及公司总设计师傅月明均毕业于中央工艺美术学院八里庄研究班，是我们国家第一批工业设计硕士学历拥有者。这批人有理想、有抱负，对工业设计的热情接近狂热的状态，在众多同学选择到学校任教之际，他们选择到深圳创业，以工业设计的实体公司来实现自己的专业梦想与财富梦想。俞军海在创办蜻蜓公司后，既是设计师又是设计经营、管理专家，无论谈吐还是平时商务活动中的待人接物，更多地透露出一种随意、激情与多愁善感、口才滔滔的艺人气质而不是商贾。[105]他曾总结，好的设计师必须是 30% 的科学家，30% 的艺术家，10% 的诗人，10% 的商人，10% 的推销员，10% 的事业家。

　　基于这种理念，蜻蜓公司的活动既有一般的商务洽谈、业务推广，也有与深圳经贸局共同合作的工业设计概念推广的论坛，接待世界各地设计代表团、同行来深圳考察，到企业宣讲工业设计作用的活动，公司几乎涉及了行业协会、院校等所有相关功能。当然这种付出在商业上也得到了丰厚的回报。在与俞军海的交流中得知，他很早就构想了若干个"设计工程"来破中国设计之难题，例如中国家庭轿车的设计与制造、铁路车辆与环境设计、通过家用电器产品更新提升品牌等。客观地讲，俞军海的思考既有战略目标，也有现实的考量。当时在中国仅靠设计方案赚取设计费是十分微薄的，即便是在今天也是十分艰难，俞军海较早洞察到这一点。另外在中国最大的难题是设计执行，仅靠制造企业，即便是设计采用购买方式，自身尚不具备从"生产"到"渠道"、"品牌"等诸多环节的完整流程，从而使好的设计流产，

---

[105] 黄培庆：《设计是一种爱的行为——南行蜻蜓公司随记》，《设计新潮》，1993 年第 5 期，第 31 页。

所以逼着他必须思考"全产业链"的工作方式。[106]

俞军海具有"平台"意识，他从上海聘请到了优秀设计师，又说服当时的一些制造企业与蜻蜓合作，甚至还搞到了可观的资金用于他所构想的"设计工程"的预研究。这种"战略"几乎是当时工业设计公司的通用方法，而蜻蜓以快取胜，抢占了先机，而后期开始热衷于制造产品目标的设计的转型则又是另一回事了。

"设计工程"既是一种设计理想的载体，也是蜻蜓设计的取财之道。当时生产金星牌彩色电视机的上海电视一厂得益于国家优先发展电子工业的政策，在较短的时间内完成了生产技术的引进，又得益于人民生活改善的迫切需要，很快实现了原始的资本积累。在这个过程中发现"设计"正是国外品牌电视机创造附加值、赚取利润的关键所在，因此较早地提出了要重视工业设计的十点做法，并由当时任研究所副所长的陈梅鼎负责实施。[107]

陈梅鼎先生推荐由蜻蜓公司来设计一款 28 吋金王子彩电。这是我们国家首款大屏幕彩电产品，负责操刀的是公司总设计师傅月明。

一位港商看了傅月明设计的 28 吋"金王子"彩电（外形）后，被其新颖、流畅、简洁、明快的设计语言所折服。那强烈的东方情调和个性造型融入了中国的情绪，散发出浓浓的人情味亲情味，这不是简单模仿和借鉴所能企及的，是一个成熟设计的标志。令行家们赞叹的是，傅月明对于模具制作的娴熟，设计构思的巧妙，材料运用的到位，不仅合理、经济，而且成熟老到，蕴含着一种设计潜能和智慧火花。

---

[106] 俞军海采访。

[107] 陈梅鼎：《上海电视一厂重视改善设计的十点做法》，《向工业设计要经济效益》（内部资料）上海市经济委员会科技处，1991 年，第 57 页。

难怪一位精明的港商要请傅月明替他设计一个比"金王子"更大的 29
吋彩电,这在设计产业高度发达的港埠也许是破天荒的事,改变了以
往我们一些同胞的设计靠境外的观念,大陆设计终于赢得了境外同行
的承认。

在总结设计体会时,傅月明认为,工业设计最重要的一点是设计
的"人性化",要让消费者读懂你的"设计语言",达到一种沟通和
共鸣。这里,傅月明所说的"设计语言",也就是一种物化的观念和
文化。工业设计在我国起步较晚,但已显露它的勃勃生机,正在产生
巨大的能量——它是企业在市场经济中打开双重效益大门的钥匙。基于
这种共识,傅月明说:"今日的设计师正迈入一个充满全新挑战与责
任感的时代。"

市场竞争是不分国界的,开放的中国,笑迎八面来客,正与国
际市场接轨。有鉴于此,我们所面临的设计竞争,实际上是面对世
界设计的挑战。作为一个中国设计师,看着别国的产品充斥中国市场,
堆满货架,岂能熟视无睹,无动于衷?在交谈中,傅月明不时流露
出想改变这种状况的强烈责任感和使命感。他说,我们现在处于被
"设计"——进口产品的包围之中,市场在呼唤中国的设计师拿出设
计产品与进口产品去竞争。于是,傅月明瞄准一个个目标不懈地努力。
由他设计的折叠式台灯不仅在国内畅销,还被二十几家国内企业仿
制,而且在西德正规灯具商店里有售,价格并不低于国外同类产品。
如折叠灯每只要高于国内零售价约 6.5 美金,卤素灯要卖到 13.5 美
金 1 只。当总经理俞军海将在国外所看到的一切告诉傅月明时,他
只是欣慰地一笑:"这算什么呢!我们要在大的工业产品设计方面
有所突破才行。"

为改变上海保温瓶设计长期徘徊不前的落后状况,傅月明开动脑

筋，很快拿出两只式样灵巧可人、功能款式俱佳的保温瓶，在众多的参赛设计中获奖（获上海轻工业局一等奖和二等奖），并迅速投入生产，获得好评。傅月明的设计特点被行家称作"交钥匙设计"——从效果图、结构图到开模具、出产品一次性到位，即设计完成就可以马上投入生产。

20 世纪 90 年代，企业的设计观念大为改善，特别是由无线电收音机设计发展而来的电子工业产品设计。由于最早确立了基本的设计构架，即一人负责线路设计，一人负责材料设计，另一人则负责造型设计，所以他们能够比较理性、逻辑地演绎产品的特点，也能够自觉地关注使用者的情感审美需求，实质上已经触及产品设计中"使用价值"、"感性价值"两方面的实质问题。也是他们，最早倡议成立中国美术设计协会的行业。

这些转换在轻工业、电子工业产品设计方面表现得尤为突出。其原因如下：

一是在近 10 余年中，这两个行业发展最快，且由于行业的性质，感性价值的设计一直是其取得市场成功的重要条件，这些行业的设计师历经多年的实践及反思已经总结了一些方法论。原南京无线电厂设计师哈崇南先生曾撰文讨论产品设计中"视觉中心的设计"，从文章标题来看，似乎移植了艺术作品画面视觉中心的概念，但仔细阅读却可以发现他是在与"使用价值"相关联的情况下讨论了"感性价值"注入的路径。

首先他认为：形成视觉中心的要素是功能价值地位、表面位置、大小、对比和密度。同内部功能结构相关联的产品外表部分，紧密地体现着功能作用在整体产品实用功能系统中的价值地位，它往往是影响这一部分能否成为视觉中心的最有力的因素。由于欣赏价值同实用价值错杂在一起的交融性质，又往往会使视觉中心必然具有重要的功

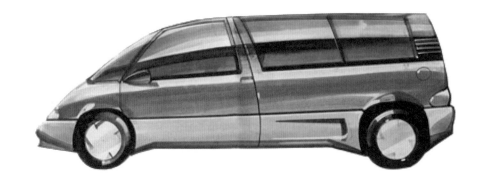

▲ 图为针对中国市场需求开发设计的汽车，是蜻蜓公司的长久的理想，此图
为公司设计的中国家庭汽车预想图

▲ 国际著名设计师卢吉·科
拉尼到访蜻蜓公司，与俞
军海（中）、傅月明（左二）
交流

能地位。同时在级次上却不一定是对应的，设计师拥有一定的任意选择的主动权。如收音机的基本功能是接收节目和还原放声，接收广播节目需要通过眼睛观察信号频率刻度来搜寻电台。由于功能和欣赏都需应用视觉的一致性，于是频率度盘最有可能作为视觉中心的选择对象。将度盘予以强调突出的设计，其效果一般优于其他方式。

造型密度是在一定空间中所包含的各种线条、色彩、肌理等造型要素构成的差别数量。视觉中心需要比较高的密度，也就是要有一定的复杂性。在现代工业产品的指导原则中，简洁的造型设计尤其不容忽视。人们的视觉既有要求简化的一面，也有追求复杂曲折的一面。频率度盘若只是空旷而没有刻度数字线条的平板，就不能成为视觉中心。电视机和电子计算机的终端显示装置的情况很特别，将占据前脸空间比例大部分的屏幕认作视觉中心，而那是依据开机时屏幕上出现的图像符号作为注视的中心这种事实的经验转换而来的。其实在造型评价，真正欣赏电视机本身形象的时候，恰是处于关机状态，屏幕仅为一片空白，非常缺乏造型密度，倒更近似于视觉背景，所以是一种幻觉的联想中心。设计者采取的补偿措施，一般是将控制电源、音量、频道等控件与指示设施组织成为密度较高又较集中的视觉单元，作为视觉欣赏的事实的中心。

第二节

'91 多国工业设计研讨会

'91 多国工业设计研讨会是中国第一次高层次、国际化的专题研讨会，也是第一次与世界上设计领袖的直接对话，它为 20 世纪 90 年代中国现代设计观念的更新打开了一扇大门，而不是像以前只是打开了某一扇窗。这次会议使中国设计行业能够完整、全面了解其意义、作用，通过与国际一流专家的直接对话以及研讨会的文献懂得了设计发展并非只有一种通用模式，世界各国应根据自身的情况制定设计振兴策略，考虑推进方法。

本次研讨会的发起其实是缘于设计观念的困惑。此时，中国对设计本体的关注已经聚焦，战略上也已经明确了其作用，同时也看到了国外设计战略直接催生了"优良产品"、"品牌与企业形象"的结果，但这些好设计究竟是怎样炼成的却是众说纷纭。再看各个高校的设计教育也是面貌各异，参与研讨会的各位专家均各执一词，多聚焦于设计概念的讨论而无视全球丰富的设计现象。由于每一位专家留学国家、学院背景的相异而产生了不同观点的争论，而其教学理念、方法乃至教材均明显留有国外某一院校的固有特色，缺少包容性。

在轻工业部所属高校的带动下，原国家教育委员会（后改称教育部）及其他部委所属高校、各地轻工业局、第二轻工业局所属院校也开始逐步思考如何应对未来的设计人才培养问题。当时国内的设计类中专学校一般为工艺美术学校和轻工业学校，为各地轻工业局或手工业局（后称第二轻工业局）所属系统工厂提供专业的技术工人。在 20 世

80年代以后均已转型开始培养包装设计、造型设计、家具设计人才，以适应本系统对设计的需求，但主要培养操作型人才。经历多年办学后也正思考进一步发展的路径。作为'91多国工业设计研讨会的两个主办方，华东化工学院（现为华东理工大学）、上海市工艺美术学校（现为上海工艺美术高等职业学院）是面临这种状态的单位。前者在本校推行了一系列的教育改革，力图改变1952年全国院系调整中照搬苏联模式而形成的单一学科院校的状态，力争在今后几年内朝着以化学工程为特色的综合性理工大学发展目标进军，同时达到文理相通的状态。在这种条件下，其工业设计系建设有了较好的前提条件，又因为这一类学校缺少老一辈设计专家权威的传承和学术基础，因而比较容易嫁接新的学科，接受新的观念，不必像纯美术院校那样一定要历经所谓"艺术"加"设计"或"现代工艺美术"的过渡期。当时系主任陈平老师已在学校改革过程中承担了艺术史的教学，部分教学内容已涉及人类学、设计学内容，这在当时学院教学管理层面均能接受，因而再提出直接建立工业设计系也无可非议。同时在学院改革中需要新题材，学生培养目标得以更新是其设想举办多国专业研讨会的前提。

后者实质上比前者有更扎实的技术基础，该校在20世纪80年代扩展专业后，一直派出学校老师到中央工艺美术学院、广州美术学院进修，较早地引入了三大构成教学。更由于深受包豪斯思想影响的罗兴先生的大力呼吁，加之缪鹏飞、余友涵等老师的现代艺术观已深入到基础课教学中，再有朱孝岳先生在传统的工艺美术理论课中已拓展了大量现代设计的内容，以上所有教师不约而同地聚焦于包豪斯的理论与实践。后期学校利用与上海企业的密切联系，请企业设计师来校兼课是一种常态。颜鸿蜀老师当时请中国包装技术协会黄环秘书长来校讲学直接带来了国外考察的成果，广州美院王受之教授较早就到该校讲课，日本东京造型大学、日本经济大学、无锡轻工业学院、中央工艺美术学院的老师来校讲课也始终没有中断过。

另外随着学校青年教师在浙江美术学院、无锡轻工业学院、中央工艺美术学院完成了学历、学位课程学习，[108] 学校各专业教师开始发挥特长，跨专业授课，使得现代设计的观念得到"病毒"般的传染效果。虽然地处上海北郊小镇，但上海市工艺美术学校始终保持着良好学术精神。杨耀老师对新的理论特别敏感，当时普利高津耗散结构理论刚在国内翻译介绍不久，便由其做大肆宣传，之前还鼓吹过系统论、协同论等学说，对这一类做法，学校从领导到教师都予以了宽容。[109]

如果说华东化工学院是因为逻辑推理建设新专业遇到障碍而渴求注入新的思想的话，那么工艺美校则是在行动中希望有新的方向标，更希望能够注入新的观念，摒弃陈旧的方法，从而形成一种新的"耗散结构"。

如果将上述因素作为必然因素的话，那么还有本次研讨会始作俑者的一些偶然因素。因为几位发起人都没有留学国外的经历，只是依据国内设计发展的情况来判断，预感到未来的设计不仅是靠设计师、制造企业的自身努力，还应该有其他要素的作用。但究竟是哪些要素、如何形成良好结构都一无所知，希望从与会的外国专家的介绍中得到

---

[108] 轻工业部在 20 世纪 80 年代中期，针对全国轻工、第二轻工系统所属工艺美术学校、轻工业学校等教师大部分学历较低，但又切实承担着具体教学任务的情况，分别由无锡轻工业学院、中央工艺美术学院开设大学专科起点的本科学历教育，定向招生、定向培养工业设计、服装设计专业师资。同时有条件的中专学校还自行联系了高校培养大专学历的师资。

[109] 新的理论带来的观念与传统观念有冲突，直接反映在课程设置、教育方法上，上海市工艺美术学校领导通过开辟"教学特区"，让青年教师实验新的教学思想和方法，同时鼓励新老教学方法融合。

答案。这种渴望在陈平与 GK 设计集团总裁荣久庵宪司的对话中可以强烈地感受到。

　　荣久庵宪司（以下简称荣久庵）：这几天我到了上海的许多地方，作为会议执行主席，在我主持的讨论中，贵国与会代表的论文水平很高。我的印象是上海很美，上海人了不起。但是，为什么上海最好的建筑和最好的商品大多不是上海人设计的呢？

　　陈平：上海人首先是劳动者。这种劳动成分中有多少属于设计智力的成分确实不好说，这关系到上海工业设计体制的建立和组织的健全。

　　荣久庵：我刚刚访问了上海的一个设计部门，他们说，政府看到了生产的增长没有带来效益合理增长的情况，但却没有正视工业设计问题。实际上，"适销对路"和"提高质量"的关键还是工业设计问题。刚才先生谈到设计智力在劳动中的成分问题，换句话说，商品在流通过程中所换取的价值，设计智力的成分越多，价值和附加值就越高，我很赞成。先生知道，战后几年中，日本的经济状况很糟。新政府一方面号召人民重建"一个文明的国家"，一方面却对被占领期间大量倾销的欧美产品束手无策。当然，在复苏经济的过程中，海外产品对日本设计的刺激确实很大。尽管战后日本的开放多少带有强迫的成分，但与"明治维新"后日本已初步建立的"双重生活方式"及大力发展工业设计的策略相汇合，这种好的势头就出现了。在 20 世纪 50 年代末，日本把"设计小偷"的帽子扔进了太平洋，逐渐完成了从模仿的工业设计向创新的工业设计转变的过程。现在，上海的城市规模和生活方式越来越现代化，为什么没有一个工业设计中心？我想，上海要有，北京要有，杭州要有……甚至应该有"设计省"（即国家主管设计决策和管理的机构）。

陈平：这是一个老问题，也是一个新问题。建国前，上海的设计与产业性质一样，大多是买办的，难得有"石库门"那样的建筑，适用又兼有民族性和引进性。建国后的相当长的时期里，我国较注意基础工业，尤其重工业的建设，较能引发工业设计发展的民用消费品的需求一直保持在一个较低的水平。很有民族、民俗传统的手工制品的设计也因基础工业的迅猛发展而受到限制，出现了较大的衰退。近百年来，上海一直为自己的"海派文化"而自豪，体现在设计方面，其特色便是古今中外兼容并包，个性温和，接受度高。这种特色曾在几十年里影响了几乎全国的生产方式和消费方式。然而，我国改革开放以来的十多年，已使业已形成几十年的生产和消费格局出现了极大的变化。上海邻近省份经济迅速增长和商品的大量输出，构成了原来扮演市场霸主角色的上海商品被挤、受压、遭冷落的局面。进口商品大量充斥市场，合资与独资企业由于产品面貌和销售手段略胜一筹，又加剧了这种情形。广东、福建两省在开发、引进中树立的经济形象取代了百年来上海作为最出色的开放口岸的地位。所以，新老问题加在一块儿，使原来就没有体制和政策保证的上海工业设计背上了沉重的包袱，步履维艰。

荣久庵：世界上没有完美的"经济医师"，上海的经济机体生了一些病，事实上，东京、大阪的经济机体也有病，只是病因不一样。我和先生是没有资格进行"会诊"的，主治大夫当然是市政官员，我们是从学科和事业角度出出主意的。您看，世界上大概有三四种振兴工业设计的做法。第一种，我把它叫作教育振兴法。如先生所知，英国就是这样做的，英国工业设计教育的传统坚持了一百多年，William Morris（英国设计家威廉·摩里斯，被称为"现代工业设计之父"）的徒孙们遍布英国企业的各个设计部门，甚至海外殖民地，他的"工艺美术运动"甚至影响了19世纪的整个欧洲，也影响了日本。这样，工业设计教育启动了企业，企业把设计的重要性反馈给政府，政府就伸出了两只手，一手搞教育，一手抓企业。前任英国首相撒切尔夫人不是说"工业设计对英国的重要性甚至超过了我的政府"吗？第二种是企业振兴法。也就是说，企业作为主力启动和发展国家的工业设计。这种例子很多，日本、美国都是这样，所以学术界说，日本和美国的工业设计先有实践，后有理论。企业要设计政策，就对政府施加影响和压力；企业要设计人才和研究，就求助于教育（高校和研究机构）。日本通产省和文部省制定的种种有关工业设计的法规都是这种状况的产物。第三种可谓政府振兴法。政府在制定国民生产和社会发展规划的时候，把工业设计放在突出的位置，甚至不惜工本。新加坡、马来西亚、泰国都开始这么做了。政府出于经济与社会发展的目的，也伸出两只手，企业和教育一起抓，台湾地区从20世纪60年代末就这样做了，我被当局或高校请去讲学好几次，所以我了解台湾的工业设计超过了大陆，这多少有点遗憾。要让政府直接抓工业设计，这是要有胆识的。新加坡、马来西亚、泰国或者台湾地区，他们介入国际市场和世界经济循环比较早，政府的压力来自于国际市场。

陈平：先生的观点十分清晰、有力。尽管我国的工业设计专家们也曾相应呼吁过，但是，这种呼吁针对的不是有效的"回音壁"，所以反响很有限。今天的多国研讨会，我们用多种声音（中、美、英、日等）唱同一调子，就是要振兴中国尤其是上海的工业设计，要看我们的听众是否能"和"上一曲。

荣久庵："和曲"就是共鸣。教育部门、政府部门和企业部门多声部合唱、合奏，那就会出现工业设计的 Synphony（交响曲）。普洛斯教授（同期出席本次多国研讨会的世界著名设计大师，前任 ICSID 主席，美国锡拉丘兹大学教授）说，美国现代工业设计的发展得益于二次大战战时设施与用品的设计需求，和 50 多年来不间断的"设计的奥林匹克竞技"。现在，上海是否应该齐心协力参与设计的"奥林匹克"竞技，并理所当然地去争夺"全能冠军"的殊荣呢？

具备多领域设计能力的日本 GK 设计集团在当代世界设计界中是一个十分活跃的综合性设计团队，其组织的名称 GK 是 Group Koike 的缩写。1950 年东京大学教授小池岩太郎、福田良一指导了当时在校学习的荣久庵宪司、岩崎信治、柴田献一、伊东治次进行立式钢琴及东京火车站站前广场的规划设计。这次合作形成了 GK 设计集团的雏型，他们用这次比赛所获得的奖金作为基本注册资本成立了设计团队，并以小池岩太郎教授（Lwataro Koike）的姓氏英文第一个字母命名，当时称为 GK 工业设计研究室。

日本的 20 世纪 50 年代被称作是设计的黎明时期。1950 至 1955 年的 GK 曾设计了以摩托车为主的交通工具及其他工业产品。由于在此期间 GK 成员合作设计的一系列产品受到各种奖赏，从而保证了 GK 成员的继续合作及组织的生存。1955 年美国建筑家康拉德·华各斯门

---

[110] 陈平主编：《走向工业设计》，上海科技文献出版社，1992 年，第 287 至 291 页。

来日讲学，荣久庵宪司参加，使得他有机会学习国外事务所设计集团的组成方法。1955年荣久庵宪司、伊东治次、柴田献一被派往美国留学，岩崎信治到德国乌尔姆造型大学留学。1957年GK工业设计研究室更名为GK工业设计研究所，注册资金56万日元。至1959年，产品设计、包装设计已独立成为GK内的研究室。

20世纪60年代是日本经济高度增长的时期，彩色电视机、空调、电冰箱三种被称作"神器"的电器走入家庭。在此期间，GK还参与了东京奥林匹克运动会标志、指示系统的设计，1964年，《现在生活空间的提案》研究获卡夫曼国际设计研究奖，并展开了一系列独立自主的从住宅到都市计划的研究，进行了工业生产方法的考察等。至1965年，GK资本已达1000万日元。1968年接受了为1970年日本世界博览会设计会场标志、指示系统等任务，这个时期GK的设计已从单纯的产品设计、包装设计走向环境等更广泛的领域了。GK的设计出现了从产品到环境到视觉化的一体化设计倾向后，开始推行CI计划（即"企业形象设计"），并有大量设计作品继续获奖。与此同时，GK就涉及设计的各个方面展开了研究，并出版许多著作与文献，如《厨房用具的历史》《机械化的文明史》《为了步行者的环境与装置》《日本人的道具观》等。GK的主要人员在第8届以"人的心与物的世界"为题的世界设计年会中均做出了重要贡献。同时GK的中心人物纷纷接受中国台湾、韩国的邀请外出讲课，传播设计方法。这个时期的GK已形成一套有效而独特的设计方法，并以广泛领域的研究作为推进设计事务发展的动力。

20世纪80年代的GK是走向国际化的时代。在此期间，GK一方面增加、调整了内部组织，以便更加深入地推进设计业务，建立了GK道具学研究所、GK图形设计研究所、GK商品开发设计研究所等组织，同时在欧洲各地设立了 GK 设计事务所。除了继续设计各种与人们生活密切相关的产品及环境外，重要的设计活动有 1985 年筑波科学博览会场的设计及信息情报传达系统的设计，同时着手于办公室环境的调查，发表了《办公室的社会学》等著作，并致力于办公室自动化的开发。值得一提的是 GK 在此期间分别在国内外举行了一系列的展览活动，介绍设计对当代生活、文化、社会所产生的影响，其中还发行了一本相当重要的著作《GK 的世界——工业设计的发想与展开》。至此，GK 的资金积累已达 4000 万日元，从事各类设计的人员达 232 人。在 GK 组织内还设立了"系统开发室"，协调 GK 各专业部门之间的关系，从而使其运用计算机等技术进行从视觉传达到环境一体化的综合设计能力得到进一步加强。

20 世纪 90 年代的 GK 设计集团的研究与开发方向已从解决"设计与经济"关系、引导经济腾飞转向研究"设计与文化"的关系。在设计上由产品走向环境的系统设计，这时，公共设计、都市规划已成为一种趋势，同时由于以各地方设计团体为主体的地域开发工作方兴未艾，探索设计的地域特色成了 GK 的热门话题。荣久庵宪司正是在这种背景下首次踏上中国大陆，参加 '91 多国工业设计研讨会的。

本次研讨会无论是专家间的对话还是发表的论文都留下了丰富的思想财富，也拓展了今后几年设计观念及研讨的领域。其一是从探讨"设计"的本体构成转向探讨"设计"发展的促进要素的建构；其二是对设计本体的再认识。日本 GK 设计集团荣久庵宪司的著作《道具考》也是在这个时候由笔者介绍到中国的。荣久庵笔下的"道具"其实就是指"产品"，但他用"道具"一词让人联想到舞台演出时使用的各种用具，而他理解的各种生活状态就如人在舞台上演出一样，当然离不开道具，道具可以帮助人更好地完成表演。

《道具考》的核心思想是：设计就是创造一种"缘"。"缘"在佛教中被解释为"条件"、"原因"，这位曾一度皈依佛门的设计大师认为：人类新生命的诞生是精子与卵子这两种原本游离的生命体在"缘"的作用下互相结合的产物。虽然这种"缘"的力量看不见，但却能深切地体会到。

当代人的生活已被众多产品组成的产品群所包围，这个群体的综合效应如何，无疑会对人们的生活质量的高低起到直接的作用。一旦产品之间能够形成互相依存和方便使用者使用的系统，那么它们对人类生活的贡献就不仅是各种功能的简单相加，而会产生一种"功能增值效应"，这种理想状态可称为是在产品与产品之间结成了"善缘"。例如在厨房用品中，锅、碗、盆是各具单一功能的产品，而配菜台则是将它们集合起来发挥作用的条件，反之，锅、碗、盆又是在厨房中设置配菜台的原因。同样配菜台、煤气灶、洗涤槽也与厨房空间互相为"缘"。就每一件产品来看，尽管运用了新技术，考虑了人机工学，也有优美的形态，但在与其他产品相处中却表现出严重的"无政府主义"倾向，这便是设计造"缘"失败的结果，也是因产品之间无缘而造成产品群综合效应下降的根本原因。

设计造"缘"正是在产品与产品、产品与环境之间建立一种"自律性"，防止各个产品向不同方向自我膨胀地工作，这也是现代设计的重要特征。现代都市中，照明设施、交通信号、标志设施、导向牌、候车亭、公用电话亭等都已经是批量生产的产品，由于分属于不同的管理系统，又由不同的设计师来设计，往往每一个设计都竭力想突出自己的个性，所以各种设施之间形态、色彩互相排斥，设施与绿化、建筑互不相关，甚至互相贬低，结果造成混乱的视觉效果和不合理的使用空间，同时也不可能共同创造都市的特有形象。这也说明产品、环境之间已经结成了"恶缘"。

近年来，都市环境设计的实践已经深入到统一各种设施的形态、考虑都市象征标志、铺地材料、商业街的色彩等各个方面，使它们与都市的绿化、建筑、道路、雕塑"相映生辉"，互相为"缘"。特别值得注意的是，对于一些具有悠久历史的街道、地区进行重新设计时，并不是简单地拆旧建新，而是在新旧建筑、设施之间想方设法地建立一种"善缘"，从而达到让历史与未来互为存在条件和前提的目的，并以此来建立都市的特有形象。

尽管"善缘"必然带来"自律性"，但并不意味着可以减少每一件产品的设计与技术含量，也不应该限制每一件产品自身的更新和发展，因为"善缘"还具有促进本身系统优化的特点。如新型交通工具的诞生必然会带来道路设施、交通设施的改善，反之，道路设施、交通设施改善以后，可更好地发掘新型交通工具的潜力。经过重新设计的产品仍可以与其他产品、环境结成"善缘"，因此，本着创造"善缘"的目的，在设计中运用各种高新技术才是最有意义的。

设计就是在产品甲与产品乙之间，产品与环境之间，产品、环境与人之间创造一种因果关系。如果通过设计建立了良好的关系就是一种"善缘"，就能很好地提高人的生活品质。[111] 这种解释与他曾出家修行有关，而这种形象的解释较之西方严格的形式与逻辑对应的严密措辞对中国人来说更容易接受，使我们有茅塞顿开的感觉，产生了"顿悟"的效果。这种借助日本学者的理解来理解西方理论的形式在

[111] 笔者在《设计新潮》等杂志介绍荣久庵宪司及其 GK 公司设计的相关资料。荣久庵宪司，《道具考》，鹿岛出版会，1985 年第 7 版。

[112] 葛兆光：《中国思想史》第二卷，复旦大学出版社，2014 年，第 459 页。

中国历史上也曾经发生过。晚清学者顾鸣凤曾说"中日两国既属同文，华人之学东文，较学西洋语言文字事半功倍"，而日本自明治维新后，西方的有用书籍"均经译为东文，大称美备"，所以还不如舍远求近……所以当时两种心情加上一种方法，便在脑子里产生出了一个很奇特的东洋观念。我们学习日本，但又不是在学日本，而是在学西方，或者简单地说只是把日本当作学习西洋的窗口。因此，在当时，中国尽管口头上对日本不服气，但心底里对日本传来的种种消息却极为重视，看到东邻有什么风吹草动，就连忙琢磨揣测……[112] 这种描述很恰当地表达了当时中国设计界的一种心态。

依据《道具考》的核心思想，GK 公司重新审视了设计，提出了"界面设计"的概念并付诸实施。[113] 这种提示为一直高喊"设计以人为本"的原则提供了良好的注脚，使设计有了具体的抓手。

①由形状看产品界面设计：正如人类世界存在社会制度一样，器具的世界也有特定的体系。然而由于两者性质相差悬殊，通过何种方式使它们相互交融，至今未有定论。而当今的设计与生产呈现出一种趋势，就是将部件放到黑盒中，使具有不同性质和功能的器具有相似的外观形式，使人们仅凭外观难以识别和分辨的器具数量在不断增加。就器具世界的内部体系而言，随着相互关系的复杂化，体系的结构变得难以掌握。正是在这种前提下，人与物的分界面，及其对物与物的分类作用成为当代设计的主题。如果说自动工具具有超越使用者意愿的能力，那只能导致封闭式器具体系的组成方式，即将部件放入黑盒，这种做法削弱了部件在使用者眼中的意义。同样，器具的电脑化也使

[113] 荣久庵宪司赠送一批资料，其中日本 SD 别册 19 号专门介绍了 GK 的设计，《产品中的界面设计》为其中一篇，由翁莉译出后刊登在内部刊物《设计研究》上，后被各种杂志转载。

本身不具备规定操作的部件大量出现。只有当人们将兴趣转移到软件上时，才能确定部件具有何等功能。

当器具的形式及其外观形状不再与其内部结构、操作和功能密切相关时，形式便摆脱限制而获得独立。如果这种情况继续发展下去，不久之后，绝对否定物与人的交流的界面设计将统治整个设计领域。

然而，"人"与"物"的界面毕竟是建立在疏离感和亲密感相互抗衡的基础上，也就是说，时代的偶像和价值观念是以事物的存在及其所起作用为条件的。随着时间的流逝、时代的变更，社会在不断地发展，而社会内在物的形态也相应变革、发生进化。由追求永恒不变的形式进而追求趋向完美的进程，于是我们认识到社会的界面是产品设计永恒不变的主题。经过设计的产品界面可以根据与人联系的诸种因素加以解释，比如看的界面、握的界面和坐的界面。此外，采用这种方法进行裹扎或包装设计，可以使诸如黑盒之类的封闭性统一体具有与人交流的功能，以致发展为企业、公众和社会间的界面。

②"坐"的界面：无论在形态方面还是在形式方面，支持人体的器具经过了多次具有历史意义的发展。特别是现代社会中，座椅被当作是显示社会地位、具有象征意义的物品。另一方面追求"坐"的直接功能也是崭新的话题。

安乐性是我们这个时代的价值标准之一。舒适感即狭义的安乐性，指一种感到适宜时的身体反应，除此之外，广义的安乐性还包括由于所在处境引发的，或出于对价值观的考虑而产生的心理效应。例如西式便器在日本普及，究其原因，不仅西式便器使人体保持舒适状态，而且使用西式便器也意味着生活方式的西化，作为生活方式革命的象征的西式便器让使用者感到广义的安乐性。但我们并不否认，生理因素作为生活的基础必须和民族的、地域的文化因素联系起来。同是西式便器，已经过了日本化的过程，被安置在日本式的独立空间里作为椅式便器，进而又向着复合型腰式便器的方向发展，追求一种根植于日本地域文化的舒适界面。

由于人体是处于动态的实体，支持人体的器具是否舒适，取决于它与人体的相应关系如何。这类器具包括牙科用椅、理发椅、美容椅等，它们能够就人体的姿势变换和形体尺寸差异进行适当的调整。可以说坐的界面不仅是人机界面，它还反映了"美"与"健康"的时代价值观念。

③"握"的界面：人类历史的开始，伴随着"握"的工具的发现。而大多数器具发生了由群体共用向个人专用的转变。在转向个人使用时，器具的小巧化以适应人手的动作，一直作为造型的重要依据。从这个观点看来，对于器具的设计，把手或手柄的设计既是出发点，又是终点所在。

现代人类的生活方式中伴随着抓握器具的使用。清晨起床抓起牙刷是新的一天的开始，握住摩托车把手意味着将投入到非凡的世界中去。电话的听筒则成了电子通信网络的象征。如果说手持石器使原始人成为开创人类文明社会的奠基人，那么现代人抓起电话听筒时，他完成了一次进入新文明社会的质的飞跃。当今，在电话机个人化进程当中，一种崭新的深入的交流机制正在开创。在文明的转折点上，往往会有一种"握"的器具作为界面出现在新形象的开发中。

④"看"的界面：通过视知觉，人们简化了各种现象中存在的混乱状态，并察觉其中包含的意义和内容。这种简化不只是简短化，更恰当地说，它是在特定的视觉主题下获悉一种经过压缩或综合的意义和内容。被置入黑盒的、自动的、对话式的器具与人的接触点就是被强化的面。正是通过这种分界面，使得这些器具的用途、意义及其价值作为可交换的内容被表达出来。

以人机交流为目的的计算机视觉界面，发展到无穷尽地接近一个面。而作为器具革命的一个方向——个人化，要使物体摆脱空间的限制，成为人类独有的自由实体。因此，比起以往，机器后部的形状更多地成为研究的对象，从而使黑匣的整体形状成为表达意义的设计主题。

⑤综合物的简化：一台音像制品的面板表示出了设备的复杂操作方法。同时，它表达了专业人员的严谨的规范，以及音乐爱好者几乎在其强迫控制的尺寸、比例细节中，使用这种设备。它还要求可作为时代前卫象征的材料和综合的形状。这种在经过浓缩、简化了的外形的单独的界面中包含了多层次的意义或内容的形式，就是综合物的简化。

界面的演变及其规范化：当今是电子革命的时代，电子设备发生着日新月异的变革。从产品的操作方面看，界面设计的首要主题是规范化。另一方面，更进一步的表达设计主题应强调新奇的变化。个人电脑产品的发展正处于激烈的变革中，往往在一个产品投放市场之时，下个阶段的追求尽善尽美的研究工作已在进行之中。即便是诸如传感器一类的用于高科技领域的电子产品，在不断发展的过程中，为确保其精确度，对界面设计规范化定有着强烈的要求。

本次研讨会上中国学者发表的论文虽然只是一种"示范性"大于"研究性"的成果，也就是讲相对比较长篇的论文均能看到模仿国际同行研究方法的痕迹，至少笔者写的《村寨文化中的"器"与"事"》和与陈平、乐义勇合作的《黄土高原与江南水乡生活方式研究》两篇论文，明显受到日本千叶大学宫崎清教授《稻草文化》的影响。该书为宫崎清博士学位论文，是基于日本地域开发（在中国称新农村建设）的背景，进行地域产业资源检查研究及再开发的基础研究。笔者后来到千叶大学跟随宫崎清教授到福岛县三岛町实地考察，以及接近他所在的一个研究群体才逐步了解到《稻草文化》并非为单纯研究稻草，而是寻找一种不同于欧美方式的设计方法。其研究室三桥俊雄老师赠送的博士论文《内发性设计研究》则更明确地给出了方法论，而这一切在我们的研究中都是空白点。

论文的版块设计也本着"示范性"的想法，因为在 20 世纪 90 年代大家感觉到设计发展与若干个要素相关，这些要素的研讨对我们而言都是当务之急。同时为了体现细化问题的研究，将论文设计成"设计与教育"、"设计与消费形态"、"设计与生活文化"、"设计与技术"四个版块。

王昌勤先生的《中国消费品市场前景及工业设计》一文是国内较早应用统计数据来反映中国整体消费水平，并基于此提出设计发展可能的论文。作者虽然不是设计专业毕业，但由于有很强的资料检索能力及较高的外语水平，在与行业专家讨论过程中，得知国外有相关的研究，但中国还是完全空白时，王昌勤先生做了尝试。

论文首先是"中国消费品市场形势的基本回顾"，以列表的方式回顾了 1953 年至 1978 年、1979 年至 1988 年间与人民生活相关的食品、穿着、耐用消费品、燃料生产的情况，随后指出：至 1988 年底，我国城镇居民大件耐用品冰箱、彩电、录音机、洗衣机的普及率分别已达 28.1%、43.9%、64.2% 和 73.4%，与 1983 年相比，冰箱、彩电、录音机、洗衣机的普及率分别提高了 315 倍、16 倍、1.4 倍和 1.5 倍，在广大农村的普及率也分别达到 0.6%、2.8%、13.0% 和 6.8%。这一过程在苏联、日本、东欧国家用了 10 余年时间，而我们仅用了 4 至 5 年时间。[114]

这种俯视式的描述给当时国内外与会者提供了一个整体思考的框

---

[114] 王昌勤：《中国消费品市场前景及工业设计》，《走向工业设计》，上海科学技术文献出版社，1993 年，第 9 页。

架，结合国际经验，对判断中国工业设计发展的走向提供了更为切合实际的思路。

再研究"消费支出结构变化的国际比较"（人均消费支出比重比较）。近几年来在城乡居民日益增长的消费需求推动下，消费品市场正面临越来越严重的供求总量和结构性短缺"双重失衡"的特殊状态。即变形的供给不足的市场，一方面总需求膨胀，商品严重短缺，消费品购买力的实现程度并不高。但另一方面，却又存在严重的商品过剩，全国积压产品价值 1700 多亿元。我国的消费品市场的特点是发育程度低，很不完善，其主要表现：① 消费品市场体系不健全，许多物质产品和劳务还不是通过规范化的市场交换进入消费领域的，而是以福利性配给等途径实现消费的，实物化倾向严重；② 市场交换规则还很不规范、不完善，非经济手段消费品市场的干预范围过大、力度过强；③ 市场信号还难以对生产产生正确导向，市场机制还没有成为经济运行的主要推动力。[115]

在预测中国到 2000 年服务消费外部结构，即"服务、物品、实物、衣着、房舍（屋）、家具"在人均 GNP 中占的比例后，作者认为：目前我国的消费品和生产资料市场存在如下几种态势：①从总体上看，消费品和生产资料供给在较长时期内仍将短缺；②从分量上看，消费品的短缺程度低于生产资料；③ 从结构上看，在消费品方面，冰箱、洗衣机、收音机、电视机等高档耐用消费品供需基本平衡或略有过剩；

[115] 王昌勤：《中国消费品市场前景及工业设计》，《走向工业设计》，上海科学技术文献出版社，1993 年，第 12–13 页。

[116] 王昌勤：《中国消费品市场前景及工业设计》，《走向工业设计》，上海科学技术文献出版社，1993 年，第 17 页。

吃、穿、用等日用小工业品供不应求，粮食、食油等主要农副产品严重短缺；在生产资料方面，机械、电子等再生生产资料供需基本平衡或略有结构过剩，原材料、煤炭、石油、电力、交通、通信等基础生产资料严重短缺，这是种特定的市场态势。[116]

　　虽然其他论文作者也对中国设计的发展作了一定的批评和建议，但无疑王昌勒的价值在于对这些基础资料的梳理。无奈当时还没多少人能够读懂这些资料，唯有荣久庵宪司自始至终认真听了演讲，并不时提问，此时他正考虑 GK 集团与中国企业的合作问题，这些关于中国人消费的信息理应成为他关注的焦点。1994 年 GK 集团婉拒了上海的邀请，赴青岛与海尔集团合资成立海高工业设计公司，由此拉开了在中国展开设计活动的序幕。他们在商业上为海尔产品注入活力的同时也为中国带来了崭新的设计观念。

[117] 吕东（中国工业经济协会会长）在轻工业工业设计研讨会上的讲话。

[118]《经济日报》，1991 年 10 月 6 日。

第三节

设计对策及社会要素的配置

1991 年 10 月 5 日，原轻工业部召开工业设计研讨会。此次会议主题十分明确，在调整产业结构、提高企业效益的宏观政策指导下，加强和改进轻工产品的设计工作，在提高质量、增加品种、降低能耗、改进包装装潢方面跃上新台阶。[117] 长期支撑、推动轻工业设计工作的原轻工业部部长曾宪林提出了"设计力就是竞争力"的观点，指出高附加值产品往往表现在设计上，人们对产品的需求不但有物质的一面，更有精神的，包括艺术的、思想的、文化的追求。结论是工业设计是改变我国轻工落后面貌的重要途径。[118]

在这次会议背后有着十分严峻的经济形势。全国非正常库存产品的价值已超过 1000 亿元。

主要问题如下：

① 轻工产品，尤其近几年来新兴的家电工业过早出现不景气。如重庆将军冰箱厂 1988 年产值 8000 多万元，到 1990 年下降至 20 万元；重庆某洗衣机厂 1988 年产值 2000 多万元，到 1990 年下降至 2000 多元。

② 盲目引进进口设备、进口生产线，一窝蜂上同一个品种。世界上没有一个国家会向同一个公司定购八套十几条生产线，而日本松下公司总经理说："有一天有八个中国代表团来洽谈引进同一型号的冰箱生产线，而互不认识。这种同层次同国别的引进是不利'消化'的。"

---

[119] 柳冠中：《企业吸收技术、调整产品结构的机制——概述工业设计的先导作用》，1991年 10 月在轻工业部工业设计研讨会上的发言。

③ 世界耐用消费品的三大支柱之一就是家电产品，但中国的家电产品出口只占世界家电业的 2%（1990 年），而国内却大量积压。国际市场对家电产品的总需求量在 20 世纪末将达到 2473 亿美元，所以出口潜力很大。但中国的家电产品种类太窄，没有竞争力。国际上有近 200 多种家电产品，中国却围绕着电风扇、电冰箱、洗衣机打内部竞争消耗战，我们有 3000 多家电风扇厂，108 家冰箱厂，而日本只有 5 家冰箱厂，美国有 4 家大的、2 家小的冰箱厂。

④ 由于轻工产品的单调，消费者想方设法购买国外产品。

⑤ 对产品品种开发、对产品结构调整有重要作用的工业设计却被糊涂地关在"装饰、工艺美术"的小生产观念里。

⑥ 对工业设计，上层领导与基层设计人员比中层领导重视。

⑦ 对包装装潢、广告比对工业设计重视。

⑧ 对产品质量比对产品设计重视。

⑨ 对引进比对自己开发重视。

⑩ 对技术、设备投入比对设计投入重视。

⑪ 对内销比对出口重视。

⑫ 对工业设计理论研究比对工业设计进入企业主战场重视。[119]

事实上本次会议在宏观观念上几乎已经达成了完全一致的想法，只是在促进轻工业产品工业设计发展方面需要配置哪些要素尚不明确。其原因是本次会议只局限于轻工行业，有些技术性问题是可以在轻工行业范围内解决，但涉及到企业，特别是国有企业经营机制、全国市场疲软、研发资金来源、创新政策支持等更深层次问题上，却不是由一个行业可以解决的，因而在会议文件中几乎没有提到。其次来自院校的专家由于缺少企业操作的经验和社会学、经济学的相关具体知识，无法更有针对性地提出建议，只有用逻辑推理的方法和平行移植欧美、日本经验的做法来作为权宜之计。

但这些问题并没有降低这一轮讨论的历史价值，相反在资料中发现有几条企图"立竿见影"的建议，倒是指出了中国现代设计的走向与路径，让人体会到身处市场、管理一线的人员对配置完善的设计促进要素的渴望。

时任上海工业技术发展基金产业经济研究部副主任的曾忠锵直截了当地建议，上海要做 8 个方面的工作：

①开展工业设计全民普及教育

我们的工业产品落后，首先是工业设计落后，是思想观念落后。严格地说，企业设计意识还没有真正建立起来。曾经对本市企业领导人进行抽样调查，80% 的厂长、经理对工业设计若明若暗，不甚了了。因此，宣传工业设计作用，普及工业设计知识，对全民开展工业设计普及教育尤为重要。要通过报刊、电台、电视台等宣传工具进行宣传，也可拍摄专题录像片进行播放。只有全民族素质的提高，才有上海振兴的雄厚基础。宣传普及的重点是企业领导人、工业设计人员。

②成立有权威的上海工业设计委员会

该委员会是全市工业设计的倡导、推动和决策机构。建议由市长任该委员会主任，其成员由市经委、市科委、市教卫办、市计委、市建委、市高教局、市文化局的领导以及上海工业设计的有关专家组成。该委员会的常设机构为秘书处（或办公室）。由于工业系统是工业设计的主战场，常设机构可设在市经委科技处。

③把工业设计列为振兴上海的市策

建议市政府在修改与完善上海经济振兴与科技发展的规划中，增加"工业设计"的内容，把工业设计列为振兴上海经济的市策，列入宏观决策之中。

④开展上海工业设计年活动

建议市政府把 1992 年定为工业设计年。工业设计年可开展以下几项活动：1.召开上海工业设计国际研讨会。由市政府（或上海工业设计委员会）出面邀请国外著名的工业设计专家与国内专家共同探讨，为推动上海工业设计献计献策；2.举办上海工业设计精品（图片）展览会，设计师要"挂牌"展出；3.结合展览会，评选上海百件优秀工业设计成果奖，对获奖的设计师除给予精神鼓励外，在物质上给予重奖；4.选派一批设计师去海外（为节省经费，可更多去中国香港）考察，以开阔设计师的眼界，开拓设计师的思路。

⑤建立上海工业设计网络

加强工业设计队伍建设关系十分重大。为此，建议在上海率先设立工业设计师的职称序列；成立上海市工业设计中心，为企业提供设计服务；各工业局（公司）设立设计事务所，大企业及企业集团设立工业设计研究所（室）；中小企业可借助社会的设计力量。为推动工业设计队伍的有效竞争，提倡设立民办设计事务所，包括自由设计师队伍；逐步建立上海工业设计的网络。

⑥筹建上海工业设计大学（学院）

工业设计关键是人才。德国成立的包豪斯设计学院，曾推动了现代工业设计，后来，其成员移居美国，为美国注入了现代工业设计思想，并培养了大批人才，从而推动了美国的工业设计。鉴于历史经验，我们认为，除建立学龄前儿童及中小学的设计教育外，有条件的大专院校可开设工业设计系；已开设工业设计专业的大专院校要扩大招生。但由于种种条件限制，这些措施还难以满足上海企业对设计人才的需要。我们建议：在浦东科学园区内筹建上海工业设计大学（学院），以完整的工业设计思想培养高素质的优秀工业设计人才。他们应是科学、经济与艺术的"三栖"人才。办学经费可由国家、地方、企业多方筹措。出资企业可优先分配该校的优秀毕业生。

⑦加快"三大基础件"的攻关步伐

工业设计最主要用到计算机辅助设计、材料加工、模具工艺、表面处理等共用技术，这些基础性技术，依然是我们的薄弱环节，为此，建议市政府调集精兵强将，加速攻关步伐，并从财力、物力、政策上进行支持，使（材料加工、模具工艺、表面处理）"三大基础件"技术尽快达到世界先进水平。

⑧制定工业设计的地方法规

法规与政策的制定与实施是上海工业设计启动、发展的保证。要根据上海的实际需要，制定推动上海工业设计的地方性政策法规。法规的制定应贯彻"百花齐放，百家争鸣"的方针，有利于人才辈出和工业产品的更新。它应包括：支持扶植工业设计的投资政策、奖励政策等。

时任上海市轻工业局副局长的郑国培以"应用系统工程组织指导轻工产品设计"为题发表了十分切题的意见，体现了一个在体制内的人最大限度的观念拓展。他首先认为工业设计是一个系统工程，贯穿于产品设计、生产、经营活动的全过程；要重视产品的市场分析、消费导向与研究对象、思维酝酿与创新设计、生产实践与营销竞争、诱

---

[120] 郑国培：《应用系统工程组织指导轻工产品设计》（内部交流资料），1992年。

导消费与用户评估、综合信息等 5 个工业设计的大循环。工作方法为：目标明确、重点攻关、展评奖励、市场收效、强化管理。[120]

这种思考方法与专家从各自擅长的领域提出发展设计思路的推导方式不同，明显带有问题导向和解决问题的意识，当然这种思考与上海轻工业已经进入设计反思状态有关。在 1990 年，上海轻工业主抓关键行业的新产品、新品种设计，钟表、食品、化妆品、洗涤用品、眼镜五大领域的创新设计就有 500 余种。1991 年提出钟、保温瓶、食品三大领域要完成 100 种新产品，同时完成轻工部要求开发新产品 500 项，达到四新产品。

上海轻工业局多次举行优秀设计汇报展，评出局优秀工业设计奖 90 项，推荐到轻工业部，获全国轻工业优秀工业设计奖 53 项，占全部 170 项的 31.2%。最关键的是通过评奖极大地调动了企业、设计师的积极性，拓展了设计师视野，提供了交流、学习的机会。

另外在支持新产品进入市场方面也不遗余力，每年拨货款 400 万元，取得产值 5 亿余元。1989-1991 年全局新产品产值分别为 16 亿、27.3 亿、33 亿（预计），1990 年占工业总产值 32%。

在设计管理方面，发布了加强工业设计工作的若干意见，强调设计人员要参与企业经营决策，因此在当时上海各厂中副厂长往往由设计师来担任，组织企业、设计师到海外著名工业设计企业考察学习。特别值得一提的是已经开始设想组建具有服务外包特征的中外合作的工业设计开发公司，因为此时依靠国内的力量尚不能完全承担起为企业服务的重任，此时，上海市轻工业局已与日本的专业工业设计公司达成了合作意向。

上述内容可以看作是产业基础较好的地区对国家当年实施的"质

量、品种、效益年"的回应，是对改革开放以来试图通过大规模引进国外先进制造技术提高我国产品水平的一种反思。

正如解放日报记者沈克乔所述：当今市场的产品竞争，说到底是人才的竞争，是工业设计的竞争。谁把握了工业设计，谁就把握了未来市场。基于这一认识，市科委于当年4月份下达了《工业设计与经济效益》的软课题研究任务，并要求课题组成员边研究、边宣传、边推动实际工作的开展。此举受到市政府领导的高度重视，希望市经委和市科委要锲而不舍地抓好这项工作，推动上海产品的升级换代。

当时，国务院提出要在全国开展"质量、品种、效益年"活动，上海市经委科技处和市科委预测处就在思考这样一个问题：为什么经济发达国家产品的造型、结构、性能、表面处理的变化神速，而且其变化不仅提高了产品附加价值，并能赢得市场。相比之下，为什么我们产品变化缓慢，难以打进国际市场呢？是技术、装备落后于人的原因吗？那么自行车、热水瓶、电子钟、手表、洗衣机、电冰箱等产品，从表面处理到功能实现所需的技术，我们的生产厂不是都能掌握吗？但拿出的产品与经济发达国家相比为何总是稍逊一筹呢？经过两相对比，他们找出的症结是：我们从领导部门到生产企业对工业设计的重视程度不及经济发达国家。产品落后的重要原因在于设计落后。战后的日本经济所以能迅速腾飞，重要原因是日本政府提出了"设计立国"的主张，如今在日本东京仅私立设计事务所就有2500家之多；亚洲"四小龙"近年来经济所以能发展较快，也是采用了靠设计繁荣经济的策略；美国的崛起，也是在欧洲屡遭战乱，乘机从欧洲吸收大批设计人才之后的事。

---

[121] 朱孝岳：《艺术设计纵横谈》，江西美术出版社，2002年，第225至255页。

稍后，专家们在问卷调查和下厂调查中发现，生产企业中的厂长真正了解工业设计概念的只有 20%，工厂开发新品真正按工业设计要求自主开发出有创新意识的产品，只占新开发产品的 20%。由于对工业设计的作用认识不清，本市有的大型企业连一名设计人员都没有，上海火柴厂就是一例。面对这一现状，他们主动向生产企业宣传工业设计的重要性。时任上海交通大学副教授的朱崇贤在由轻工业局干部、技术人员参加的工业设计培训班上讲学，原华东化工学院副教授陈平在调查研究基础上，写了《亟待重视的工业设计》论文，受到时任上海市市长的黄菊的高度重视。

第四节

译"西书"与译"东书"

朱孝岳先生在 1993 年《设计新潮》杂志第 6 期到 1994 年第 5 期上发表了系列文章，介绍当时国际设计的思想和成就，使中国设计界观念又一次发生了转变。虽然这些理论仍是西方一直在讨论的问题，但在介绍、翻译这些理论的过程中，中国的研究者通过关注这些理论产生的条件，尽可能地让中国读者比较清晰明确地看到其扎根的土壤。[121] 由此开始的新一轮翻译西方设计理论的尝试有别于前几轮对西方设计理论的介绍，前者关注了形成这种理论的要素，特别是技术的要素及一部分社会的要素，使之感到言之有理，且能切实看到设计在自身生活中的作用。而前几轮的翻译介绍工作多少有些"强行嫁接"的嫌疑，而且多半是介绍一些个别的案例，或者是过多聚焦于设计事件，本身令人多少有些摸不着头脑，也不知其所以然。

朱孝岳先生以当时作为焦点话题的《微电子与设计》开篇，指出科学技术的进步必将为设计开拓一幕又一幕的新生面。自 20 世纪 70 年代起，超大规模集成电路成为新技术革命的主角，并像毛细管一样渗入国民经济各部门和社会生活诸方面，使生产和生活方式发生了前所未有的变化。在设计领域，微电子技术不仅根本改变了产品的外观和结构，而且动摇了被视为经典的设计原则。一些新的论断、假设和疑问接连出现，大大开拓了设计师的思路。作者首先抓住两个变化特征进行分析：

从微型到隐形

微电子技术的突飞猛进，使集成电路的集成度迅速提高。现在，在一个几平方毫米的硅片上可以集成几十万个晶体管，因而电子产品的体积越来越小。有人将产品微型化的趋向形象比喻为"像放掉气的气球"一样。电话机缩到听筒里去，收音机缩到耳机里去，这早已不是新闻了。华盛顿国会图书馆的全部藏书可以存放到 10 厘米的硅片中，这已成了事实。当今，微型化元件已不单是集成电路，还包括微型机械。美国已在试用光刻技术制造机械零件，所制的齿轮、连杆组件宽度在 100 微米以下，即不超过 1 根头发丝粗细。微型化技术带来了设计观念的变化，在以往，"包豪斯"原则坚持设计要由内向外进行，产品外形要尽量体现内在结构，但是微型化的结构在外形上几乎小到看不见的地步，按此推理，产品可以做得极小极小。从而又派生出一种造型准则：越薄越好，薄是高质量、高技术的信号。甚至连非电子产品，如家具、日用器皿也趋向薄型，正如在 30 年代非活动产品也采用"流线型"一般。

"实体"变成"图像"

微电子技术的另一个重要贡献是自动控制。自动控制使生产者与机器避免直接接触，只需通过电脑终端来监视和控制。自动控制不仅用于生活领域，更多地用于原先繁重艰苦的劳动：如炼钢、焊接等工种之中。自动控制建立了一种新的人机关系。传统的人机之间机械运动关系淡化了，代之信息交流关系。对设计来说，过去的目标是如何使工作者更省力，使劳动更见效，如今这个目标已无甚意义了，因为按键钮一般不花太多力气。新的目标是使信息传递更畅通，这样设计的重心便从产品本身的实体设计转到产品的信息传递——屏幕视像设计上去了。

一般地说，生产过程中的信息，在终端屏幕上表现为各种参数和程序。但是现实情况是：操纵者并不是电脑专家，要让他将机械运动改换为操纵电脑，还得让他从头学起，这在许多生产和生活场合是行不通的。聪明的做法是：使屏幕上的信息形象化，将机器运行的情况形象地展现出来。这样便引出一个新的设计领域——屏幕图像设计。比如驾驶航天飞机，驾驶员可以在屏幕上形象地看到飞机与地球相对位置的模拟动画。屏幕图像甚至还可以将抽象概念具象化，如根据在逃罪犯的身高、体重、年龄以及面貌特征的叙述在屏幕上绘出罪犯的形象；根据农业卫星遥感技术得来的数据，在屏幕上绘出作物分布和长势图等。屏幕图像设计属于软件设计，设计师不仅要懂得工业设计、图形设计，还要有电脑图像工程和信息论知识。图形的质量除了准确度、清晰度之外，还要求构思巧妙、有趣、易懂、美观。事实上，屏幕图像设计与游戏机图像设计十分相似，当所有艰难繁重的工作变得与玩游戏机差不多时，人们对劳动的观念将发生什么变化呢？

作者的结论是当代设计是"打破盒子"。在机械时代，各种产品以其限定的功能和结构形成了自身造型的固定模式。人们经过长期使用和识别，已经熟识了每一种产品规范性的造型语言。微电子技术的采用，使机械结构成为产品造型中无足轻重的因素，原先的规范性的语言便显得不合理了。70年代时，人们还遵循传统方式，努力使微电子产品纳进一个整体外壳。这个外壳一般是黑色的扁平光洁的方盒，各种电脑、视听设备外形都差不多，人们称之为"黑盒"设计。但是由于产品外形相似，形式与功能不再对应，原有的造型语言发生紊乱。有人抱怨说："一个黑色方形小箱，是手提收音机呢？还是盒式录音机呢？是照相机呢？还是定时炸弹呢？"人们终于醒悟到，一体化的外壳并不是微电子产品应有的造型语言。"打破盒子"成为80年代以来的设计口号。当今设计师的工作，不再是"翻译"——把一堆人们看不懂的机械结构译成某种人们熟知的造型，而是"创造"——为没有固定形象的产品创造一个新的为人们所接受的造型语言形式。一种称之为"集成体"的崭新形式出现了。因为电子技术本身是一种集成，有着不同功能的部件组成一个集合体，这种集成逻辑同样可以运用到造型上去。例如一架收音机，原先必须把各种不同功能的部件纳进一个外壳里去，现在不然，可以是两个扬声器、一个显示屏、一根天线的组合，反显得更有说明性。

在《高技术与超高设计》一文中，作者引用了1978年美国琼·克隆（Joan Kron）和苏珊·斯莱辛（Susan Slesin）合写的《高技术——工业风格与源泉进入家庭》一书中的内容：与建筑上的"高技术"风格稍有不同，设计中的"高技术"风格更多地趋向于语义上的含义，也即是将大工业的造型语言转移到日常生活用品领域中去，在新的环境中形成一种不调和因素，从而产生新的美感。比如一个长途汽车上的金属行李架，原先只是从实用性和人机工学做了考虑，但是将这个架子搬到卧室中，作为化妆品的陈列架，这个转移过程便获得新的美学意义。人们感到这种设计多么别出心裁，结构多么简练、多么坚固，引起了语义学上一系列的新的判断。本来这些工业语言只具有实用意义和经济意义，没有太多的文化背景，将它转移到生活领域，便带来一种"极限主义"的特征，即表达一种反传统的、单纯的意味。当然这些产品的形式也是经得起推敲的，有着精确、静穆的高格调。高技术风格产品有广泛的谱系，从室内设计、家具、灯具、餐饮具直至花瓶，各种产品的设计构思不尽相同。

在介绍了众多具体的产品设计以后作者对此做了结论：80 年代以后，世界高技术的突飞猛进激烈地冲击着人们的思想观念。一方面技术的进步带来了以前不可想象的伟大成果；另一方面，人们也看到社会矛盾并没有因技术进步而解决，反而越来越复杂、越来越深刻。有人提出：技术的进步使社会生活一切领域愈加商品化，使人的一切思想被纳入追求某种技术模式的消费文化中去，而失却了对自由个性的追求。所以，现代人与其说是苦于缺少知识和科学真理，不如说是苦于不善于用科学技术成果造福于人，不了解人的本性，未能充分洞察人的内心的奥秘。"高科技"一味炫耀技术的伟大，把技术的地位放到至高无上的地步，那是不恰当的，要批判对技术的盲目乐观态度，立足于人性自身和人的主观意识的角度来指责现在、评价现在、设想未来。这种人本主义思潮对于当代艺术的发展有极大的影响，也波及设计领域。80 年代后期，针对"高技派"对技术的推崇，出现了对立的异化物，将技术当作一种图腾符号加以揶揄和嘲弄，并寄托一种对

[122] 朱孝岳：《艺术设计纵横谈》，江西美术出版社，2002 年，第 230 页。

过去时代怀念的感情，这便是所谓"超高技"。"超高技"设计作品一般都是单件制作，与其说它是工业产品，不如说是艺术作品，它更多注重产品的文化含义而不注重工业化的功能。[122]

在西方现代工业设计发展史中，意大利的设计占有重要地位。意大利并不是西欧工业最发达的国家，但长期以来意大利设计总是"新奇、完美、高品位"的代名词。它的特点最鲜明地表现在 60 年代到 80 年代的"激进设计"运动中。

激进设计 (Radical Design) 是在 60 年代后期出现的意大利设计潮流，它的基本倾向是反对理性主义设计观，强调在产品设计中更多地融入艺术家个人风格和文化意味。由于它树起反对当时社会公认的功能原则，故自称"反设计"(Anti-Design)。激进设计的出现，首先与意大利的工业经济有关，这里的原有工业现代化程度不高，在传统工业中，工人的技艺因素占相当重要的位置。二次大战后，为了迅速恢复经济，意大利推行了现代化建设，发展大规模的制造业，对工厂实行完全的理性管理。大批非技艺性的生产工人进入工厂，使技艺高超的老师傅受到了排挤。老师傅离开大工厂另找出路，办起了一大批小工厂和小公司。据 1971 年统计，不足 5 人的小企业竟占 81.8%，这是激进设计重要的社会支柱。1969 年，意大利遇到了严重的经济危机，产品大量积压，70 年代初的石油危机又是雪上加霜。意大利没有煤，没有核能，高价进口石油使产品成本增加，使他们转向努力改善设计，以高品位的家具、时装、皮件和家用电器来争取国内外市场。60 年代末又是意大利政治动荡的时代，通货膨胀和工作条件过差引起工人的自发罢工，这个举动得到一些大学生的支持和参与。政治动荡强烈地冲击着一些敏感的文化人的意识，带有叛逆性的"反设计"应运而生。另外，意大利悠久的文化传统使这个民族很难完全接受来自德国的理性主义。60 年代末，罗马、都灵、米兰和佛罗伦萨的一群设计师和建筑师提出一系列激进设计的主张，他们受美、英等国的波普艺术、新达达主义、超现实主义的影响，提出"为人道而工作，而不是为经济目标而工作"、"将创造力用于提高生活质量，而不是简单地增加资本积累"，这两个口号明显带有乌托邦式的理想主义色彩。

20 世纪 60 年代较著名的激进设计组织有"超级工作室"(Super Studio) 和"阿契卓姆"(Archizoom)。他们在 1967 年、1968 年连续举办了展览，其作品大多是速写、模型和想象图，几乎没有真正的产品，其风格前后不一致，只是追求奇形怪状。比如"梦之床"，那种类似戏剧道具的造型和色彩，显然无法批量投产。1969 年的"米斯"椅，只是一对三脚架和一块尼龙布，那过于简单的结构与其说是为了实用，不如说是为了讽刺现代主义设计师米斯·凡·德·罗 (Mies van der Roe)"少就是多"的设计原则和美学原则。这个时期激进设计的原则尚未明朗，影响也不大，称为激进设计的前期。

20 世纪 70 年代末，激进设计进入后期，其代表性组织是米兰的阿契米亚画廊 (Alchmia Gallery)。阿契米亚建于 1976 年，发起人是加里罗 (Sandro Guerriero)，它原是一个图形设计社团。1978 年后，这个组织汇集了一些重要的激进设计带头人士，如索得萨斯 (Ettore Sottsass)、曼地尼 (Alessandro Mendini)、勃兰齐 (Andrea Branzi) 等，成为一个人才云集的设计组织。阿契米亚原意是"点金术"，这个名称大体包含了组织的宗旨：化腐朽为神奇。将日常平庸的产品经过一番装饰变化，使它表现出崭新的美学趣味，这是阿契米亚一再强调的"再设计"。他们在帽子、鞋子、柜子、椅子等产品的表面上用超现实主义、现象主义、立体主义、波普绘画作品的局部或碎片进行装饰，造成产品原型与装饰的尖锐矛盾。当米罗、波洛克、莱热或康定斯基的绘画被支离破碎地画在木柜或沙发上时，产品原有的功能被冲淡了，而绘画的清高味也被调侃了一番，阿契米亚正是通过追求这种破坏性的情趣而引起人们对理性设计原则的怀疑。曼地尼的两件作品便是这个意图的直观注释："普罗斯特"椅在古典扶手椅上涂了后期印象派画家修拉的点彩笔触，"康定斯基"沙发则将抽象主义画家康定斯基的作品局部画在板上做沙发装饰。这些作品在视觉形象上并不成功，但表达了努力将现代文化意识渗入设计的欲望，这也是阿契米亚的价值所在。

但是阿契米亚的局限性也正在此。它的兴趣一直停留在文化活动的层次，满足于思想冲击的效果。他们把设计看作一种主张、一种概念，而不是一种生产活动。曼地尼更热心于抽象画，其作品的确生气勃勃，但这绝不是设计。1981 年后，组织内部发生了争执，以索得萨斯为首的一批成员提出：要完成真正的产品，应有一个制作工场，将活动与商业销售挂钩。这个争论引起组织目标的分歧意见，索得萨斯退出了阿契米亚，一个更富活力的设计组织"曼菲斯"诞生了。

曼菲斯 (Manphis) 成立于 1981 年，发起者索得萨斯现已被推崇为意大利激进设计之父，成员有达路奇 (De Lucchi)、查尼尼 (Zanini)、苏登 (Sowden) 等。曼菲斯既是古埃及的一个都城名，又是美国田纳西州的一个城市，摇滚乐明星"猫王"普雷斯利安葬于此。索得萨斯以曼菲斯为组织名称，表述出这个组织的宗旨是将不同文化进行汇合。曼菲斯继承了阿契米亚重视产品文化内涵的原则，但他没有阿契米亚那种激烈的反叛精神，相反表达出对当代一种新美学准则的迎合姿态，即所谓"畸趣"精神。

畸趣 (Kitch) 是一个德语词汇，过去又译作"庸俗的艺术作品"，但显然不正确。这里采用中国学者叶朗的译法，音译为"畸趣"，其含义大致是浅显、新奇、炫耀、时髦等。畸趣的拥护者是具备有限文化素养的市民阶层。新技术革命使一个拥有相当财富和某些文化修养的市民阶层崛起，他们需要一种堂皇、体面、高雅的文化消费，但与旧时代贵族不同，他们不希望也不可能去耐心体味内涵深邃、语言古奥的艺术趣味。曼菲斯完整而恰当地表达了畸趣精神。从畸趣精神出发，不是以科学角度而是以人文角度来看待设计原则。理性主义认为，产品的形式、功能、材料应该是相互依存的，曼菲斯却认为三者可以独立存在，理性不能统一多元化的世界。具体说来，功能只是产品与生活之间的关系之一，形式并不只是为了表现功能，它本身是一种隐喻符号，可以表达特定文化内涵。材料不仅是设计的物质保证，也是一种情感的载体。因而一个形式与功能相矛盾的产品，只要它表达某种特有的情趣而令人喜欢，便有存在的价值。如希尔（Petcr Shire）设计的桌子，尽管它实用性不大，但尖锐的边角和鳍形的腿使人想起健壮的鲨鱼，可能会引起一种活跃生动的感觉。曼菲斯彻底突破了功能主义原则，被人称为是一次设计上的哥白尼革命。

畸趣精神乐观开朗又带有感性的品格，在曼菲斯作品的艺术风格上也有所表现。与阿契米亚不同，曼菲斯从不抄袭或沿用别人的艺术语言。它强调把一切形式要素退到方、圆、三角等基本形态，红、黄、蓝等原色，用木、塑料、铁管等材料加以创造性组合。于是，花花绿绿的斑点、大红大绿的色彩渲染、直线曲线的奇妙搭配，组成曼菲斯特有的天真气息。细心的人们还会发现曼菲斯的许多作品蕴含着动物、人形的隐喻，这是设计师力图赋予产品人性的意味。

曼菲斯对现代设计产生了巨大影响。它的许多产品不仅真正进入了市场，成为现实商品（尽管价格十分昂贵），更重要的是它在设计领域体现了畸趣精神。从此，五光十色的家具、灯具、家用电器与绚丽的时装、优美的电子音乐、轻快的影视片等构成了一代青年所喜爱的大众文化，强烈地影响着 80 年代后期至 90 年代的社会生活方式，在现今中国社会也不乏其影子。当然畸趣与壮健雄伟的美学理想是不一致的，曼菲斯风格至今还被不少人视为庸俗低级。但在多元化的后工业社会，各种风格的文化都有存在的权利。如何使各种风格的文化都有存在的权利，如何使各种文化协调沟通，使多元化世界更丰富，这是每一个设计者的使命。

历经前面几篇连载后，朱孝岳先生似乎觉得观念上跑得太远了，也有可能是企图全面展示二战以后的设计观念，他精心安排了第 5 篇《拉姆斯、布劳恩和德国理性主义》。一篇看似老调重弹的叙述，但由于作者坚持从微观着眼来展开分析，且基于流畅的文笔，也给人以深刻的印象。在此他没有重复众所周知的布劳恩十大设计原则，而是发表了拉姆斯亦已投射到设计对象上的"设计意识"：拉姆斯和布劳恩公司一般不强调产品的"时尚性"，但认为产品的造型应该逐步变化，变化的根据之一是技术的进步。"我们不把产品外形看作设计的终点……今天的某些新技术如微电子之类，可能使人感到陌生，在这种情况下，设计便成为把技术传导给使用者的途径。设计师把技术转化为产品，使用者对产品会感到方便、亲切和容易接受，这也就是产品外形魅力的意义。"造型变化的根据之二是符合人们的心理习惯，"产品有它的心理功能，它必须能通过设计形态来说明自己，以及必须与使用者的个体环境相适应。"在这两个因素支配下，布劳恩的产品形态谨慎地进化。在 50 年代，产品呈轮廓分明的矩形，到 60 年代当人们对于德国工业复兴恢复信心之后，乐观和宽容的情绪有所增长，布劳恩产品也出现了弧形的柔和轮廓。在 60 年代以前，产品多用白色

---

[123] 朱孝岳：《艺术设计纵横谈》，江西美术出版社，2002 年，第 249 页。

和浅灰色，进入 70 年代，微电子技术普遍运用，为了显现微电子产品的精密可靠性，拉姆斯将浅色改为无光黑。80 年代后，拉姆斯又选用了一种"水晶灰"，他说："白色过于乐观。而无光黑又太阴沉。"这可能是对现代社会人们复杂的深层心理的一种折光反映吧。[123]

作者浪漫的文学情怀体现在连载的篇章编排和措辞中。理性主义的介绍后，他选择了《希尔和他的后现代设计》作为结束。这是很难表述的一个设计现象，也缺少强烈的理论支持，但只要将其设计的作品描述精彩则可能是一个完美的结局。为此他在开篇写道：80 年代以后，世界工业设计向后现代发展的总趋势猛烈地动摇着长期以来统治设计界的功能主义原则。德国一直是壁垒森严的功能主义大本营，到此时也抵御不住后现代浪潮的冲击。德国的后现代设计与美国和意大利不同，它是从功能主义中脱胎出来，将功能主义的谨严与后现代的文化和情感色彩统一起来。青年设计师霍格·希尔 (Holger Scheel) 便是走着这样一条道路的代表人物。希尔早期求学于柏林实用艺术学院，学的是室内设计。毕业后曾在斯图加特承接与建筑配套的家具设计项目，但实践了一段时期后，他意识到建筑师、设计师和委托人之间永远存在着不可调和的矛盾，最后，产品只是一个四面妥协的产物，没有什么个性和创意，哪一方都不满意。他立志完全根据自己的创作意图走一条设计新路，从 70 年代中期开始，他设计了 50 多个产品系列，品种绝大部分是家具，也有少数玻璃陶瓷器。他通过产品构成元素之间关系的处理，来表达一系列新观念。

朱孝岳的结论是：希尔的后期设计越来越重视作品的文化含义，

---

[124] 原华东化工学院工业设计系内部刊物，1991 年创刊，不定期出版，每期一个讨论主题，7 期后停刊。

努力使抽象元素组合带有传统文化的隐喻。1986 年他为一个文艺复兴时期的城堡设计了一张过道中的座椅，它的外轮廓类似古典时期的皇座：椅背高高耸立，一根镀金的锥形柱从椅腿直上椅顶，可看作文艺复兴时期建筑尖顶的变体，它与黑色的椅体、红色的布幔组成神圣庄严的皇家气派。然而它的形式完全由不同弧度的大小弓形构成，不对称的结构有一种自由洒脱的风度，红布幔的随意放置和它长长拖地的皱褶既打破了几何体的单调感，也充当现代文明与古典文明的系带。这是一个现代与传统的不平衡，一种无内在联系的古今陈杂，这是"后现代古典主义"的标志。

学界一批人在翻译西书的同时，另一大批人正忙着翻译东书，即日本有关现代设计的书籍和论文。张福昌教授在 1987 年翻译了大智浩、佐口七郎等专家合作写作的《设计概论》，1997 年修订再版。他为我们勾画了现代设计的整体面貌，同时也奠定了以后中国"设计概论"类教材的基本写作形态。另外，当时日本设计学会有一本貌不惊人的杂志《设计学研究》在中国高校流传。这是由日本高校研究者为主，结合小部分企业设计师撰写的长篇论文，中国学者在阅读之余深感研究差距之大，遂挑选一些做了翻译，供内部交流。[124]《设计学研究》杂志的作用首先是改变了中国学者的研究方向，为深入研究一个设计的具体问题提供了借鉴；其次是杂志的论文中工学的研究方法和表述使当时的中国学者深感必须改变自己的研究方法，引导中国学者走上了以"实证"为主的研究道路；再则，让我们看到了日本学者的研究态度，数十年坚持研究一个领域的问题，从而初步奠定了中国学者长期专业化研究的心理结构。

受到 '91 多国工业设计研讨会与会论文的启发，以及后来有机会到日本实地学习，1995 年笔者着手构想《现代设计》一书。在此之前，笔者几乎阅读了《设计学研究》的所有相关论文，体会了相关的写作体例。到日本后，千叶大学意匠学科（设计学科）教授们协力之作《工业设计——艺术与技术》一书刚刚出版，主编为产品设计研究室森典彦教授。他毕业于德国乌尔姆造型大学，在日产汽车公司工作 20 余年，退休后到大学任教。除了他写的篇目外，10 余位教授每人写一章，集成一书。由于每个人都写了自己长年研究且特别擅长的领域的内容，因而特别令人信服，感觉到与以前看到的概论类专著完全不同。事实上日本有关设计概论的专著也是不断更新发展的，在这本书之前有一本《工业设计 ABC》，也由千叶大学老一辈教授集体写作，内容看上去则陈旧一些。

此时 GK 设计集团荣久庵宪司还赠送了一本《设计辞典》给我，其中所罗列的词条全面，解释得十分清晰，所举的案例也是近几年的最新设计和研究成果。另外，由于此时已经掌握了 GK 设计集团大量的设计案例，收集了日本人机工学研究等资料，再加上亲历日本建筑、公共设计的环境，因此写作的机会已经成熟。

受到上述专著的影响，《现代设计》一书具有集大成的特点，或者更加明确地说是集"东书"的研究成果。以产品设计为中心，关注到扩展的设计领域有建筑、室内、展示，包括广告、CI 计划，并且涉及了小部分公共设计、都市计划的内容。篇章结构如下：

第一章：困惑与挑战——为什么现代设计是必要的。主要从设计的作用来阐述其功能，涉及了"设计与生产消费"的关系，讨论了"设计的实质"及"设计师的作用"。部分观点来自日本设计评论家川添登，日本千叶大学森典彦、永田乔教授。

第二章：地平线上的曙光——现代设计溯源，主要讲解了从莫里斯工艺美术运动到德国工业同盟，从包豪斯到现代设计在全球的扩散和形成的不同形态。

第三章：五彩斑斓的天地——不断扩展的现代设计领域。主要介绍了在建筑、室内、公共设计等领域运用标准化、批量化概念设计的状况，让读者看到产品"扩展的设计领域"。

第四章：甘露洒人间——现代设计在生活中的作用。在厘清设计对生活的"改良"、"再构造"、"革新"三大作用后着重讲解了设计在支撑"饮食生活"、"居住生活"、"游乐生活"中的作用，并分别阐述了为"女性"、"青年人"、"单身者"、"残疾人"设计的意义。其中对生活的三大作用概括理论来自荣久庵宪司，也是被 GK 设计集团实践证明是十分成功的理论。具体对不同人群的设计特征研究，来自同样是 GK 创始人的岩崎信治。

第五章：和谐人寰——现代设计中的人机工学。在论述人机关系一般理论基础上，特别举例说明"椅子的人机工学"。此研究来自千叶大学小阮二郎教授，而电子产品界面的设计案例则来自森典彦教授。

第六章：素材的哲学——现代设计中的材料计划。主要内容来自千叶大学材料研究室铃木迈教授团队，其中有关"感性判断的材料特征"、"新材料与现代设计"是在收集意大利、美国、法国设计研究基础上写作的。

第七章：美在意匠中——现代设计的美学。此章是笔者长期积累的成果，在此前有兴趣对"符号"、"语义"、"语用"、"语境"诸问题做了实践性研究，并写成了完整的论文。结合汽车设计案例予以了阐述，其中"色彩与信息化"是参观了 GK 设计的工厂及环境后总结的观点，"细部设计与多元化"是长期与汽车设计师交流、探讨时经过归纳总结的成果。

第八章：开启成功的大门——现代设计的程序与方法。一般的设计程序来源于森典彦教授，但是增加了"生活器具与生产工具"设计方法的差异，此节内容是笔者向森教授请教后根据其论文整理归纳的。

第九章：大珠小珠落玉盘——各国现代设计振兴的特色。此章从日本、英国、德国杂志书籍中搜集了大量资料，同时有感于日本优秀设计评选制度的特色。其中韩国设计振兴的资料来源于日本东京造型大学和尔祥隆教授编辑的专业杂志。笔者当时在无锡轻院求学时曾听过该校校长丰口协教授的讲座，他除了大量应用日本 GDP 数据说明日本设计应对经济发展做出的贡献，还简略地提到过韩国设计振兴发展的历史。因此在杂志中发现了长篇的记叙内容，同时还发现了留法的日本学者写的法国、北欧设计振兴的资料。

第十章：走向新世纪——"绿色浪潮"推动下的现代设计实践。该章阐述了面向 21 世纪世界各国设计师的设计思考与实践，列举了各种探索性的设计实践和畅想，特别介绍了日本新农村开发设计的成功案例，这是随宫崎清教授赴日本福岛县三岛町考察后的记录。

从整体上来看这部书呈现出长卷式叙述，第一章提出了问题供读者思考；第二章叙述了历史；第三章扩大了视野；第四章强调设计的作用；第五章至第七章是设计要考虑的三大要素，或称三大工具；第八章讲方法；第九章讲政策；第十章讲未来。从写作方法来看是求全，力求一本书解决全部问题，有全身调理的企图。所以全篇呈长卷式画轴逐一展开，这种写法在欧洲著作中几乎没有，是典型的"东书"写法。当然日本的专著战线也没有如此之长，特别像设计政策会用专著来写作，因此这种结果可以看作是"译东书"的必然结果。

---

[125] 刘观庆：《工业设计发展的趋势》，《实用美术》第 50 期，1993 年，第 13 至 16 页。
[126] 殷正声：《爱斯普利特的综合设计思想和实践》，《实用美术》第 54 期，1994 年，第 4、9 页。

以同样方式工作的有原无锡轻工业学院刘观庆教授通过日本资料翻译介绍了大量的欧洲设计。如《丹麦工业设计发展的趋势》《"青蛙"公司的设计风格》，[125] 同济大学殷正声教授介绍了《爱斯普利特的综合设计思想和实践》。[126] 原任无锡轻工业学院设计学院教授，后任上海交通大学设计学院教授陈维信发表了《工业设计的国际性和地域性》论文。

第五节

"语言学转向"下的设计语义追问

19 世纪末 20 世纪初，各门具体的科学，特别是自然科学取得了长足的进步，自然科学研究的问题具体并具备了行之有效的科学方法，所得到的知识十分精确，因此自然科学成了权威，成为了一切科学的楷模。这种情况对哲学也产生了直接的影响，许多哲学家放弃抽象思辨研究，极力使哲学具体化和科学化，由此诞生了一门语言哲学，专门对语言作哲学分析，具体研究语言领域中具有哲学意义的问题。

在这个系统中奥地利哲学家维特根斯坦以其著作《逻辑哲学论》表明：哲学不是什么纯理论研究，不在于建立什么哲学体系，哲学就是分析语言的活动。因此，他认为"人具有组织用以表现任何思想的语言能力"，"日常语言是人类机体的一部分"。语言是人的一种自然的表现能力。这种能力是一种现象化的能力，形象化的方法是人掌握世界的一种方法。一如人们可以用绘画、音乐、舞蹈等手法表现事物，因此语言就是世界的图像，这一切构成了维特根斯坦语言图像学说，也是哲学语言学转向的重要节点。美国哲学家 M·怀特在其《分析的时代》中所述：分析是 20 世纪一个最强有力的趋向，语言分析哲学或语言哲学是分析哲学的主要分支。

20 世纪 60 年代，结构主义哲学思潮涌现，语言学、社会学、心理学、文学等领域共同使用这个名称，所以不是一个统一的哲学派别，研究的重点是现象之间的关系，而不是其本身的性质。

瑞士语言学家索绪尔首创的"结构主义"方法，后来由法国人类学家列维·斯特劳斯将这个方法应用到人类学领域，以后社会学家米歇尔·福柯、美术家与符号学家巴尔特相继推出了自己的研究成果。

索绪尔首先认为：语言是一个由相互依赖的词项组成的符号系统。他特别提出了"语言"与"言语"的区别，前者是社会现象，后者则是个人形象。其次他还提出了"能指"（语音）、"所指"（意义）的概念，并认为这两者正如硬币的两面是不可分的，一个语言单位的功能不是体现在语音和语义的本身，而是体现在语音之间，语义之间。再则，他认为语言是"社会成规"或习俗，是为大多数人所奉行的，是带有普遍性的。由于结构主义把对象符号化、模型化，结构主义常常被当作符号学的同义词使用。

在 20 世纪 80 年代，德国哲学家恩斯特·卡西尔的著作《人论》被介绍到中国。这是作者晚年发表的最后一部著作，其中提出了"人是符号的动物"概念，批判了人是"理性的动物"结论。因为他感到人与动物虽然生活在同一个物理世界，但人能够利用符号创造理想的世界，而动物只能对"信号"做出条件反射。由于他研究了"符号功能"问题而影响了西方。而意大利曼菲斯集团发起的意大利激进设计运动认为，所有产品的形式就是一种隐喻符号，可以表达特定文化内涵。

　　和美国在各个层面大力推进设计语义学的理论研究，并积极进行商业化应用的情况不同，这种理念虽然也影响到日本的设计，但并没有形成完整的文化思潮，而演变成"设计语义学"，一门准操作技术的研究课程。原无锡轻工业学院刘观庆教授、吴翔教授在东京造型大学留学期间，由丰口协教授主持，鱼住双全、和尔祥隆、益田文和教授共同教授了设计语义学的课程。同期筑波大学的原田昭教授以设计语义学为基础进行设计认知研究，为以后的日本感性工学研究奠定了基础。1993 年，回国后的刘观庆教授率先在设计学院的工科班开设同样课程，激发了学生的研究热情。与艺术类的学生不一样，他们对于相关的问题愿意逐一提问，并一定会去搜寻答案做理性分析。经过理论问题的讨论，最后学生们通过设计展现了各自的想象力，其重点是研究形态的表达、传播能力和消费者对产品形态的读解能力，其实已经涉及了"语用学"的范畴，成为一种具有实验性的探索。

　　赵英玉曾经编译了原田昭教授《工业设计的评价》一文，具体解析了所谓"设计认知评价"的基本面貌和设计语义学的基本应用。但当时这篇文章并未引起广泛关注，主要是从业人员的基础知识不够，对于语义学这些枯燥的定义和逻辑缺乏了解，一味地沉浸在设计定义的追问中，所以不知如何回应。

　　在"人类与评价的关系"方面原田昭写道：评价这个词包含的内容非常广泛，这里所说的评价并不是说制造方（设计者）的评价，而是说使用方（消费者）的评价。对消费者来说，使用前的评价（即购买时的评价）不同于使用后的评价。而且这种评价也有时间性。比如流行一时的产品，随着时间的流逝，也会被人们所遗忘。这就是评价的寿命（周期）。消费者看产品时，头脑中产生很多种对形态的联想，在此基础上进行进一步的推论。这时，当消费者脑子里产生的形象跟设计者构想的形象相呼应时，消费者对此形象产生一种舒适感和亲切感。否则，此设计只能得到"不可理解"的评价，这是设计的形象和联想的形象相互脱离的结果。另一方面，将联想的形象跟消费者的观念模型（作为一种"观念"存在对产品的看法）相比较，若前者含有后者所没有的新东西，则被评价为"新式"，若两者没什么区别，则被评价为"陈旧"。如上所述，要是认为评价是形象联想的发展结果，那明确影响形象的形成因素是评价的关键。

在讨论"人类进行评价的模式"时原田昭写道：消费者究竟通过什么样的途径，对形态的个性、大小、价格、性能、安全性等产品的属性进行评价和选择呢？这问题过去有各种说法和理论。其中普遍知晓的要数由罗森伯莱格 1956 年与费希倍茵 1967 年建立的多属性态度理论。理论由如下的线型模式说明了消费者对产品的评价态度的形成。

$$P = \sum A_j \cdot W_j$$

P 表示产品的综合性评价，A_j 表示消费者对产品功能 j 的认知度（也称为属性剖面），W_j 表示功能 j 的重要度（效用）。

这些调查值（测定值）该如何确定呢？这取值方法非常重要。比如，绘画或者雕塑的审查是根据 A、B 作品的好坏进行评价；选美比赛也是由 A 某与 B 某的相对美来进行评价。可是人类的判断不像生产量、生产费用等测度，它没有绝对的依据，也没有单位尺度。有人喜欢以 5 分为满分，给 A、B 两个对象各打了 3 分和 5 分，但这数据只能说明 B 的评价比 A 相对高，仅此而已。这只能排序，不能以具体数据定量时，可以作为排序课题研究。一般对消费者来说排序并非是难事。

多属性理论最初是 $P = \sum A_j \cdot W_j$ 式中确定右式值而得出 P 值，是从这种角度建立和发展的。只要通过调查，从消费者中直接得到对产品各属性的评价值 (A_j) 和各属性的重要度 (W_j) 的值，即可得到综合

▲ 左上 高山流水录音机，刘观庆教授在东京造型大
学留学期间的设计作品

　　右上 电话机（CAD 辅助），杨足设计

　　左下 激光唱机，谭杉设计

　　右下 CD 机，吴翔教授在东京造型大学留学期间
的设计作品

性评价值 (P)。可实际上并非这么简单，我们还得考虑人类判断事物的过程。人类是否先对产品的诸多属性逐个仔细比较后，才得到评价结果，这是值得重新探讨的问题。人类先分析各种构成因素后，再下结论的观点，乍看好像很有道理，但人类的判断程序并不是这样的。

在讨论"形态与功能的关系"时原田昭引用了 美国莱斯·古列诺曾在"形式与功能"中的观点："功能是美的基础，行为是功能的表现，特性是功能的记录。"路易斯·沙利文也曾提出过"形态随功能"的观点。历史上这些功能主义观点一直作为创造新的人工物品形态的哲学而利用，并流传到现在。可最近的产品却打破了功能与形态的一对一关系。比如，同样功能的产品呈现出不同的形态，有时一种形态包含多种功能。这是现今产品的发展方向，在综合性评价中，形态所占的比重越来越高。之所以产生这种现象，是因为人们已不再满足于理性的功能研究而追求感性创造的结果，另一面是因为人们的注意力从比较简单的逻辑性功能评价转移到感性的形态评价。

原田昭强调：这种关于形态与评价关系的问题，就是关于人类对形态的认识过程的问题，富有主观性，至今还没有得到很好的发展。这种"联想形象与形态评价的相互关系"，是一个未开发的领域。只要能认真验证它，就可以找出产生各种丰富联想的形态规则。

原田昭下面讨论的是一个核心问题："联想的形象与评价的关系"。

研究开发适宜于人类行为的产品的学科，最初在英国和美国得到了发展和普及。此学科在英国称为人体工学，在美国称为机械设备利用学。它利用实验心理学、实验生理学、环境工程、自动工程、系统工程等领域知识，研究人类如何充分利用机械，怎么样的机械才是最适合于人类行为的机械，这些人机问题，比如测定各种形态、色彩搭配对人类疲劳的影响，研究作业流程对行为效率的影响，探索最舒适的作业环境,研究自动工学中的行为适应性等。从此,适合于人的行为、人的心理的功能研究,越来越受到人们的重视,并获得迅速发展。另外,通过价值分析,逐渐实现"以最低的成本,保证性能、信赖性、品质、安全性诸功能"的目标。可是功能并不是产品的全部,同样的功能往往得不到同样的评价。这是什么缘故呢? 为了究其原因,形态才作为表现产品功能的窗口,成为争论的焦点。

以往的形态分析一般是从形态要素的分析开始的。可是逐渐发现要素分析只能寻找形态的物理规则,不能解决人类为何喜欢形态 A,而不喜欢形态 B 的评价问题。

假设人类对产品进行评价之前,在视知觉接受形态符号的同时,脑子里浮现出一系列相应形象。由于这些形象纯粹是主观形象,所以称它为联想的形象。这些联想的形象在人脑里经过比较和选择后,获得最终结果——评价。

设计者以设计出的产品形态为基础,创造系统形象;消费者反复比较系统形象和联想的形象,最后得出评价。

设计者的任务是,设计的系统形象使得消费者产生与设计者创造的形象不相矛盾的联想形象,即创造出易读的产品形象。

视知觉吸收的情报(联想形象),跟已积累的情报(观念形象),得到最终的知觉体验(评价),但两种情报不可能完全一致,那这些比较如何顺利进行呢? 比如新车打进市场时,其形态跟过去的车型不完全相同,尽管如此,人们怎么还能"辨认"出它是车呢? 这些人类"辨认形态"的认知过程本身包含了未知世界。总而言之,"联

---

[127] 原田昭:《工业设计的评价》,赵英玉译,《实用美术》,1993 年,第 51 期,第 32 页。

想形象与观念模型"是决定消费者读产品形态、解释形态、进行评价的框架。

原田昭以人机关系为主线，研究联想形象与观念模型中穿插认识距离与形象距离的关系。若意识距离长，则被评价为"不可亲"，否则为"可亲"。总而言之，要设计出容易被人接受、受人喜爱的产品形象，必须缩短意识距离与形象距离。换句话说，设计评价中不仅包括"使用的便利性"，同时也包括"能否被人接受"、"可不可亲"等感性因素。灵活运用形态诸要素，产生上述效应，就是所谓设计的技术。[127]

全文以上述"进行形态评价的程序"作为结论，为个性消费时代的设计开拓了新的思想领域。在赴中国讲学的时候，原田昭也曾经多次讲过类似的内容。

1993 年、1994 年日本东京国际汽车设计竞赛上，出现了中国设计师的作品并获得优秀奖，作品刊登在《CAR STYLEING》杂志上，成为首次获奖的中国设计师。设计者是后任教于北京理工大学艺术设计学院的庄虹副教授。早在 1988 年，庄虹便以极大的兴趣展开汽车设计的探索，构想了汽车的具体设计方案并制作了模型。随着方案日趋成熟，他在 1993 年递交的参赛方案中以"行走的机器"作为他设计的出发点。源于他曾经在武汉钢铁公司汽车运输队内燃车间做过 5年维修工作的经历，他认为人与机器的关系不应该是"陌生"的关系。使用者在对机器工作原理一无所知的情况下，即便是发生小故障也要求助于修理工。他设想将汽车设计成为摩托车的结构，由于柴油发动机不怕雨淋水浸，将柴油发动机及相关机械结构尽可能袒露在外面，驾驶室则可以完全向上掀起，能够方便检修。"用机能带动形态"实现了最终的产品形态，也造就了独具个性的设计符号。

1994 年参赛的方案"海豚"是在前者的基础上进一步深化，以四轮驱动的运动型汽车为设计目标，底盘可以升降，配以 8 缸裸装柴油机，两侧的浮筒可以辅助涉水行驶，这个设计在最早的探索原型上也几乎能够看到痕迹。从最早的探索方案到第一次参赛、第二次参赛方案在整体设计思路上几乎是保持了一贯性，这是由设计师设计实验的逻辑所决定的，即所谓的设计符号创造仍然是由设计观念所左右的，庄虹认为这种过程没有可逆性。

第六节

世纪末的设计观念危机

在 20 世纪 90 年代，中国现代设计观念中曾经有一匹"黑马"横空来袭，即所谓的"企业形象设计"，简称 CI 计划（英文写作 corporate identity)。在 1988 年末，日本东京经济大学八卷俊雄教授、山田理英设计师应邀到上海工艺美术学校作讲座时已经介绍了日本的 CI 计划，这是外国学者首次以企业发展需求为背景介绍 CI 计划。八卷俊雄有经济学背景，涉的是理论框架；山田理英则是设计师，涉及有企业标志图形设计、标准字体、标准色彩及其组合应用，在企业各种事务用品、场合乃至商品、广告应用上有所介绍。稍后，留日的王超鹰先生推荐了中西元男先生到中国讲学。中西元男带来了他在日本的设计作品集，稍后译成中文版发行。

CI 计划发源于欧洲。彼得·贝伦斯为 AEG 德国电器公司设计企业标志、厂房形象、工业产品时，全部做了系统化设计，使产品形象具有十分明显的识别性。如其设计的电风扇既是美国 GE 电器模仿的原型，后来又被中国华生电风扇学习。意大利的卡米洛·奥列维蒂在他的公司生产的打字机也是较早地进行了系统设计，因而产品形象也具有识别性。美国引进 CI 计划主要是用视觉形象来表达美国的文化特质，即效率、创造力和责任心。CI 兴起时正值 40 年代美国经济大萧条时，设计师雷蒙德·罗威建议罗斯福总统推行"创造吸引大众的新产品"理念。而美国商用计算机公司 IBM 的 CI 计划就是彻头彻尾地实践了这种理念，从而开创了美国型 CI 的风格。

日本从 20 世纪 70 年代开始，由中西元男主导的日本 PAOS 公司开始为马自达汽车公司导入 CI 计划。日本式 CI 计划强调企业理念的规划与更新，其次强调员工的行为紧随企业理念行动，并且制定了一套行为理念，在这个基础上再展开视觉理念，也就是我们最终接触到的企业标志图形、企业标准字体、企业标准色彩及其组合应用。

中国香港、台湾地区此时已经紧随国际 CI 计划步伐，紧锣密鼓地更新着企业的形象，以台湾师范大学林磐耸教授、王炳南先生为代表的台湾设计师群体通过在大陆地区台资企业的成功案例大力向大陆企业推介展开 CI 计划，并率先在宁波杉杉集团、民生银行等民营企业形象设计中拔得头筹，在进一步推广的基础上再深度开发设计项目。由王炳南任主编的《台湾设计年鉴》集中收集整理了台湾设计师的成果，给大陆的设计界带来很大的震撼。

由于日本和中国台湾、香港设计师的推波助澜，加之国内企业历经多年发展，十分需要更新自己沿用的"土"形象，更需要站在与消费者、市场、社会相互沟通的立场上来刷新原有的形象，所以对市场传播最敏感的民营企业首先认可了 CI 计划，并为此付出了巨大的费用。

1988 年，中国南方广东新境界设计公司为广东省的太阳神保健品公司设计了 CI。新颖，具有传播价值的新品牌标志及其规范的应用，为中国设计界带来一种新观念，也使得产品风靡一时，成为全国企业特别是传统企业仰慕的对象。在南方提到"新境界设计师群"，可能人们联想到的是他们设计的一系列 CI——太阳神牌生物链、乐百氏口服液、富力美系列食品、名格牌 T 恤、碧浪可乐、801 生发精等。"设计群"的 4 位 20 几岁的年轻人，原来分别在国营企业搞美工，在改革的大潮中，他们走到一起来了，创办了一个新型的私营机构——"新境界设计群"。

也不难发现这群开辟新境界的年轻人成功的诀窍。用他们自己的话来说，就是"我们年轻，没有框框，好的创意是我们的特长"。的确，搞设计关键就在创意上。在为广州珠江饮料厂设计碧浪可乐包装的时候，考虑到"可乐"一词源自西方，一般可乐型饮料的包装，在形式上都比较"洋"，而碧浪在其可乐家族中面市较迟，所含的天然食材成分又很独特，因而将设计格调定位在中国"味"上。设色用红绿对比，品名中的"浪"采用中国书法写得笔墨酣畅。成功的设计促成了销售的成功，原本名不见经传的碧浪可乐在一次全国订货会上初次登台，就接到上百万的订单！虽然有人不以为然地批评说"那个浪字算什么体"，但设计师们却很坦然地说，我们不是搞书法表演，我们要的就是这种视觉冲击力。

如果"新境界"的创意仅仅是个别字体、单个标志、某个包装上的"小聪明"，那绝对不会有今日的成就的。他们的眼光要远大得多。中国改革开放 10 年了，不能老局限于三来一补，为他人作嫁衣裳，该是创名牌，闯国际市场的时候了！他们开启了一股 CI 战略的旋风，着眼于企业形象的总体设计，帮助企业树名牌，创效益。

广州第八针织厂原来产品的内在质量不错，但在市场上没有知名度。每年西德某厂商都大量买去，换个商标和名字再上市赚钱。新厂长很有眼光，请来了"新境界"的年轻人，同意他们采取"革命性手段"，用 CI 战略来扭亏为盈。有了企业的支持，"新境界"人大刀阔斧地干起来

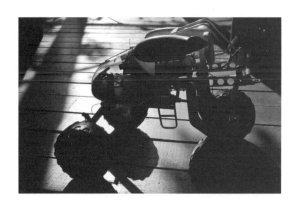

▲1988 年，庄虹构想的汽车设计方案模型

了。先是将标牌、商品、工厂名统一改为"名格"——通过产品的销售提高企业的知名度，反过来通过企业的信任度又促进产品的销售；然后在针织衫的款式设计、材料选用、价格定位上狠下功夫；再加上招贴海报、报纸广告、电视广告——立体化的促销战术一齐上阵，造成一股强大的"名称"攻势。广州永安公司针织部 T 恤的销售额中，"名格"一度占了 70%！体操王子李宁也亲临"新境界"，请他们为他的"李宁"牌运动服装做总体设计。

　　"在成功面前，这些嘴上无毛的年轻人都难得地清醒：设计师可以为企业设计出统一的视觉形象，但让这一形象在消费者心目中扎下根来却要靠企业领导和全体职员在生产、管理、经营等各个环节上不懈地努力。没有企业的自觉行为，再好的 CI 设计也只能是昙花一现。为此，他们通过各种渠道，采取多种方式来宣传、介绍 CI 战略——这是一门通过统一的视觉形象设计，使企业在市场上和消费者心目中确立起牢固地位的系统工程；这是一条国际著名厂家共同的成功之道。他们到工厂去讲课，在报刊上发表文章，在各种会议上和企业家交流心得，去学校给未来的设计师们传授经验……乍一看去，这些活动已经远远超出了设计的范围。然而，设计师和企业携手，同创名牌，走向世界——正是这群可爱的年轻人要有的新境界"。[128]

　　作为具有悠久历史的国有大企业代表，中国人民保险公司于 1996 年开始筹划导入 CI 计划。其背景是当时中国在与世界贸易组织（WTO）进行谈判，其中有开放保险市场的相关内容。中国人民保险公司与共和国同龄，在中国市场占有率为 90% 以上，为了对应 WTO 采取了分业经营的策略，即将未来的公司以中国人民保险（集团）公司为母公司，下设中国人

---

[128]《创造新境界的年轻人》，《设计》杂志，1990 第 1 期。

▲ 1993 年，日本东京国际汽车设计竞赛上获奖的
设计方案

民财产保险有限公司、中国人寿保险有限公司、中国再保险有限公司，为此要设计新的标志、标准字体、标准色彩，其中要体现高度的关联性。在历经了三年的设计后，完成了全部工作。同时期中国建设银行由中国人民建设银行改制而成，也进行新的视觉系统设计。还有诸如光大银行、浦东发展银行、交通银行，以及上海图书馆、上海植物园等公益机构，相继进行了侧重视觉系统的设计，但大部分的企业是更新企业标志的设计工作。

一时间 CI 计划成了打造企业竞争力的核心手段，不少中国设计师认为这是解决一切问题的工具，于是根据自己对已经介绍到国内的国外企业——大部分是日本企业的案例的理解，开始推测界定 CI 计划的内容，并天真地感到已经找到了中国企业发展问题的解决方案。

由于当时从事 CI 计划的设计师大部分是平面设计背景，对视觉设计部分比较熟悉，而对于企业理念、市场经营却又相当陌生，几乎是一无所知，只是以国外同类企业做比较和移植。殊不知国外企业已发展了五六十年甚至近百年，中国的企业发展没有这么长的历史，况且中间还有断层。真正作为企业角色活跃是近 10 余年的事，因此出现了一个很怪的现象：有些企业没有导入 CI 计划前活得还比较好，一旦导入新的 CI 计划则变得举步维艰了，曾一度到了谈 CI 色变的地步。

其实当年所有中国专家在介绍国外企业导入 CI 计划的时候，绝少有亲身参加过国外著名企业导入 CI 计划完整工作的。一个成熟的国际化企业的核心策略也不可能告诉任何人，依据这些企业发布的信息去"还原"其理念肯定有很大的错位。即便在日本，最优秀企业的 CI 计划也不可能是日本的设计公司、日本的专家来完成的，因为日本缺少一流的战略咨询公司。日本著名企业的 CI 计划都是委托给美国著名的兰德咨询公司来完成的。中国香港国泰航空公司能够在较短时间内迅速崛起也是因为有兰德咨询公司的因素。

▲ 1994 年日本东京国际汽车设计竞赛上获奖的设计方案

　　中国的设计一直有走捷径的冲动，只是在不同时代表现了不同的样式。这个时期城市规划的理念尚不成熟，城市环境管理也呈现出条块分割的局面。随着中国市场经济的回归，为了激发人们的消费热情，以上海、北京、广州为代表的大城市都将商场的营业时间延长了 2 小时左右，使得下班后的市民有时间消费，全国各地来到中心城市的游客也能够增加消费的机会。配合这种需求，各大城市商业街的"亮化工程"开始登场。所谓"亮化工程"是指增加霓虹灯广告，强化商业气氛，上海的南京路商业街一时间成了霓虹灯的海洋，其密度超过日本东京的银座。黄浦江边上也是霓虹灯广告林立，一下子霓虹广告成了城市的主角，同时带来了光污染及城市空间乱建、乱搭问题。上海淮海路商业街的亮化起源于每年 10 月 1 日国庆节搭建的观赏灯，即用毛竹搭建一个跨越整个马路的拱形造型，上面安装白炽灯，共约 5 公里长。当年国庆观灯潮时是必去之地，但国庆结束后即恢复原样，后来感到这种方式应该保留下来，于是选用钢管做成了固定的支架，在拱形顶上设置了广告位，其收入支付电费，广告发布费用，商业街演变成了广告阵地，开拓了资金收入来源。这种拱形钢管结构也被不断设计优化，广告也由霓虹灯发展到灯箱、LED光源，各大国际品牌也竞相竞标，而淘汰下来的旧式拱形钢管结构则被转移到两三线城市继续用作"亮化工程"。

　　面对愈演愈烈的"户外广告潮"，上海市相关部门开始着手户外广告设置规划工作。同济大学城市规划学院设计专业（现已独立为设计创意学院）殷正声教授全程参与了这项工作。不久上海出台了相关的控制性规划。黄浦江两岸户外广告的整治始于上海国际市长咨询会议。国外资深市长对黄浦江两岸的户外广告设置过度提出了批评意见。上海着手以减量为目标，大量拆除相关户外广告设施。

第八章

设计观念的拓展

第一节

关于事理学

　　柳冠中教授的事理学思想初步形成于 21 世纪初，虽然其基本思路及论述也见诸作者的各种论文、演讲和课堂教学，但完整的表述还是在他的《事理学论纲》一书中。正如为此书作序的湖南大学艺术设计学院何人可教授所言：中国设计事业正处于一个大发展的前夜，无论是设计理论界还是设计教育界都需要对过去 20 多年的发展进行总结、

[129] 柳冠中：《事理学论纲》，中南大学出版社，2006 年，第 1 页。

反思乃至批判，为建立具有中国特色的设计理论和设计研究方法奠定坚实的基础。"柳冠中先生的这本著作，正是从深入的理论研究和高度实践应用价值两个方面为我们提供了宝贵的借鉴。"[129] 正如作者本人所表述的那样，今天的中国市场已不缺少设计的需求，但却稀缺对设计的深入探索和科学研究的能力与方法。从中我们可以判断作者是想建立一个系统的框架，可供设计者思考、批判，从而产生新的设计知识体系，以此推动中国设计的发展。为此我们判断其属于理论思考范畴的探索。从全文的写作风格来看，也有科学理论"一路高歌猛进"的风采。

事理学以增加新的思考维度来读解设计。其一是大量引用相关领域的研究成果来解释扩展设计要义。其中以"源设计"、"元设计"的叙述切入设计本体，指出"源设计"是沿着历史轨迹追寻设计，进而对由"源"而形成的"流"做分析；"元设计"则是抽象的发展轨迹，可以对设计进行形而上学的思考，揭示其本质。

柳冠中认为："设计活动或设计的产物，比如一个图案、一个器物、一座建筑等之间的差异都只是一种现象。设计往往只是人类世界很小的一个侧面，左右它变化的内在动因要在更广泛的宏观语境下去寻找，那就要考察设计活动发生时的社会结构（生活的组织方式）、生产方式（经济与技术的因素）、文化模式（观念的作用）。"[130] 这番研究颇具有社会学范式，即找到影响设计发展的各个要素，认定设计发展的动力不取决于设计本身，而是取决于相关要素的综合作用，是通过整合、调控这些要素终可获得一个有利于设计发展的良好环境。

如果历史发展线索的追溯还是清晰的话，要阐述"元设计"相对

---

[130] 柳冠中：《事理学论纲》，中南大学出版社，2006 年，第 2 页。

困难些。但作者明确地意识到这种阐述属于科学思想范畴，于是借用了赫伯特·Ａ.西蒙《关于人为事物的科学》中关于科学与设计的辩证论述：科学是去发现、解释关于自然、社会的知识，而设计是应用那些知识去创造未来。前者侧重分析、发现，后者侧重于综合、创造。由于有了西蒙的判断做基础，作者推导出设计是一种专业（职业）性的活动，既不是指平面设计、产品设计、服装设计、建筑设计等这些"狭义"的定义，也不是指人人都可以从事的解决某一具体问题的，或会产生具体可见物质结果的"设计"。由于有了这样的语境，设计被定义为"人类有目的的创造性活动"，并反复强调设计活动有两个要素，一是人的目的性，二是创造性。由于意识到这样描述设计范畴太宽泛，似乎与狭义设计形成了"二元结构"。所以补充说明道：随着人类社会的进化，人的目的开始分化，不再是简单的吃饱穿暖，人为创造的物的体系开始剧增，不同形态、不同功能、适应于不同环境与人种的生产用的工具、战斗用的武器、生活用的器物、祭祀用的神器、仪式用的礼器等开始出现。这些人造物组成了一个非自然的物质世界，我们可以称之为文化的世界。[131] 联系上下文我们终于明白：设计作为一种专业性的创造活动，其目的是建造一个符合人类行为方式和价值导向的物质系统。

接下去的论述十分具有戏剧性。当确立了设计的核心概念以后理应以具体的史实来反映其概念，但在"设计的流变与支配逻辑"一节中，作者引用西安交通大学李乐山教授总结的 5 种设计思想来说明上述概念。这 5 种概念是：

①以艺术为中心的设计（思想），这是 19 世纪流传下来的设计思想。

---

[131] 柳冠中：《事理学论纲》，中南大学出版社，2006 年，第 4 页。

②面向机器和技术的设计思想，以机器和技术效率为主要目的，把人看作机器系统的一部分，或把人看作是一种生产工具，并要求人去适应机器。主要设计理论是美国行为主义心理学、军用人机工学和泰勒管理理论。这种设计思想被称为机器中心论或技术中心论……机器中心论的基础是科学决定论和技术决定论。

③以刺激消费为主要设计思想。它只是强调用新风格刺激消费者，给产品披上流行外衣，而不顾及产品的功能和质量，它是有计划地报废产品。这种设计思想被称为流行款式设计。

④以人为中心的设计，面向人的设计思想，为人的需要而设计。例如：德国的功能主义，欧洲的人本主义设计，意大利和日本的后现代设计。（它的基础是）德国的行动理论（心理学）、人本心理学和认知心理学。

⑤自然中心论，可持续设计。它把人类生活看成是整个自然环境中的一部分，从人类的长远来看生存问题。作者指出："总结上述 5 种设计思想的发展，其发展的内部动因可分为人、环境、资本三个层面的支配因素，设计在其间摇摆。"[132]

柳冠中没有表述上述 5 种设计思想是呈线型发展形态还是共存形态抑或互动形态，但可以肯定的是无论在世界何地，在一定的"支配要素"作用下，设计的形态一定会发生变异。虽然以人为中心、面向人的设计思想在德国是主流，但德国历史上也曾出现过"以新风格刺激消费者"的设计思想。如 1933 年在希特勒主导下，为德国民众生产小汽车的目的已经超越其汽车功能本身，其目的是"向全体德国人提供个体消费的喜悦，来转移和克服魏玛时期留下来的阶级斗争"。

[132] 柳冠中：《事理学论纲》，中南大学出版社，2006 年，第 4 页。

希特勒曾宣布：机动车，原本是一种促成阶级分化的物品，今天则可以成为促成不同阶级联合起来的工具……[133] 于是大众汽车甲壳虫设计以流线型的线条为主，其中没有任何平直线条。柔软、膨胀的曲线为这款车带来了一种自然风的外观，并赋予其人性化的色彩。车身线条融合在景观之中，重新将民众与自然统一了起来。大众甲壳虫将豪华轿车和敞篷车中圆滑、流线型的外观特征带到了普通民众中间，消除了阶级间在技术和美学上的差异，从而表面上将德国民众团结在了希特勒周围。

柳冠中在本体论阶段引用了各领域专家的成果。在"设计与人为事物"一节中再次引用了西蒙对人为事物的 4 种分类：

①人为事物由人工综合而成。

②人为事物可以模拟自然事物的某些表象，而在某一方面或若干方面缺乏后者的真实性。

③人为事物可用其功能、目的和适应性加以刻画。

④对人为事物既用描述性的方法，也用规定性方法讨论。"人为事物是指相对于第一自然的第二自然即人化自然的事物，主要是包含了人的设计思想和创造性理念的人造事物。"

在柳冠中基本判断设计的结果会产生"人为事物"时，笔锋一转，出现了"人工物"一词。他表示，本文"人工物"是指由发明与设计的途径达到——利用自然、适应自然与改造自然的目标，是自然在后，文化阔步前进（的结果）。与之相对应的另一种"人工物"是指通过科学技术途径达到——科学认识、了解自然，然后用技术模拟自然物的

---

[133] (美)David Gartman：《从汽车到建筑——20 世纪的福特主义与建筑美学》，程玺译，电子工业出版社，2013 年第 144 至 145 页。

功能表现，自然在先，文化紧随其后。

接着作者指出，从发生学来看，"事"这一人类活动是先于作为"物"的产品存在的。之前作者特别强调基于西蒙的概念，进一步明确了"事"与"物"的区别。物是指材料、设备、工具，包括物理学、地理学、生物学等，"事"则是上述"物"与"人"的中介关系。试图进一步讲清"人为事物"、"人工物"、"物"、"事"之间的关系。

作为设计本体论这章描述最流畅的是"设计与科学、技术与艺术"一节。在关于"科学"概念中引用吴国盛由宽至窄的将科学分成三个层次的理论。在讨论"什么是社会科学"之后提出设计师应该更多地从社会科学中汲取营养，而笔者的理解是从中学习思考方法。

在第二章"设计认识论"中我们可以看到柳冠中的深思熟虑。似乎没有建构整体的负担，表述更加流畅，在涉及认识的方法时都有独特的见解。

第三章"事与物——中国传统设计中的事理思想"，根据作者说明是师生共同研究的结果。该章试图以不同于原来工艺美术和考古的思路去考察古人造物设计和思维方式，以启迪今天人们为设计做的思考。

但从其表述来看，不管是对"古代车轮"的研究、传统开水器械的研究（实质上是水车），还是金属物的研究都具备一种研究的"示范性"，对研究方法有了新的进路。

柳冠中教授在日常设计教育的实践中一直实践着他的思想，这反映在柳冠中教授的学生参加的德国奔驰汽车的"中国人家用轿车设计竞赛"的设计成果中。这种竞赛的价值对奔驰公司而言可能仅仅是收集一些中国人的消费生活信息，而对于中国设计院校的教师、学生而言，却可以视作一次有明确设计目标引领的设计观念实验。

德国奔驰汽车公司提供了一辆小型家用轿车，由此决定了基本的技术参数。竞赛一等奖获得者谭靖漪将中国人最熟悉的"双喜"符号融入工业产品中。值得注意的是，奔驰汽车公司的颁奖词中赞扬他的设计具有"职业特性"。谭靖漪的设计并没有像当时流行的那样使用宽大的玻璃，相反，后座两侧玻璃设计都很小，主要是当时能够买车的中国人都更注意保护自己的隐私。同样原因后挡风玻璃也是出奇的小，这样设计还可以增大后备厢的体积，符合当时中国人喜欢一次性大批量购物的习惯。而当时国际上家用轿车的设计思路是四周的玻璃尽可能做大，来凸显其技术特征，所以在汽车杂志、专业设计杂志上的汽车设计案例都是这种设计特征。虽然所有的参赛选手都在参考国外的汽车设计资料，但谭靖漪没有被"流行"所左右，而是进行了独立的思考，这就是所谓的"职业特性"。没有停留在中国符号的浅层次应用，而是能够站在消费者的立场上来思考问题。诚然一个汽车设计方案的决定不是一个简单的过程，今天来重新审视这个设计方案的意义也不在于要后来人跟随他的设计思路来解决今天的中国家用汽车设计问题，主要是为研究设计观念的切实拓展路径提供一个文本。

同时柳冠中教授作为高校与企业合作的负责人，担任过广州万宝电器公司设计中心的主任。该中心第一任设计总监是曾经任职轻工部北京家用电器研究所，后任职于北京工艺美术学校、中央工艺美术学院工业设计系的石振宇副教授，石振宇卸任后则由汤重熹教授继任。

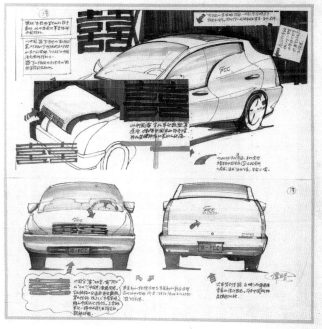

▲谭靖漪构想的设计草图

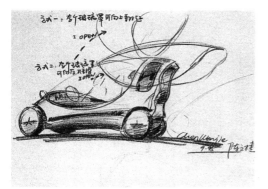

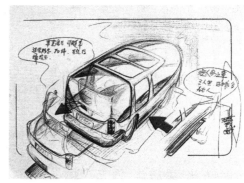

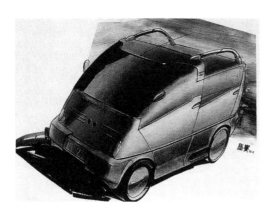

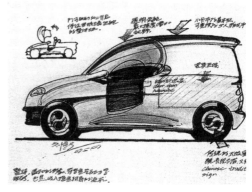

▲ 中国人家用轿车设计竞赛的其他优秀设计方案。（从
左至右）陈文捷、柳和勋、吴晓波、蒋红斌、马赛、刘新

第二节

设计史学的困惑

在中国最早介绍国际工业设计史的著作当数王受之教授的《世界工业设计史》。1983 年完稿时是作为油印教材，用于广州美术学院教学，后来由安徽技术美学出版社印制了内部发行版，至 1985 年由上海人民美术出版社公开出版。2002 年由中国青年出版社出版了王受之的另一部著作《世界现代设计史》，此书之所以以"设计史"来命名，按照作者的解释是"在多年从事一般设计史论的研究和教学过程中，我们比较突出地集中精力在各个门类的设计活动之间的横向的、交叉的关系上。设计运动的迭起，设计探索的推进，其实与整个社会的经济、政治、文化的演进分不开，从横向研究设计史论，往往能达到一个纵向研究、分科研究无法达到的认识高度。"[134]

从著作的内容来看，的确是以工业设计为主线，兼顾叙述平面设计、环境、建筑设计等领域，因而其书名也是十分恰当的。由于作者之前还写作过《世界平面设计史》（广东新世纪出版社，1997 年）、《世界现代建筑史》（中国建筑工业出版社，1999 年）、《当代商业住宅区的规划和设计》（中国建筑工业出版社，2001 年）、《现代世界艺术的发展》（台湾艺术家出版社，2001 年），另外还有《世界时装史》《世界广告史》《美国插图史》等著作。作者在材料的把握上驾轻就熟，因此无论是有关英国威廉·莫里斯"工艺美术运动"的介绍，还是欧洲"新

---

[134] 王受之：《世界现代设计史》，中国青年出版社，2014 年，第 4 页。

艺术运动"的阐述，欧美"装饰艺术运动"的表述，以及后来的现代主义设计的萌起（芽）、德国包豪斯历程的分析、有关工业设计之都美国的确立和美国对工业设计进一步职业化、制度化的描述都相当精彩。

为了使读者看到世界各国现代设计进程及面貌的差异，作者专门辟出两章介绍北欧诸国、日本、意大利、英国、法国、德国、荷兰、西班牙、瑞士、美国现代设计的状况。在全书的结尾以"现代主义之后的设计"为题，介绍国际主义设计运动的衰退、后现代主义思潮、风格兴起的面貌和特征。

王受之教授有关设计历史著作的基本结构在撰写《世界工业设计史》时已经形成，在很长的一段时间内，作为唯一的著作，影响到了之后中国有关世界设计史的研究，也就是说，这方面的其他著作与其结构也是极其相似的。

根据中国工业设计协会创始人之一的叶振华先生的回忆，20 世纪 80 年代初急需了解世界工业设计发展的动态和历史，为此王受之教授在很短的时间内拿出了初稿，实属不易。著作的意义在于，其一，中国首次有了一部介绍西方工业设计史的著作，缓解了中国设计教材的燃眉之急。其二，为中国设计行业思考中国设计发展的道路提供了思想内容。在 20 世纪 50 年代，原中央工艺美术学院郑可教授从香港回到内地时，曾组织翻译过《世界工业设计史》，但因政治原因没有出版。[135] 目前翻译手稿下落不明。同时还有一本介绍美国艺术中心设计书稿业已遗失。对于郑可教授那代人而言，他们到欧洲留学过，并且重点考察过包豪斯的教学成果及文献，深知其重要性。但对比郑可教授晚一辈的设计人员而言可能没有这个机会了，因此借助于世界设

---

[135] 王培波：《郑可》，生活·读书·新知三联书店出版社，2014 年，第 6 页。

计史的各种事件的串联，大致上可以作为判断中国设计走向的一个依据。其三，影响了以后中国学者研究世界工业设计史的基本思维走向。

当无数个事实没有转化成系统知识的时候，新的知识点也就无法产生。中国对于西方工业设计史的研究，借助于西方成熟的著作和海量的论文，只要精通西语，写作难度还是不高的。但是要真正使之形成知识体系则必须有思想方法，这种思想方法的构成要有来自社会学、历史学、哲学方面的启示，也要关注来自经济、政治等各种要素的作用。简而言之，研究各种要素对设计思想和实践的影响，是我们正确理解西方设计发现的基础，那就意味着我们要带着问题意识，不停留在对具体设计事件的考证方面，而是要通过考证设计事件，对其设计观念的合理性做重新审查。

英国威廉·莫里斯的工艺美术运动一直被作为现代设计的起源介绍，见诸文字的大多是关于该运动的设计形式、态度及对美术脱离产业的批评。共同记载的典型事件是莫里斯参观 1851 年世界博览会时，对工业化造成的产品丑陋结果感到震惊，极其厌恶。一般认为他是反对机械生产的，所以定义他并非是现代设计的奠基人。其实这只是表面现象，莫里斯反对的是工业大生产对人思想的剥夺及艺术的流失，他只是依赖中世纪的风格、哥特式的样式及自然景物三大途径来实现乌托邦的理想。

虽然有关于莫里斯是最早期社会主义分子的定义，然而他的这种社会主义思想如何产生的却是一直模糊的。我们可在于文杰教授的《英国十九世纪手工艺运动研究》中发现更明确的结论，于文杰将"The Arts and Crafts Movement"翻译成"手工艺运动"是比较恰当的。他在导言中直言：总体上说，英国手工艺运动是指从 19 世纪 30 年代至 20 世纪初，发生在英国工业革命之后，在批判工业技术给社会宗教伦理、道德状况、生态环境和人类资源带来严重灾难的语境中，通过复兴中世纪手工艺来重铸工业化背景中人的信仰、灵魂和道德品质，来寻求自然的生存状态和情感的社会主义家园的人文主义为最终超越的文化艺术运动。[136] 莫里斯们的出发点是矫正现代工业文明发展的方向，并以此为目的在全球进行推广。在通往理想的道路上，这些人强调人的劳动及其过程。因为他们看到英国工业革命以后，机械化程度越来越高，而工人作为流水线上批量制造产品的一个要素已经完全丧失了自我，也丧失了人格。劳动成为负担流水线的方式导致设计者与生产者分离，即艺术家设计，工人制造，妨碍了设计者进行合乎功能的设计。而资产阶级在逐利的价值驱使下，大批量生产着毫无美感的产品。在英国，物质条件的改善、产品的快速生产并没有揭开人们对自我价值的肯定，反而使其贬值。所以他们提倡手工作坊式的劳动，在手工劳作中还原劳动者的价值，人性的建构并以此为理由反对机器的批量生产。认为"一切劳动都是高贵的"。

莫里斯们深感英国在其资本主义发展不到100年的过程中，已经将近千年来的传统文化精髓丧失殆尽。对物质的贪图、浪费，替代了俭朴、高尚的生活方式，所以他们主张设计要从自然界中汲取灵感，甚至要以自然界的花草作为要素进行设计。

所以英国手工艺运动的思想来源宽广，主要由来自现实社会的状况引发思索，同时19世纪上半叶英国的文化领域中思想的流变也对其产生了重大的影响。[137]

莫里斯本人除了设计师身份外，还是一位文学家，最关键的他是

[136] 于文杰：《英国十九世纪手工艺运动研究》，南京大学出版社，2014年，第1页。
[137] 于文杰：《英国十九世纪手工艺运动研究》，南京大学出版社，2014年，第30页。

▲ 王受之教授为中央工艺美术学院八里庄研究班讲授世界工业
设计史课程后，与全体学生合影（后排左 10 为王受之）

一位受到马克思主义经典思想家高度关注的人。著名的马克思主义历史学家Ｅ·Ｐ·汤普逊从莫里斯的浪漫主义和社会主义情结中对其思想做了深刻的分析，为分析手工艺运动的现象和实践提供了更加广泛的基础。

由于莫里斯在艺术上的浪漫主义及政治上的社会主义思想，故被西方研究者定义为具有"情感社会主义"的思想者。其中恩格斯直截了当地将他评价为"感情用事的社会主义者，一个空谈家，具有真正善良的意志……""他的理想是建立一个把各种不同观点联系在一起的辩论俱乐部"，"莫里斯对一切与议会有关的东西恨之入骨……而且作为一个诗人看不起科学……"恩格斯邀请他联合马克思的女儿爱琳娜·马克思·艾威林及其丈夫爱德华·艾威林成立了社会主义者同盟。莫里斯担任了机关报《公共福利》的主编，撰写了大量宣传社会主义思想的著作。同时作为文学家，其长诗《大地上的失乐园》表达了对资本主义制度不合理现象和文化的憎恶。后期《梦见约翰·保尔》和《鸟有个消息》，更是他社会主义思想的体现。

因此可以认为，手工艺运动的五大特点是莫里斯情感社会思想付诸艺术活动的追求目标。同时成为手工艺运动的风格特点："① 强调手工艺，明确反对机械化的生产；② 在装饰上反对矫揉造作的维多利亚风格和其他各种古典、传统的复兴风格；③ 提倡哥特式风格和其他中世纪的风格，讲究朴实无华，良好的功能；④ 主张设计诚实、诚恳，反对设计上哗众取宠、华而不实的趋向；⑤ 装饰上崇尚自然主义、东方主义。"[138] 这种风格特点我们理解为以"设计"为切入点去剖析资本主义社会，同时又以"设计"去改造社会，以"设计"表达自己

---

[138] 王受之：《世界现代设计史》，中国青年出版社，2014年，第56页。

的社会理想。其中以自己的红屋为基础的设计制作实践，几乎是莫里斯乌托邦理想的一个载体，他几乎掌握了所有用品的设计与制作的材料性能、工艺过程及制作方法。同时他所创立的莫里斯—马歇尔—福克纳联合公司又进一步拓宽了展示，成为实现他目标的平台，因此他的美学思想相较于其他理论家都要来得具体和丰富，因而也更具有说服力。所以简单地认为莫里斯"逃避乃至反对工业技术、反对工业化、反对现代文明"的观点是错误的。

顺着这样的思路来追踪德国现代设计的起源，并理解德国理性设计的根源及其对全球的影响变得十分重要。对这个问题的研究较之莫里斯的手工艺运动更加重要，因为在 20 世纪 80 年代初，当世界工业设计史只是被当作启蒙教材的时候，可以只满足一般现象的描述，对于德国设计的历史也可以满足于对其设计结果的体味，这种体味是常识性的、表象的，各人只能从个体的体会出发做些贴标签式的认定，此时中国急于改变自己产品的面貌，以实用的态度来移植其成果，而对其产生的原因可以不问。

一般认为彼得·贝伦斯为德国电器公司（AEG）设计的电风扇、工厂厂房乃至 AEG 企业形象是现代主义设计的开端，而穆特修斯创建的德国工业同盟又是其展开理想的最佳平台。德国工业同盟的宗旨由弗利德里克·诺曼起草，涉及如下 6 个问题：

① 提倡艺术、工业、手工艺结合；

② 主张通过教育、宣传努力把不同项目的设计综合在一起，完善艺术、工业设计（应理解为技术的配置更妥当）和手工艺；

③ 强调走非官方路线，避免政治对设计的干扰（应理解为面向市场，面向消费民众，为大众而设计）；

④ 大力宣传和主张功能主义和承认现代工业；

⑤ 坚决反对任何装饰；

⑥ 主张标准化和批量化（便于批量化生产）。[139]

至此德国设计"功能化"、"理解化"的主张表露得十分完整。这种思想在后来包豪斯的办学理念中表述为"形态随功能"，并一直延续到乌尔姆设计学院的教学理念中，催生了一大批优秀的设计产品。今天当我们再回首看到这些设计的时候，非常容易以国内外著名学者的理论为导向，只对其美学的价值进行歌颂，而不能切实还原其原来日常生活的语境和功能的真实感。"现代主义（设计）经久不衰的意识形态优势一直受到道德和政治内涵的支持……"[140]

首先德国的工业革命启动于 19 世纪 30 年代。而英国在 18 世纪 60 年代便率先开始这个过程，到 19 世纪中叶已完成了工业化。法国则是于 19 世纪初开始了工业革命，至 19 世纪 50 年代完成了这个过程。当时的德国还是处在封建割据状态，[141] 但后来发展很快。

德国的资产阶级革命并没有建成一个资产阶级民主共和国，但却以自上而下式的封建主义改革方式催生了容克资产阶级，完成了从封建社会向资本主义的过渡。德国迅速集中精力发展经济，虽然新兴的资产阶级在政治上的要求屡屡遭受挫折，但是容克贵族却在经济上给予了资产阶级发展的空间，以此换取其放弃政权、军权的要求。[142]

英国的工业革命使其在纺织业方面具备了全球垄断的能力，德国在这方面已经难有作为，因此德国将工业生产从消费产品转向装备产品，以期实现垄断。以采用英国人发明的托马斯·吉尔克里斯碱性炼

[139] 王受之：《世界现代设计史》，中国青年出版社，2014 年，第 125 页。

[140]（英）乔纳森·M·伍德姆：《20 世纪的设计》，周博、沈莹译，世纪出版集团上海人民出版社，2012 年，第 29 页。

钢法为标志，使其钢产量跃居欧洲之冠，带动了铁路、船舶、军工产品的发展，于 19 世纪 60 年代完成了第一次工业革命。在第二次技术革命到来之际，德国以电能、内燃机动力和新型化工为突破口，彻底完成了其工业化过程，驶上了资本主义发展的快车道。

在确立经济体制方面，1834 年普鲁士建立的德意志关税同盟在长期的经济发展过程中起到了对外关税保护，内河航运免税，以及市场内部少税的作用。这个关税同盟使其成员一方面削弱了来自英国的工业竞争压力，另一方面又使其经济发展能级得到大大提升。而德意志制造同盟也应该是各种有利于经济发展的各级组织中的一种，这种组织之中的成员都是以经济利益最大化为目标，而不是要表述纯粹的学术观点。

从思想文化方面来看，新教改革始于德国，其核心教理是：上帝应许的唯一生存方式，不是要人们以苦修的禁欲主义超越世俗道德，而是要人完成个人在现实里所处地位赋予他的任务和义务，这是他的天职。德国社会学家马克思·韦伯著有《新教伦理与资本主义精神》，重点阐述了西方资本主义文化中"理性"的问题，首先他认为有商品交易并不是资本主义的特征，"资本主义在中国、印度、巴比伦，在古代希腊和罗马，在中世纪都存在过。但我们将会看到，那里的资本主义缺少这种独特的精神气质"。[143] "近代资本主义扩张的动力首先并不是用于资本主义活动的资本额的来源问题，更重要的是资本主

---

[141] 吴友法、黄正柏主编：《德国资本主义发展史》，武汉大学出版社，2000 年，第 1 页。

[142] 弗兰茨·梅林：《中世纪末期以来的德国史》，北京三联书店，1980 年，第 197 页、210 页。

[143] 马克思·韦伯：《新教伦理与资本主义精神》，于晓、陈维钢译，生活·读书·新知三联书店，1987 年，第 36 页。

义精神的发展问题"。"对财富的贪欲，根本就不等同于资本主义，更不是资本主义精神。倒不如说资本主义更多的是对这种非理性欲望的一种抑制或至少是一种理性的缓解"。[144] 如果从多个维度来理解不同时期国际设计发展的特点和趋势的话，能够让我们更好地看到其本质，也能够进一步启发我们理清对中国设计的研究思路。

第三节

思想的融通与方法的借鉴

2008 年 5 月 24 至 25 日，在苏州由《时代建筑》杂志社主办了一次"现象学与建筑研讨会"，同时举办了"现象建筑、建筑现象"的建筑展。作为发起人之一的九域都市建筑公司的建筑师张启鹏认为：建筑学与现象学的相遇，尤其是大规模相遇，在中国不是一件必然要发生的事情。首先是因为，过去，建筑是形而下为"术"，建筑者为"匠"而不是为师；现在，建筑学被定为理工科，高考前就从文科中分离出去。建筑与哲学，甚或建筑学与现象学，在等级上属于不同的范畴，在分类上属于不同的科别，它们被人为地割裂在两个完全不同的领域。同时他认为这种相遇也是必然的，因为建筑（设计）只有经过哲学才

---

[144] 马克思·韦伯：《新教伦理与资本主义精神》，于晓、陈维钢译，生活·读书·新知三联书店，1987 年，第 8 页。

能形而上为学，建筑者才能由匠蜕变为师。

如果说上述观点多少还是从"设计"角度出发做阐述的话，那么作为本次研究会现象学的研究者、时任中山大学现象学研究所所长的倪梁康教授则从另一个角度进行了表述：一个确切意义上的建筑现象学家，必须是一个从事建筑活动，并且不断对自己建筑活动进行现象学反思，从而把握到其中的本质要素的人，他是一个既创造建筑物，也对自己的建筑创造活动进行本质直观的建筑师。

同济大学建筑与城市规划学院郑时龄教授在列举了历史上众多哲学思想对建筑的影响、渗透时，着重提到从 20 世纪 50 年代起，受马丁·海德格尔和法国科学哲学家、现象学家加斯东·巴什拉的影响，建筑上的现象学思考替代了形式主义，极大地影响了当代建筑理论。现象学成为当代建筑理论的首要范式之一，并奠定了当代崇高美学的基石。建筑理论界向哲学拓展，哲学成为建筑历史批判和文化批判的理论基础。郑时龄教授曾翻译了意大利曼弗雷多·塔夫里的《建筑学的理论和历史》，其中围绕着"历史批判"和"文化批判"的命题展开了"（建筑）形象批判的价值"、"操作性批评"、"批评的手段"、"批评的使命"等内容，而郑时龄教授自己所著的《建筑批判理论》则是他开设课程的教材。

早在 2007 年 11 月 2 日至 3 日，《装饰》杂志社与浙江工商学院艺术设计学院联合主办了"2007 年全国设计伦理教育论坛"，稍后发表了"杭州宣言"。

李丛芹教授认为："杭州宣言"可以称得上是一篇对中国设计批评的宣言，但她也遗憾地认为此后设计批评无论在理论层面，还是在实践层面，都没有取得突破性的进展。主要原因归结为首先是凭借的基本理论过于薄弱，其次是设计史的缺位。这两条轨道，一条是设计批评得以立足的基石，另一条是从历史深处延伸而来。基于此，李丛芹教授在表述其著作《设计批评论纲》定位时说："既然将设计批评定在宏观层面，主要将围绕批评的范式来陈述观念和方法，所以大部分思考是抽象的……"

上述观点具有代表性，也切中要害，事实上缺少思想资源是当代设计观念发展的一道鸿沟。就研究成果而言，以复杂制造为基础、批量生产为目标并扩展到更系统领域的现代设计观念史研究严重缺位。其他平面、杂志、书籍装帧相关领域的设计史在这几年都有长足的进步，也有研究者试图以此为基础构建中国设计观念史体系，但缺少前者的设计观念史研究，最多只具有研究方法的示范效应，难以触及其本质。

《中国现代设计观念史》引用较多的关于"图案"的研究文献十分充分，基本上可以勾勒出思想发展脉络，涉及的人和事也较为详细，其中以南京艺术学院、清华大学美术院、中国美术学院教授的研究最为专业，这与他们得天独厚的资源相关，也与这些院校的学术传统相关。同时这三所院校中国工艺艺术史研究成果也是中国其他院校所望尘莫及的。

在传统造物研究领域，从 2006 年开始，南京艺术学院集聚了美术史、工艺美术史、工业设计等各方面的力量，编撰了四卷《中国器具》，选择中国历史上具有代表性的各种器具进行解析及分析论述。近期以《中国设计全集》的推出，再次涉及中国古代建筑、环境、衣、食、住、行各方面的器具，并有一部分延伸到现代工业品的范畴。但用文论图说的方式来叙事，虽然十分适合"阅读"，但大部分心得体会式、观察性的文字记录对研究而言只是基础资料。其中古代部分研究的深度明显超越现代工业产品部分。

在国际工业设计史研究方面近年来著作颇丰。自从王受之教授写作《世界工业设计史》，确立了世界设计史撰写模式以来，无论是专著还是教材，至今没有多大变化，只是在这种模式基础上力求"向前"或"向后"拓展的企图十分明显。所谓"向前"拓展，是指将英国威廉·莫里斯的手工艺运动（工艺美术运动）以前的艺术、造物活动均视作一个整体；"向后"

拓展是指，王受之教授的著作中有现代主义设计由欧洲向美国、日本等国家迁移的描述，于是便有了中国接续西方现代主义设计的叙述。其内容主体则是 20 世纪 30 年代左右的月份牌设计、书籍装帧设计、动画创作，并有作者延续到 50 年代的中国建筑设计，这些建筑就是以人民大会堂、中国人民军事博物馆等为新中国成立 10 周年献礼的十大建筑。

近年冠以"中国设计史"、"中国艺术设计史"名称的专著或以"造物"概念阐述中国工艺美术史的内容，让人感到啼笑皆非。这些研究且不说是否有利于新的知识点发现，即使作为"史料"来说也显得十分陈旧与普通。

就中国设计研究需要的思想方法而言，中国研究者还是做了极大的拓展。其特色是融合其他学科的研究成果，以此来确立新的"领域"。所谓新的领域可以理解为一种看问题的方法与角度。

设计中价值的问题明显存在并规范着设计的历史发展，这是设计的核心问题。《设计价值论》是南京艺术学院李立新教授运用成熟的哲学概念开拓设计思想的探索，力求不局限于设计本体的形象，而是涉及设计更宽更高的层面。为此大量引进了关于"人的价值"、"生态伦理价值"、"人文精神"等经济学、技术哲学、社会学等方面的观点讨论，毫无疑问这也是设计需要关注的问题。因此作者在表述时讲道：无论哪一种设计，总会有一个维度处于核心位置，让设计家为之耗尽心血，苦苦追求。这种维度左右这一设计的结构、功能、形式、趣味和精神。而这种关键的维度就是"价值"。当然作者首先表明"价值是关系概念而不是实体概念"。沿着"价值的本质"概念讨论了设计中主体、客体及其中介时间、地点及环境因素的关系；沿着"价值的主体客体关系"概念讨论了设计中主体、客体的选择与被选择、反映与被反映、制约与被制约的关系；沿着"哲学价值统一于实践"概念讨论了价值关系作为"是特指物为人而存在的实践性关系"。因为人的价值意识投入到设计物对象之中，这种主客体化是实践性的关系，同样一件设计物对人产生积极的作用，这种客体主体化更是实践性的关系；沿着"价值是合目的形式"的概念，讨论了设计作为一种实践活动，致力于批判、修订、建构新的设计、生活与观众，建立起一个合乎人目的的理想、幸福并不断发展的生活世界的可能性。

证明上述观点的是现代主义设计中"功能论"有目共睹的成功，而后现代主义设计中以屈米为代表的幻想论是批判现代主义思想、基本原理、形式规律上的二元对抗所产生的"形态追随幻想"。在以后的篇幅中，基本上是用国际工业设计发展的事实和中国造物的事实来论证上述观点的正确性。

作为中国设计理论研究的重要学术平台的《装饰》杂志，自 2007 年开始每期以一个策划专题的形式来编辑，杂志定位"立足当代，关注本土"。自 2007 年至 2013 年刊登的文章来看，可以分为 5 大版块，即"立足当代"、"关注本土"、"设计伦理"、"设计历史"、"设计教育"。

在"立足当代"部分，赋予了《装饰》杂志初创时定位的"衣、食、住、行"以新的内容和意义，其中 2008 年第 9 期中"消费文化"、2011 年第 3 期"时尚、人文"、2013 年第 3 期"设计、明星制"、第 9 期"公共性"等问题的讨论十分具有时代意义。

作为最具体的"关注本土"的话题中有关于"中国制造"、"中国动画"、"上海世博"、"汉字字体"等内容，相比前者仿佛是到了另一级，可以认为是在编辑思路上努力消除理论、实践的两级思维方式以后，进一步使之互动的努力。

作为最抽象的"设计伦理"的讨论也没有停留在概念部分。2008 年第 5 期关于"现代性"、"设计生存／新媒体"、"高技术与低技术"、"服务设计"等专题的推进，避免了中国设计心得体会式的理论回应。特别是在 2012 年第 1 期以"设计批评，何以可能"为题的策划主题，对引导中国设计批评从"照相机"的批评走向系统的思考以及设计理论建构具有重大的意义。

在"设计历史"相关专题中,除重温设计的历史事件之外,加入了"历史主义"、"乌托邦"、"机器美学"、"设计史的写法",正如主编方晓风教授在这一期的序中所写:"想讨论的旨意是:写法背后更重要的是观念,历史观不同,对历史的表述也不会相同。近现代以来,思想界风起云涌,纷繁多姿,历史研究的路径和方法也趋向于多元,这些能否反映到我们的设计史研究中?"这个问题的提出,不是对既有成果的评价,而是对未来成果的期待。他特别强调中国工艺美术史的研究奠定了今日设计史研究的基础,其意义不言而喻。同时他也指出设计史可能需要更多的细分,更深入的研究,门类、断代、生活形态、风格特征以及制度等都可以成为细分的依据,从而生成更为生动立体的设计史图像,深化整个学科对于设计本质的思考。这令人想起曼弗雷多·塔夫里在《建筑学的理论和历史》中的论述:历史综合似乎是描述建筑语言的唯一方式。任何试图从构成建筑的物质中提取某种成分,并将它作为建筑语言参量都是天真的想法,由于不可能以这种方式勾画出的完整建筑史,都是注定要失败的。我们必须逐项考虑哪些新的因素已经纳入建筑本身的领域,传统因素之间的新关系是什么,哪些传统因素在起重要作用。

在"设计教育"版块,以每年中国、外国高校设计专业的毕业设计介绍和交流的方式及研究生论文成果展示方式呈现,使得读者既能够看到世界设计教育的通用理论,又能够领略各个学校教育的特色。

中国学者开始关注以社会学观点研究设计。这个话题最早由尹定邦教授在其主编的"白马设计丛书"中被提到,近期又被学者关注。宫浩钦副教授的《设计社会学研究》"宣称""不能停留在已经习惯的人机工学、艺术美学的思维定式之中,应该有更宏大的视野对设计进行重新认识和读解。

对于陶海鹰博士《社会学视野下中国设计的现代性》一书，其导师杭间教授认为该研究透过一般的"现代性"理论将之与设计的现代性之间的关系做了深入的分析，厘清了设计现代性和现代性设计的互动关系。中央美术学院许平教授主编的"当代设计卓越论丛"中孙海燕博士著《20世纪80年代的中国生活与设计》、周博博士著《现代设计伦理思想史》等都反映了这样一种认知，而许平教授还推进了有关"上海设计智慧"专项口述历史的工作。与此同时关注国际新的理论研究的译书工作仍在持续，中央美院易英教授主编的"牛津艺术史"系列中《20世纪的设计》是英国设计史学家乔纳森·M·伍德姆的重要著作，英国菲利普著，魏淑遐译的《设计进化论》，David Gartman 的《从汽车到建筑——20世纪的福特主义与建筑美学》，维克多·帕帕奈克著，周博译的《为真实的世界设计》等著作都为中国设计观念的拓展提供了强有力的思想武器。

第九章

设计的『复杂思维』

第一节

复杂思维的特点

　　法国哲学家、社会学家埃德加·莫兰创造了"复杂理论"，他认为现代知识分子往往是一个领域的专门人才，对实践对象的考察往往带有专业化的特点，具有一定的适用范围，把考察对象的结论应用于适用范围之外，有时会产生灾难性的后果。为了避免这种盲目性，就要学会批判性地反思我们各自行动凭借的基本原则，发现这些原理和环境中其他基本决定因素的互相制约关系。同时他认为，具体的现实对象都是复杂的，很难对它们的性质做出单一观点的概括。他对复杂

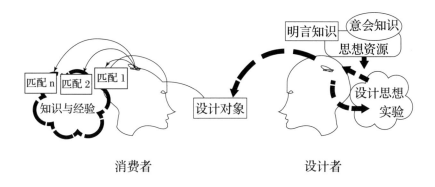

消费者　　　　　　　设计者

性的定义是："不能用一个关键词来概括，不能归结为一个规律的作用，不能划归为一个简单的思想。"

　　基于"复杂理论"他又认为：一个理论不是认识，它只是使认识可能进行的手段，一个理论不是一个目的地，它只是一个出发点，一个理论不是一个解决办法，它只是提供了处理问题的可能性。换句话说，一个理论只是随着主体的思想活动的充分展开而完成它的认识作用，而获得它的生命。[145] 为此，我们可以列出上表说明理想的设计观念形成的结构。

　　上图中，设计师以明言知识和意会知识为基础展开设计活动，由此形成的思想资源，如果能够经过"设计思想实验"形成新的设计观念，这就为设计观念投射到设计对象上提供了条件，这里所说的"设计思想实验"也只是提供了解决问题的可能性，作为设计师主体的思想活

[145]（法）埃德加·莫兰：《复杂思维：自觉的科学》，陈一壮译，北京大学出版社，2001年，第 271 页。

动，他要关心的问题还会涉及更多。

从消费者的角度看，当设计对象作为信息传递到消费者的时候，他首先是与头脑中储存的信息进行匹配，匹配的线路越短，匹配度则越高，反之则越低。因为消费者头脑中储存的信息序列结构的差异，产生了对设计对象的不同期望，而设计师可以根据这种不同的期望展开新的"设计思想实验"，解决新的设计问题，如此产生的循环才能够保证一个理论不变成一种程序。

这里特别要关注到设计的"方法"问题，也就是本书贯穿始终的一个话题——设计的实践智慧。作为一种设计方法，不能使之蜕变成了技术。方法一词不要从它在经典科学内部的蜕变了的派生意义来理解，在经典科学的视野中，方法只是一些基本上只需加以机械应用的技巧的汇集，旨在它的实施中排除任何主体。既然理论变成了程序，方法就蜕变成了技术。相反的，根据复杂的观点来看，理论是潜在的样本，而方法为了实施它，需要尝试主动性、创造性，一种回归的关系在方法和理论之间建立联系。方法属于现象的、主观的、具体实践的范围，它要范式、理论的养育，因此理论不是认识的终极，而是处于永恒的循环中的一个中转站。[146]

任何具有复杂性的理论只能通过不断的智力再创造来保持其复杂性，它不断地遭受蜕变的危险，亦即被简化的危险。因此任何听任惰性制约的理论都倾向萎缩、片面化、异己化和机械化。埃德加·莫兰总结了其简单化的三种方式：

技术化的蜕变。人们在理论中只保留了可操作的、可应用的东西。

---

[146]（法）埃德加·莫兰：《复杂思维：自觉的科学》，北京大学出版社，2001年，第271页。

理论不再是原则，而变成了技艺。

教条化。理论变成了教条式的学说，变成越来越不能向经验的批评、不能向外部世界的考验开放。于是，随着时间的推移，它剩下的就是遏制世界上对它提出异议的人。

通俗化。消解了理论的复杂性，把理论归纳为简单的一两句话，这样理论就通俗易传播了，但付出了简单化理解的代价。

"晒上海"概念设计是近年来设计观念和实践探索的一个文本。它追求的是尊重设计师的独立性，让设计师可以进行主观的设计，并像晒太阳一样自由地晒出自己的设计。"晒"是一种精神，"晒shine"意为"闪亮、照亮"，设计师最终根据个人对主题的理解以"实物"的方式表达自己想要传达的设计寓意。

"晒上海"概念设计展由上海不同领域的青年设计师参展，从2009年的第一届开始，历届展览选定的主题都与上海文化符号以及社会价值走向有关，并且每届主题选定一种主材料。

首先，上海作为我国最早与外界进行全面交流的大城市，在这里有着多种文化的碰撞与交融。上海既有传承千年的东方传统文化，又有上海特色的地域文化，还有因种种历史原因传来的海外文化。上海所体现的已不再仅仅是我们所熟悉的中国传统文化，也正是各类文化之间的相互碰撞与交融，促成了上海这座文化大观园，这也使得"晒上海"概念设计展的主题具有多样性。其次，上海是一座可以融合万千外来文化却又不完全改变自己的城市，这是对本土文化的坚持与继承，是今天不同文化之间相互交流需要坚持的原则，所以在此背景下产生的设计模式展现了本土文化与世界潮流文化之间相互交流后产生的最佳结果，这是中国其他城市所不具备的。最后，上海有着利于设计成长的广阔空间，同样也聚集了背景各异的一线设计师，"晒上海"

成员分别来自于建筑设计行业、产品设计行业、摄影行业等，有的是"海归"，也有的是本土设计师，他们思维方式不再拘泥于一种文化观念，各自所信仰的观念以及对设计的不同理解，使得东西方文化得以交流并相互融合，从而直接推动了设计的发展。

从第一届到第六届，"晒上海"的主题分别为"上海"，"平凡的非凡"，"真实的谎言"，"不朽"，"虚构 I am possible"，"I believe U 信物"。主题的选定都源于对生活细微的观察，发现我们身边的美、发现谎言背后的真实、发现被我们忽略的平凡事物的非凡魅力、发现何为不朽、发现新科技带来的可能、发现我们自己的信物。正如该项目发起人，英国白金汉郡大学家具设计与工艺硕士侯正光所倡导的理念：勿谈创造，只求发现。

"晒上海"概念设计展资深设计师木马设计公司总监丁伟说过：设计师最核心的价值就是他的独立性。这是"晒上海"发起的精神。回顾历届展览，我们可以发现"晒上海"一直延续着这种精神，并且试图透过设计展现生活的真实，透过表象使人看到事物的本质。在此过程中，材质、色彩都只是设计师思想的载体，"晒上海"的最终目的其实是"晒"出思想。

"晒上海"诞生在 2009 年中国国际工业博览会上，青年设计师们怀着对社会负责的态度，"晒"出"上海"，"晒"出自己的声音。从身边已发现的美让更多的人了解这座历史悠久的城市。今天的上海是什么？在快速发展之后的上海到底给人们留下了什么样的印象？本届中比较典型的作品《上海微风》就是设计师在上海发现建筑之美，并试图表达上海形式各异的建筑来说明上海是一座具有包容性的城市。

侯正光强调，不能只为市场而无节制地刺激欲望。我们需要的是有约束的欲望，与之对应的就是有节制的设计。设计为形式付出太多

▲ 刘传凯的"上海微风"设计

之后的必然回归是朴素和从容，这是形态的回归，更是心态的回归。[147]

"晒上海"除了在主题与材料上对设计师进行了限定外，其他完全尊重设计师的个人意愿。在历届展中，设计师不断拓展作品种类，使其趋于多样化，给参观者留有更多的想象空间。此外，在创作过程中，每一位设计师都对产品倾注了非常多的精力。正如连续参加6次"晒上海"概念设计展的王卓然在接受采访时所表达的，新主题的产生以及对题目解答的未知性是令他兴奋的，对每一次新材料的使用，并使之与主题概念相互结合是最开心，也是最为痛苦的。由此可见每一件参展作品，都是设计师深思熟虑的产物，而这也保证了产品的优良品质。

"晒上海"的参展成员要求来自不同行业，并且通过自荐或者推荐的方式加入。前后参与设计师有36名。带有不同背景的设计师进行产品设计，不仅可以增加展览作品的种类，而且也是从整体上对设计进行实践探讨。通过投票的方式决定参展设计师，既是民主、公平的体现，同时又是对历届参展情况的反思，评出能够对主题理解最深、设计产品最好的设计师也是对展览会的负责。设计观念实验的价值具体如下：

1. 探索设计实践的整体价值。所谓"整体"可以理解为：构成事物诸要素的统一体。[148] 在很长的一段时间内，设计的整体价值的表述往往由设计理论来承担，设计实践被看作是按照理论来具体做，但事实上这种由理论思维构架起来的设计整体仅仅是一个理智的抽象物，这种看似放之四海皆准的理论是无法真正在实践中"做"出来的。

---

[147] 田君：《问道设计知多少——访家具设计师侯正光》，《装饰》，2014年第1期，第62页。

[148] 辞海编辑委员会：《辞海》，上海辞书出版社，第1651页。

▲ 侯正光的"月亮代表我的心"香托设计

"晒上海"是用实践构架了一个设计的整体,这种整体以理性发现上海的文化特征和感性的想象为先导,以构成产品基础的材料、加工工艺为支点,以创造具体功能、符号性的形态为终极目标。在这个过程中,设计师反复平衡、兼顾、整合各个环节,最终使产品成为一个统一体,以求获得最佳的设计效果,这就是设计的整体价值。正如侯正光所说,我们必须强调设计是有诸多约束条件的创作,对设计师而言,形式、功能、品质、成本是没有主次之分的。

"晒上海"所坚持的整体价值诚然是由其实践思维而推动的,在此笔者没有否定理论思维的价值。理论思维的意义在于讲道理,目的在于获得一种逻辑类的知识,而实践思维是一种筹划实践的思维,是实践智慧非逻辑地统合各个实践要素,使它们共同促成实践成功的思维,事实上这两种思维只有划界而论,才能使理论和实践在各自的领域发挥更大的作用,否则会造成理论的歪曲和实践的走样。[149] 可以认为以实践思想造就设计的整体价值是中国设计师的先天优势。

2. 构建设计的商业价值。"晒上海"是一个青年设计师可以共享的品牌,只要认可其品牌原则及品牌愿景,有成熟的产品,均可以此为品牌,在其销售平台上销售。同时会对原创设计根据市场消费需求做一些延展设计。上文提到的扇子就有三个价位的产品,最高档的采用不锈钢材料制作,为限量定制产品,中档采用檀香木制成,一般的则采用轻质木材制成,且有本色与黑色两种,本色为女性消费者喜欢,黑色为男性消费者喜欢。

正因为有这样的商业模式的建立,使得在"晒上海"概念设计展

---

[149] 徐长福:《理论思维与工程思维:两种思维方式的僭越与划界》,上海人民出版社,2012年,第256页。

上展出的"扇子"由一个行业中的"小众品牌"逐步走向大众认知、消费的原创品牌，并在上海、北京、新加坡设有专卖店。

3. 设计教育的价值。长期以来，在设计为谁服务的问题上，中国设计师被教育成设计或以消费者为本，或以市场为本，或以设计师个人为本，但事实上这几条发展路线都受到了障碍。以侯正光的观点来看，设计要为大众、为小众、为自己。体现着新一代中国设计师在全球视野下对自身设计实践的思考，而由这种思考下产生的设计作品对消费者而言无异是一种良好的"教材"。

纵观世界各国，对国民的设计教育是其素质教育的重要组成部分，反观中国，尽管也有不少概念设计的活动，但大多缺少成熟的价值观，不如"晒上海"所确立的观念，是可触摸的实在。正如侯正光所言，"我们常常无法做伟大的设计，但是我们可以用伟大的爱去做些小设计。"而正是这些小设计，能促成消费者对设计乃至对生活文化的一种思考。

第二节
设计观念能量对产业的作用

意大利建筑师厄内斯托·纳森·罗杰斯曾评论道，只要检视一只汤匙的设计，就可以看出创造这只汤匙的社会能建造出什么样的城市。设计以其特有的语言和基因，塑造着我们周遭的世界，同时也在塑造着我们。设计的作用将在一个又一个人造物的产生中日益凸显，并逐渐被激发出其自身结构中蕴含的巨大能量。

永久牌自行车与很多同时代的老字号一样曾一度消沉。2001 年，中路集团入主永久自行车公司后，品牌有了新起色。永久 C 系列产品的诞生，给予了这个老品牌重生的契机。永久 C 系列将一代人记忆中的自行车符号与现代社会的功能与审美进行嫁接，将这份情感在当下社会成功还原。不论是有着深刻时代烙印的祖辈父辈，或是有着依稀童年印象的年轻一代，都能够与永久 C 系列产生不同程度的情感共振。

对于年轻人来说，永久 C 系列或许将成为他们的第一辆自行车，而这也恰恰是永久所希冀的。永久 C 系列固然能够满足部分人群对重温往日的期待与梦想，但每一种人造物的出现，其背后无不反映着鲜明的时代特征。我们必须承认，某个特定时代的符号，在另一个时代注定只能作为一种怀念而存在。依靠遥远的回忆来证明自身的价值，这显然不是那么可持续的做法，任何一个品牌都不会满足于此，永久也一样。永久需要缔造出属于这个时代的全新符号。

然而，符号的革新谈何容易。作为制造业大国，中国大部分传统的企业大都沿袭技术导向的思路，其产品开发完全依托于技术层面的研发，永久便是典型代表之一。这样的做法在产品供不应求的年代并不会产生任何问题，但随着改革开放和工业升级转型的变化，市场规模不断扩大，新兴企业萌芽崛起，供不应求变成了供大于求。面对空前激烈的市场竞争，永久将注意力转移到市场上，从技术导向转变为销售导向，希望依托销售手段提升竞争力。尽管此时产品相对于技术而言得到了前所未有的重视，但销售导向本身以迎合市场需求为基础，其被动性导致了市场嗅觉的反应迟滞。在日新月异的现代社会，用户的需求、行为，甚至社会文化时刻都在变动，因此要想更加主动地去掌握并推动市场，需要具有前瞻性和系统性的规划。永久与龙域设计公司杨文庆合作，每年都会根据用户行为、文化环境并结合当下技术，为其面向年轻用户的永久 C 系列构建全新产品。从制造前端对产品进行整体规划，使整个开发流程更加合理和系统。

杨文庆认为：自行车本是一个伟大的发明物，巧妙设计的机械传动装置，为人类的活动提供了快进的可能。一个多世纪以来，尽管自行车曾经在汽车工业的蓬勃时代一度让位，但几度轮回，最终仍带着一种更为动人的姿态重回大众视野。与此前不同之处在于，自行车不再是仅仅承担起代步和运载的使命，而依靠其机械传动结构与人力的关系，衍生出更加丰富的内涵。自行车本身的结构与动力原理赋予其超越自身的能力，在人的影响下，逐渐伸展出不同种类的枝丫。正是由于这种演化，模糊了自行车本身的概念，同时打破了代步通勤与娱乐消遣的惯常界限。经由不同消费者的选择与生产厂商的锤炼，自行车的目录手册日益增厚，构建出一个成熟的产品体系。

但是，在这看似更加人性化与个性化的选择中，却充斥着很多不合理性。诚然，自行车的边界打开了，原本小众而边缘的产品类型在蜂拥而至的文化浪潮中被无限制地放大，山地车、公路车在这个本不属于它们的城市街道大放异彩，年轻人则迷醉于专业而昂贵的参数与配置之中。在这样的背景下，自行车最基本的功能反而被无情地淹没。设计师敏锐地意识到了这一点，将聚焦点从自行车的技术工艺转移到城市人的生活模式上。如果解决了当下城市人所面临的问题，那么也就意味着对城市人"有意义"。意义将唤醒全新符号的存在领地。

对于骑行而言，城市的环境与户外完全不同，这意味着一切与城市相关的因素都需要纳入考量。山地车面临的是复杂多变的自然环境，需要专业的变速器和零配件，而城市车面临的则是无法预估的社会环境。城市车不仅仅要考虑到动态的骑行，亦需考虑到静态的存放，以及动态与静态之间的状态切换这些不同的场景。在后两者之间，存在着一个共通而又相悖的问题：移动性。在静态存放时，在外需要考虑安全性，这意味着自行车必须满足不易移动的特性；而在动态与静态之间的状态切换时，需要考虑便携性，这又意味着自行车必须满足易于移动的特性。在这两者中寻求权衡时，设计选择了一个颇为大胆的解决办法：对自行车材料进行革新。

静态存放的安全性问题，永久拟使用将定位芯片预埋入一体化车架的方式来解决。将芯片预埋入车架，窃贼如欲解决报警问题便必须破坏车架，这与保持车的完整性是自相矛盾的，这一方面导致偷窃成本大幅增加，另一方面效益获得也将大幅降低。但从时下的技术而言，一体化车架唯有碳纤维技术能够实现，但昂贵的造价并不符合这种面向大众的城市车的定位。那么，唯一的解决办法就是探索其他高分子合成材料的可行性。

这个实验性的项目对设计而言难度无疑是巨大的。尽管成功寻找到一家能够进行合作的高分子材料研究所，但这种特殊材料的调配具有十分不确定的风险性，而材料提供方也不能够保证完全实现设计图纸的内容。对于设计师而言，在不清楚材料的性能和加工工艺的前提下去进行设计是非常危险的，设计的方案随时都有可能变成废纸一张。在这样的情况下，设计师只能尽可能运用之前积累的经验，将涉及的相关问题考虑周密，最大程度降低风险产生的可能性。设计师在完成数字三维模型之后，材料师对材料工艺进行模拟，通过结构强度和材料性能的计算，来为设计方案找到合理的材料分组。

除了要面对复杂的材料问题，最为重要的工作就是要为这样一种新材料找到一种合适的产品语言，这也是全新符号构成的重要元素。形式追寻着功能，更追随着材料本身。与钢材不同，高分子合成材料本身具有更加自由奔放的特性。结合城市的使用环境特点，将其定义为"动静相宜"的设计语言，以一种来自高分子合成材料技术本身的特性，体现出优雅、轻盈而又不失活力的产品性格。女车以柔和的曲线传递出优雅与妩媚，静若处子；男车以略微硬朗的线型暗示着活力与阳刚，动若脱兔。此外，为了更好地适应城市的使

▲ 林琮然的"竹山"设计

▲ 图 丁伟的"时间的形状"设计

用环境，除男女车外更增设一款便于携带的折叠自行车。折叠车的车型相对较小，但受到材料的限制，形态却不能过于纤细。为了避免产生过于臃肿的形态，在增加塑料的强度同时能够产生收缩的视觉效果，使整体车架更为紧凑。相比男车和女车，折叠车整体的设计过程更加复杂，是权衡了多种限制因素而导出的理性智慧的结晶。

第三节
设计观念实验的价值

在居住的生活空间里，我们所拥有的物品建立起各自独特的世界。设计塑造出人造物被理解的方式，这些物品则通过设计传递出其内在的意义。对于人来说，物品是至关重要的。通过物品，人更加了解这个世界，同时也更加了解自己。

而如今，令人动心的物品似乎永远只存在于精美的产品目录和线上广告之中，却丝毫经不起真实世界的考验。人与物品之间的关系从未变得像现在这般空泛。多数外形精美的物品，在被磕碰掉第一块漆之后，拥有者对它的爱意便开始急速消退，过不了几个月这种爱意便荡然无存，还未等与之培育起感情，就已难逃落入垃圾箱的命运。

永久"青梅竹马"竹自行车正是在这样的思考中萌芽的。设计师希望能够通过这样一种充满诚意的设计，重塑物品与人的关系，产生新的对话与体验，重构当代社会的全新和谐。

2011年，设计师开始致力于中国设计的研究，并将其成果实践到设计活动中。其间，提出了"CHINA INSI"设计理念，即"CHINA INSIGHT"（中国智慧）与"CHINA INSIDE"（中国内涵）的融合。运用中国的思维观念，来体现中国的文化内涵，而不是简单的中国符号装饰。最为重要的是要与现代生活和新趋势相结合，这样的"中国设计"才更有意义，也更具活力。在"青梅竹马"竹自行车的设计中，"CHINA INSI"得到了充分的贯彻与实践。

在中国传统造物活动中，竹材是被广泛使用的材料之一。选用竹子作为材料，首先是考虑到其生长快、坚韧的特性。中国古代造物讲究"审曲面势，以饬五材"，即在造物时要尊重材料的性格，因材施用，充分发挥材料的特点。竹材具有高度的韧性，与木材相比，承受相同的强度，竹材的体积可以缩减一倍；同时，竹材具有极佳的吸震特性，是天然的适用于自行车的材料。作为一种快生植物，竹子一般 3-4 年就可以成材，极具环保性。而另一方面，竹在中国文化中有着独特的精神含义，无论从哪个角度来讲，竹材都是绝佳的实践材料。

但是，竹材始终没有能够与大工业生产进行很好的结合，尽管之前国内外也有为数不少的竹制自行车案例，但均无法脱离手工制作的限制，说明其本身存在着很多"缺陷"。另外，竹子韧性虽好，但普通毛竹的刚性并不能满足自行车需要承受反复振动和冲击的要求。目前没有实现并不代表没有革新的可能。在这样的背景下，永久与设计师一同踏上了寻竹之路。上千公里的日夜兼程，在云南中缅边境海拔 2000 多米的高山上，理想的竹材被找到了。

在设计的阶段中，"真实"是最核心的设计准则。精心挑选的竹材与自行车完美适配，使得材料本身的纯粹性得以很好地体现出来。有意识的最大限度保留材料原始面貌，有意暴露工艺、结构，而不做掩饰，真实地表达事物的本质。这也袭承了中国古代建筑的"结构装饰主义"手法，以

▲用高分子合成材料设计出来的女车男车

暴露的结构件传达出真实的技术之美，如斗拱，明代家具中都有所体现。同时，竹车上的每根原竹都刻上了竹子的生长年份和海拔高度，相当于唯一的身份印记，这为每辆自行车都增添了富有意味的独特性。

随后，为了能将竹材适用于自行车的使用环境，永久进行了一系列的技术创新，包括防腐、防潮、防暴晒的处理，前后需经过 20 多道工艺方能完成。上万次的强度测试和不断改进，最终呈现出成熟的量产型竹自行车。

"郎骑竹马来，绕床弄青梅。""青梅竹马"的命名源于李白的《长干行》诗歌，在一定程度上寄托了对单纯情感与美好情感的向往。最初，物品是故事的讲述者，最终，它将成为故事的承载者。"青梅竹马"以一种润物细无声的姿态，在这个被消费品围裹的时代，为心灵带来休憩的契机。

随着时间的消逝，以"青梅竹马"命名的竹自行车却能与拥有者共同分享岁月，这源于竹子独特的材料特性。而竹子表面的质感会随着使用者的触摸，随着时间的推移，慢慢变得温润和富有光泽。让物品本身携带使用者的印记，会变得更加具有价值，这也是设计中的情感化表达方式之一。

在"青梅竹马"竹自行车诞生的同时，也孕育出了"笃行"品牌。"笃行"源于《礼记·中庸》，"博学之，审问之，慎思之，明辨之，笃行之"，是为学的最后阶段，即提倡"知行合一"。"笃行"所推行的生活态度，是离尘脱俗的行事方式，是回归到真实、质朴、简约的生活本质。"笃行"并非仅仅局限于自行车。自行车作为原点而存在，以此为中心，辐射到的是具有更多可能性的城市生活。"笃行"系列遵循着以创造低碳环保和健康生活的新生活为导向的产品策略，在自行车的基础上，以自行车内胎、自行车链条、自行车配件等为材料，推出了相配套的邮差包、手提袋、饰品和附件，并逐步延伸到单车家具等一系列生活产品，提供更丰富的骑行乐趣和生活体验。"笃行"潜移默化地传承了属于东方、属于中国的文化与情感。

第四节

走向协同的理论和方法

正如前文所说，理论没有方法什么也不是，理论几乎与方法混合起来，或者不如说理论和方法构成复杂认识的不可少的两个组成部分。方法是主体的思想的行动，但是方法之于理论必须形成下列关系的时候才能形成互动。

当必须主动地承认一个探索的、认识的、思想的主体存在的时候。

当人们知道知识不是资料或信息的积累而是它的组织的时候。

当形式逻辑失去它的无懈可击和绝对的价值的时候。

当人们知道理论总是开放和未终极时。

当人们知道理论需要对理论的批评和关于批评的理论的时候。

当认识中存在不确定性和矛盾张力的时候。

当认识揭示了无知和使疑问重新产生的时候。[150]

由此可见，方法并非是机械地被运用着的技巧汇合，在"复杂思维"的视域中，必然涉及"随机性"。设计方法被表述为"并不是给出设计过程的翻版，而是对内提供一种管理混乱与模糊状态的方式，对外确保设计的合理地位，让设计师能在一个开放领域进行工作，同时又展现出一种知道要做什么的形象"。之所以能这样表述是因为当代设计正进入社会变革与创新的领域，并且日益成为其变革及技术运用的

---

[150]（法）埃德加·莫兰：《复杂思维：自觉的科学》，北京大学出版社，2001年，第273页。

支柱，相比较以前单独提供单个产品的设计、创意具有更加复杂多样的特征，将联结更多的要素，更生态地考虑用设计去解决面临的问题。

因此在方法层面，我们需要如何运用设计方法去促进这一社会转变。项目以一个宽泛的、过程导向的设计观念为出发点，支持设计内部从物质设计向社会创新设计的转变。在具体操作上，丹麦科灵设计学院的研究者提出了"合作、收集、理解、概念化"四步工作法，通过保持对设计使用者的关注，了解、获取他们的知识，通过协同的设计将之融化到设计过程中去。在这过程中必然涉及了大量的政治、经济、社会、科学、技术、哲学的知识，才能使得设计能够弥合技术与文化创新之间的鸿沟，而不是按部就班地运用"设计程序"。为此尼尔森、迈特用了一个图示来表示这种思考的特征。[151]

——————

[151] 马谨、娄永琪编：《新兴实践：设计的专业、价值与用途》中国建筑工业出版社，2014年，第102页。

▲青梅竹马男女车及笃行品牌策划

他们将项目的前端称之为"模糊"状态，本质中含着混乱和模糊的特征，我们不知道设计过程中的产出将是什么，是产品，是服务，是建筑空间，还是其他？但作为一个项目的探索性的启动阶段——或者说前端正变得更加重要，同时也显得十分模糊、复杂，但无论怎么样必然会朝着线性方向发展。特别需要指出的是模糊以后还是一个传统的设计过程，因此其前端是充满复杂性的。

未来的设计思考充满上述特性。作为未来出行方式的一种，自行车不仅仅需要与人进行适配，更重要的是如何更好地融入到更大的系统——交通系统中。当将其纳入到全局之中时，自行车便不再以个体而存在，它变成系统中的一个元素，从而作为一个全新的角色，同时也承担了更多的责任。由自行车与人共同组成了交通系统中的动态元素，其稳定性将直接影响到同一系统下的其他元素，如行人，另一个骑自行车的人，或者是由人驾驶着的汽车。因此，有必要在最大限度上确保大系统中这一人车合一的小系统的稳定性，减小其可能出现并影响系统中其他组成元素的问题源头。与此同时，如若能够提升这一小系统的效率，那对于整个交通系统来讲也是极其有益的。

自行车本身是人的机体的延伸，我们自然期待它能够与骑行者无缝相连。这将大幅度提高人—车小系统的稳定性，因为在很多情况下，正是由于自行车无法正确理解或传递出骑行者的意图，导致了两者之间的不稳定。例如转弯这一动作对于骑行者而言有提前的心理认知，而自行车却无法做出"提前"的信号并预警于环境，这往往导致了与行人或车辆的冲突问题。就这样，做一辆"聪明"的自行车——智能自行车的想法成为新的目标。

在这个项目中，自行车的形式反而变得并不是那么重要。相比之下，一切存在的元素都是为了服务于人与整个系统，需要考虑的是如何将其合理地发挥和使用。换言之，形式以任务的形态存在，关键之处在于各个元素之间的统筹规划是否具有足够的合理性。

对于骑行而言，最重要的是路线与方向。在不熟悉的路况下，当下最为"聪明"的做法也无非是在车把上安装导航工具，或是使用 APP。实际上，这样的导航方式与自行车本身是脱节的，同时，由于视线与注意力的转移，平添了骑行的风险。其实，控制路线的方式本身并不复杂，左转或右转，两种选择。在智能自行车的设计中，APP 设定路线之后，导航这一功能交由自行车车把来完成。与 APP 相连的内置 GPS 进行工作，在导航指令需要左转或右转时，车把上相应的左导航灯或右导航灯将提前亮起并闪烁，同时车把左侧或右侧震动提醒导航指令，提供更加符合骑行环境的交互方式。

此外，行车过程中的安全性也非常重要，细微的差错有可能会使整个系统面临紊乱的危险。汽车在行驶过程中可以通过不同的灯光形式来告知行驶状况，在日益复杂的道路状况下，自行车也有相同的需求。在这辆智能自行车中，具有车头灯、转向灯、导航灯、车尾灯、后叉灯、装饰灯 6 种灯光模式，辅以具有易用性的交互方式，骑行记录、寻车、防盗与社交实现不同骑行状况的需求。设计师设想的智能自行车交互界面及使用场景可以成为进一步设计思考的基础。从其设计思考的内容来看已经不局限于产品本身，而是直指"服务设计"。当代中国设计通过引进、比照，从理论上已经了解了这一种观念的重要性，但要取得与方法的协同尚有距离。

结语

　　我们将近百年中国现代设计观念的"断简残篇"审视以后可以发现，中国现代设计伴随漫长的技术积累而逐步觉醒，历经"技术引领"阶段以后，随即迎来了"市场引领"的阶段，而各种现实的情况已经要求其迅速跨入到"创新引领"阶段。其中"技术引领"时代以消费为主体特征，由产品、硬件制造驱动，以消费者被动接受设计为主要特征；而在"市场引领"阶段关键是消费体验，由品牌驱动，以情绪、美学、积极接受为特征；而"创新引领"阶段由消费者自身、网络驱动，以服务、内容、协同创新为特征。只是与西方社会相比，中国用很短的时间跨越了这一系列过程，很多设计活动还来不及反思便被西方新的设计观念所覆盖，为了走出这种漩涡，发现和反思显得十分重要。

　　"如果那些被搁置在一起的碎片——即对理解某一主题的某一个部分来说——是自足的断简，它们必须公之于众，或至少由在那些断简残篇所属的专业上经过特殊训练、具有最新技术知识的人进行批判性的审视。"
美国哲学家，观念史研究的创始人洛夫乔伊如是说。首先，作为"设计观
念"不同于具体的设计成果，因为作为设计成果，无论是有形或无形的，
一定还是"定形"的，而设计观念作为一种对设计对象主观、客观认识的
系统集合体，一定是具有"唯心"的成分。因此随着外部条件的变化，其
设计观念也会形成流动的"不确定性"的特点。其次，从设计观念发展历
史的角度来看，线索也是错综复杂，互相交叉，并且呈现出与国际设计观
念并不完全相同的状态。

　　一旦将"现代设计观念"置于复杂的工业制造及中国社会现代化发展
背景之中，发现其源流、影响因素更是十分复杂。作为研究，不希望将本
书写成中国现代设计大事记，更不想写成中国现代设计人物的"点名簿"，
总而言之，不可能面面俱到，否则就是资料集。

　　毫无疑问，本书着力于发现中国现代设计观念发生、发展过程中的"现
代性"问题，以此展现中国设计走向现代之路的轨迹，其中包括中国设计
观念发生的溯源，与国际设计观念的联系、移植和交流。这要求我们在各
种材料的挖掘、研读上下足功夫，并尽可能地收集、整理当事人、相关人
的口述历史。尤其是关注新发现的历史资料和默默无闻，却在一线工作的
设计师，从而避免简单的"照相式"批判，形成具有学术价值的成果。因
此学术"范式"显得十分重要。

　　近年来，中国现代设计得到了快速的发展，引进了大量国际上新的设
计技术、方法，得益于大量国外专著的翻译和中国研究者的探索，对更新
中国现代设计观念产生了重要影响。但对于中国设计观念的反思及批判仍
然流于片言只语、就事论事的状态，其作用远没有发挥，更谈不上发现新
的知识点。为此，我们希望中国现代设计观念史的研究，如同是建立一个
实验室，探索走出"国际设计冲击，国内设计如何回应"的简单研究状态，

具体目标首先是在建立中国设计观念与相关知识关联的基础上，尝试对中国设计观念进行反思、批判、重构、发展的可能性，这是一种从"内部导向"出发的研究方法，其逻辑上的出路是否定中国设计观念"全盘西化"或"西化主导"的简单做法。因为中国经济社会、技术背景及审美意识与西方都有所不同，决定了我们不能简单平行移植西方的设计观念。其次也需要中国的设计研究者们在研究介绍西方设计观念的时候不仅要看到其表象和孤立的事件，还要还原成本质和系统的叙事，告诉我们西方大家研究的学术特征。如果能够告诉我们两种相立的观点各自是如何开展深入研究的话，就能够避免将任何一种学术观点作为终极真理的悲剧。

但是一种研究范式的改变是十分困难的。在国际上，设计作为一门成熟的学科，由国际著名研究者开创的研究课题给今天的研究者留下很多"扫尾"的工作。这种现象不仅在设计领域存在，在其他科学、技术领域同样存在，以至于库恩称其为完成这些扫尾工作是令人迷醉的。大多数科学家倾其全部科学生涯所从事的正是这些扫尾的工作。库恩称其为"常规科学"，但他又指出：仔细地考察就会发现，无论在历史上，还是在当代实验室内，这种活动似乎是强把自然界塞进一个由范式提供的已经制成且相当坚实的盒子里。常规科学的目的既不是去发现新的类型的现象，甚至是完全视而不见的，也不是发明新理论，甚至也难以容忍别人发明的新理论。相反，常规科学研究是在于澄清范式提供的那些现象与理论。

对于范式的改变，库恩讲道："范式一改变，这世界本身也随之改变了。这就好像整一个专业共同体突然被载运到另一个行星上去，在那儿他们过去熟悉的物体显示在一种不同的光线中，并与他们不熟悉的物体结合在一起。"

对于"范式"革命前的认识与革命后的认识，库恩有一个形象的表述，他用格式塔心理学实验中的一个图例来表述，这个也是我们设计师十分熟悉的"图"与"底"关系图形："革命前看到的是鸭子（图），革命后看到的是兔（底）。"

　　中国现代设计观念史研究范式改变的必要性不言而喻，这意味着要用新的思想方式去注意老的史料，同时用熟悉的思想方法去注意新的史料，才能够看到新的、不同以往的东西，总之要将"历史作为叙述"。它提醒我们注意遗留在文献中的设计观念，已经消失的设计观念以及再度被理解和书写下来的设计观念历史之间的一种重叠的复杂关系，正如葛兆光教授在《中国思想史》一书中所述："其实每一次书写都是历史记忆的发掘，每一次历史回忆其实都是重新理解，每一次重新理解都是为了给当下提供知识、思想及信仰的资源。"

参考文献

· David Gartman《从汽车到建筑——20世纪的福特主义与建筑美学》电子工业出版社 2013 年 8 月

　　为何现代建筑崛起于饱受战争蹂躏的中部欧洲，而非美国呢？毕竟美国的量化生产和机器制造技术给勒·柯布西耶、密斯·凡·德·罗、沃尔特·格罗皮乌斯等第一代现代建筑师带来了重要启发。社会学家大卫·加特曼对这一重要问题进行了深入探索，作者通过重要的社会史视角，为我们呈现了为何美国的福特主义量化生产和工业建筑会对欧洲设计师们产生如此无可匹敌的影响。通过马克思主义经济学、法兰克福学派理论，以及法国社会学家皮埃尔·布迪厄的视角，作者清晰阐述了美国的技术专业人士如何被吸纳进企业资本主义的体制之内，被迫接纳一种没有揭露而是去掩盖机器生产形式的美学。相反，欧洲同行们则成为政府同盟，这种热切的合作关系促成了现代主义理想在公共建筑工程中的实施。通过检视社会史语境下的建筑行业，本书在美学眼光的标准建筑史以外，提供了一种别样的治史方式。

· 沈克宁《建筑类型学与城市形态学》中国建筑工业出版社 2010 年 9 月

　　作者试图将建筑类型放在城市框架和结构中进行整体研究。类型既保持了文化与传统的连续性，也提供了创新和变化的可能。在城市建筑领域，建筑类型学和城市形态学研究不可分割。讨论城市形态学便需涉及建筑类型学，城市形态与建筑类型的这种性质还意味着城市形态反过来也决定一座城市中大量住宅类型的选择。建筑类型和城市形态学的互补性质通过存在的城市形态与建筑类型建立起关系。建筑类型学理论强调自主现象和城市现象，这两者的关系也是建筑类型学和城市形态学之间的关系。城市建筑学同时考虑建筑类型学与城市形态学，类型学讨论历时变迁中建筑实体与空间形式的规律性，形态学研究各种类型在特定社会文化和物质、物理环境中，尤其是城市中的共时空间关系，因此类型学与形态学两者之间互不可分的性质建立了建筑与城市、类型与形态、历时与共时的辩证关系。

· 刘华杰《科学传播读本》 上海交通大学出版社 2007 年 11 月

"读本"是国际上流行的一类新型教科书，它的特点是信息量大，能及时反映某个学科的最新动态，便于学生在短时间内既能了解本学科的历史，也能接触当前的学术前沿。本书收录了数十位中外学者关于科普、公众理解科学、科学传播、科学文化、科研理论等方面有代表性的文章，力图借鉴近些年科学史、科学社会学（包括科学知识社会学）、科学哲学的研究成果，以全新的视角诠释现代自然科学在科学共同体内的传播过程以及面向社会大众的传播过程，并分析科学传播所采用的各种模型。主要包括：西学东渐、科学大众化、科学形象的建构、科学素养及其测试、科学共同体、科学的社会运作、大科学的社会责任、大众传媒与科学、科学传播的对话模型、超越科学主义的科学传播等。

·戴吾三 刘兵《艺术与科学读本》 上海交通大学出版社 2008 年 8 月

　　该读本力图从多维度介绍中外学者对科学艺术所做的研究和思考，包括原文和导读共分六个部分，依次为："从应用的观点看"，"从历史的观点看"，"从大师的创造看"，"从知识的联系看"，"从哲学的观点看"，"从人生的观点看"。通过多侧面地了解科学与艺术，帮助读者开阔视野，打破学者藩篱，激励创新思维。

· 阿诺尔德·豪泽尔《艺术社会史》 商务印书馆 2015 年 5 月

　　阿诺尔德·豪泽尔（Arnold Hauser）是众所周知的艺术史和艺术社会学大家，但是读过其著作、了解其思想的人少而又少，他的学术地位也鲜为人知。很少人知道豪泽尔是卢卡奇和阿多诺的同龄人、同路人，并且基本同属一个学术重量级，很少有人知道他们三个并称为"20 世纪最重要的文化社会学家"。如果说卢卡奇和阿多诺的名字在我们的文化圈里已是如雷贯耳，那么豪泽尔就像一个需要被隆重推出的学术"新"人。造成这种状况的首要原因是对豪泽尔著作的翻译严重滞后。他的绝大多数研究成果此前并未被译成中文，其中包括他的代表作《艺术社会史》。我们也几乎没有引进相关的研究文献。国内学界有关豪泽尔研究的成果并不多，论述《艺术社会史》一书的文字更是难得一见。

·曼弗雷多·塔夫里《建筑学的理论和历史》 中国建筑工业出版社
2010 年 10 月

曼弗雷多·塔夫里（Manfredo Tafuri, 1935—1994）是意大利著名
的马克思主义建筑史学家和理论家，他的《建筑学的理论和历史》（Teorie
e storia dell architettura）是建筑理论的经典文献，标志了塔夫里的建
筑理论研究生涯的开端，也是青年塔夫里对陈腐的欧洲建筑理论界发动的
第一次冲击。这本论著充满欧洲尤其是意大利自文艺复兴以来积淀的深厚
历史信息，涉及古典主义和启蒙运动的发展，同时也深入剖析了现代运动
的本源，引入建筑的阶级批判，从意义形态的各个领域阐述了建筑学的历
史。书中涉及了哲学、美学、历史、心理学、结构语言学、语义学、现象
学、符号学、信息理论以及文化人类学等学科，应用了这些学科领域的最
新成果。以 20 世纪 60 年代当时最新的哲学观与艺术观，尤其是结构主义
观点，奠定了当代建筑批评方法的理论基础。

·郑时龄《建筑批评学》 中国建筑工业出版社 2014 年 5 月第二版
建筑批评学是关于建筑批评的理论，建筑批评学探讨建筑批评的本质、
内容和方法，是建筑理论的重要组成部分。作为一门学科，建筑批评学应
用人文科学、自然科学和技术科学等有关知识和理论，建构建筑批评的理
论体系。建筑批评全面而又系统地对建筑、建筑师以及与建筑有关的社会、

历史、文化、经济和政治因素进行说明、解释、评价、判断和批判，同时也论证这种说明、解释、评价、判断和批判的理由。

建筑批评是一种开放性的实践活动，是规律性与目的性统一的社会生产过程。建筑批评具有鲜明的时代性、社会性和文化性，此外，建筑批评也是建筑教育的重要内容。建筑批评学者关注当代建筑的批评及其价值判断，重视建筑的社会现实，以此评价当代建筑的发展并引导未来的建筑。

建筑批评学的核心内容包括建筑批评意识、建筑批评的价值论、符号论和方法论，这四个部分共同组成建筑批评学的理论框架。此外，建筑及建筑批评涉及建筑与艺术的关系、建筑师的创造、批评家以及批评的媒介等。

建筑批评学的目的不是为建筑批评制定规则和标准，而是论述建筑批评所涉及的各个领域，介绍有关建筑批评的学科之间的联系，同时也论述作为一门学科的建筑批评学的框架、理论和意义。

·韩彩英《西方科学精神的文化历史源流》科学出版社 2012 年 5 月

本书首次系统论述了西方科学精神发展史。全书以西方宏大的文化历史发展过程为背景，以西方科学文化的演进以及与其他亚文化间的关联和互动以至融通与碰撞为基本历史线索，沿着"科学精神"自身发生、发展的历史脉络，围绕哲学史、思想史、科学史、宗教史以及社会人文史提供的线索，在历史与逻辑相统一的把握中，系统论述了各种文化在西方科学文化发展史上的地位和作用，从中理解和探究了特定时代精神背景中科学精神的构成要素及其相互关系，描摹刻画了西方不同文化旨趣的个体和社会群体对科学精神发展的独特贡献，从而全面展现了西方科学精神发展的文化历史过程，揭示了西方科学文化发展历程中科学精神的要素生成和结构形成的时代性特征，以及科学精神的要素扬弃和结构变革的历史进程。

·菲利普·斯特德曼《设计进化论》电子工业出版社 2013 年 2 月

《设计进化论》讲述了有机体的进化与人工制品（尤其是建筑）的人类生产之间诸多类比的历史，考察了类比对建筑设计理论的影响，并探讨了近代生物学思想对设计的启发作用。

自 19 世纪科学启蒙以来，建筑师和设计师们便一直从生物学中汲取灵感，不仅设法模仿动植物外形，而且还力图找到类似自然万物生长进化过程的设计方法。许多现代建筑师的著作都着力阐述生物学思想，以勒·柯布西耶和弗兰克·劳埃德·赖特二人最负盛名。勒·柯布西耶盛赞生物学是"建筑与规划界的伟大新名词"。

自 1979 年《设计进化论》第一版出版之后，人们对生物学类比的兴趣再度萌发，部分因为 20 世纪八九十年代设计领域引入了计算机辅助设计方法，可以借助"遗传算法"等编程技术设计出新型的"生物形态"建筑。这本经典著作的全新修订版新增一篇"后记"，补充介绍上述的近代发展成果。

· 章梅芳《女性主义科学编史学研究》科学出版社 2015 年 6 月

女性主义科学史研究兴起于 20 世纪 70 年代初，它运用独特的社会性别视角关注了被传统科学史所忽略的"科学与性别"议题，历经 40 余年的发展，已成为科学史领域新颖而极具潜力的一个重要分支。本书从科学编史学的角度出发，较为系统地考察并梳理了女性主义科学史研究兴起与发展的学术背景的基本脉络；探讨了不同时期女性主义科学史研究的理论基础与编史实践；揭示了女性主义科学史研究的方法论特征；总结和讨论了女性主义科学编史纲领的基本内涵；并通过比较分析，揭示了女性主义科学编史纲领的独特性及其在西方科学史领域的重要地位和深远影响；最后，对女性主义科学编史纲领的学术困境与当下现状进行了具体分析，探讨了女性主义科学史研究今后的发展方向，提出了对本土化探索问题的思考。此外，还对西方女性主义技术理论和技术史发展的基本脉络及其案例工作做了专门的分析和总结。

· 赵乐静《技术解释学》 科学出版社 2009 年 12 月

本书从本体论解释学视角，探索了解释学在何种意义与程度上适用于技术问题。在强调意会理解的前提下，考察了人文科学与自然科学在解释学基础上统一的可能，认为兼具自然与社会双重属性的技术有着显著的人文科学特征。本书以家族相似谈论和描述技术研究了技术知识、技术活动和技术人造物的解释学，对工具的"上手"、"在手"状态以及技术理解的"前结构"与解释学循环进行了讨论。在肯定当前正在发生的"技术认识论转向"积极意义的同时，强调了技术知识与技术理解意会的重要性；在将社会行为视作本文的条件下，对技术建构论进行了解释学阐释；从广义对称原则出发，以技术人造物的功能意向性为依据，形成将技术人造物看作本文的理论与分析方法。

·葛兆光《中国思想史》 复旦大学出版社 2014 年 5 月

由导论、第一卷、第二卷组成，导论原来分别放置在第一卷与第二卷前面，题为《思想史的写法》和《续思想史的写法》，目的是交代和说明研究角度、资料取舍、写作思路，后把它们合在一卷，通称《导论：思想史的写作》。

用"写法"为题，并不是说这里讨论的只是一种写作策略，因为思想史的不同写法背后，总是有不同的观念、思路和方法，写法的改变常常意味着思想史研究的观念、思路和方法的改变。这里讨论的就是一些关于中国思想史或哲学史研究中的重大理论和方法问题，比如：思想史应当如何思考精英与经典的思想世界和一般知识思想与信仰世界，知识史与思想史之间应当如何互相说明，古代中国思想的终极依据或者说基本预设是什么；思想史应当如何改变过去的传统写法和充满训导性的教科书式的章节结构，以追求思想史的真正脉络和精神；思想史是否应当描述所谓"无思想"的时代，在无画处看出画来；作为历史记忆的传统知识和思想如何在重新诠释中成为新的思想资源，乃至而产生思想史的连续性；思想史研究中如何看待和使用考古发现与文物资料等。

·埃德加·莫兰《复杂思想：自觉的科学》 北京大学出版社 2001 年 7 月

　　埃德加·莫兰（Edgar Morin）是法国当代著名思想家、法国国家科学研究中心名誉研究员。他在近 50 年的研究生涯中涉及了人文科学的诸多领域，在人类学、社会学、历史和哲学等方面均有重要著述问世。他渊博的知识和深邃的思想使之能给予自然科学以人文关怀，并将两者有机地结合，提出了"复杂思维范式"。这是他在质疑西方社会传统的哲学、社会及科学观后提出的独特思想体系，其要旨在于批判西方割裂、简约各门学科的传统思维模式，通过阐述现实的复杂性，寻求建立一种能将各种知识融通的复杂思维模式。莫兰的复杂思维论目前已在世界上引起普遍关注，一些国家还成立了相应的学术研究团体。莫兰全部著作均已被译成西班牙语和日语，重要著作也都有了英译本。作者在本书中提出：人文科学没有意识到人类现象中的物理的和生物的特性；自然科学没有自觉到它们是归属于一定的文化、社会和历史的。科学没有意识到它的社会作用，没有意识到指导它的理解方式的隐藏的原则。总之，科学没有意识到它缺乏自我意识。

而实际上我们在各个领域内都需要自觉的科学。现在是认识到任何现实——物理的、生物的、人类的、社会的、政治的诸多复杂性的时刻了。现在应该认识到可能自我反思的科学和纯粹思辨的哲学都是不够的。缺乏科学的意识和缺乏意识的科学都是片面的和起片面化作用的。

· 钮卫星 江晓原 《科学史读本》上海交通大学出版社 2008 年 8 月

本书从科学史研究论著和论文中精选了 25 篇学术文献，分为 5 编。第 1 编从总体上把握什么是科学史，为什么要学习科学史等问题；第 2 编主要涉及起源时期、古典时期和中世纪的科学史研究，让读者了解科学在其起源和各个发展阶段曾经很多元；第 3 编帮助读者领略近代科学经过哥白尼革命和牛顿的综合，到 19 世纪完成经典科学的建立的过程；第 4 编展示了相对论、量子论和进化论等不同于经典科学的新科学在 19 世纪晚期到 20 世纪早期的发展情况；第 5 编着重关注科学编史学思想方面的演变，读者可以了解到从内史论到外史论，进而到社会建构论的多种科学史研究风格，以及不同研究风格之间的争论。

·席泽宗《科学史十论》复旦大学出版社 2008 年 11 月

本书所收各篇均系作者在长期的中国科学史研究中最具心得的代表力作。经过精心的选辑编排，首先从科学史与现代科学及历史科学之间的关系开始论述，从而引发出有关中国科学传统回顾和未来展望的话题，分析精到，立论宏富。而有关中国古代天文学在中国传统文化中的地位、社会功能及其在当代天文学中的应用等系列论述，更是极具启发的研究示例。最后以竺可桢、钱临照两位前辈学者在科学史研究领域的贡献和中国科学院自然科学史研究所 40 年（1957-1997）、中国科学技术史学会 20 年（1980-2000）的历史，对中国科学史研究在 20 世纪的发展进程，作了全面的总结。

·雷良 陈一壮《现代西方科学哲学新论》 湖南大学出版社 2014 年 12 月

本书试图在总体把握西方科学哲学理论发展概况的基础上，分析其中的具体问题，揭示西方科学哲学发展的历史与逻辑。首先，用复杂性观点考察西方科学哲学理论发展的多样性，展示对力学派理论之间的竞争与互补，探索西方科学哲学理论发展的自组织机制。其次，以西方科学哲学的基本问题为线索，讨论了西方形而上学与科学的关系及其在不同历史时期的形态，阐释科学合理性理论的发展与转向。再次，析解维特根斯坦及赖欣巴哈的逻辑哲学思想，把握维特根斯坦前期哲学对命题的本质的思考，挖掘赖欣巴哈的频率论概率逻辑在科学哲学理论发展中的意义。最后，通过重建拉卡托斯的科学研究纲领方法论，提出了一种基于"错误理论"的科学发展模式。

·胡新和 《科学哲学的问题逻辑》科学出版社 2013 年 4 月

科学哲学是关于科学的哲学反思，其特有的理性和批判精神，曾在我国 20 世纪 80 年代思想解放运动中发挥了独特作用。中国科学院大学作为国内最早涉足科学哲学教学与研究的机构，30 多年来取得了丰硕的研究成果，本书精选了该校在科学认识论、科学方法论、科学合理性与科学进步、科学实在论与反实在论的争论、逻辑与认知，以及科学哲学新动向等六个领域的成果，展现了当代中国科学哲学研究的一个侧面。本书话题广泛，讨论深入，对科技哲学、科技史、科技传播和科技管理等相关领域的师生及科技工作者有重要参考价值。

·于文杰《英国十九世纪手工艺运动研究》 南京大学出版社 2014 年 6 月

英国手工艺运动倡导以传统的手工劳动为主要生产方式，传播英国式的社会主义观念，寻找解决生态环境、人口增长、社会矛盾与国际冲突等问题的有效途径，努力实现整个社会的和谐发展。《英国十九世纪手工艺运动研究》探讨英国工业革命之后出现的信仰衰落、道德沦丧、情感冷漠及其给社会带来的一系列问题。英国手工艺运动以约翰·罗斯金、威廉·莫里斯等人为代表，19世纪三四十年代起始于英国，一直影响到20世纪的欧美及东南亚等地区。该著作以大量的实地考察与第一手文献资料，通过对诸多国家、民族和地域手工艺运动的历史、理论与案例研究，来展示这一场新人文主义运动所寻求的宗教信仰、传统道德、人文情怀与社会协作等文化传统伟大复兴的意义与价值。

·让·格朗丹《诠释学真理——论伽达默尔的真理概念》 商务印书馆2015年6月

诠释学真理后面加上这一问号，乃属于它的本质。"诠释学经验"的真理性（Wahrheitshaftigkeit），即作为基本事实说明的理解的真理性，从实证主义的、分析的和科学理论的方面已提出了怀疑。对于是否有诠释学真理以及这种真理应当是什么或想什么的问题，已经让人陷入了极度的困境。诠释学真理与这种怀疑相对立，因为它把自己理解为可从外在批判的真理并同时也反思它自己的疑问性。提升为aletheia（无蔽，真理）的Doxa（意见）与那种绝不被排斥的episteme（知识）合法化地相对立，并允许自己能把可错论带入科学中。这种见解在诠释学阵营中曾接近于一种走向相对主义怀疑论的似乎决定性的步伐，这种怀疑论认为不仅必须摆脱方法概念，而且也必须摆脱真理概念。但这样一种发展并不是现在我们要探究的伽达默尔诠释学的目的，伽达默尔诠释学的真理概念其实强调了立在古老的相对主义争论此岸的人的此在层次。真理与方法的正确地加以理解的区别其实乃是海德格尔重新发现的存在（Sein）和在者（Ssisnde）之间的存在论差别的另一名称。按照这种看法，真理证明自身是更深刻的、经常不断要思考的度向，而当我们使自身沦为可方法地来操纵的在者时，这一度向却被遗忘了。

·周博 《现代设计伦理思想史》 北京大学出版社 2014年9月

本书从维克多·帕帕奈克（Victor Papanek，1923—1998）的研究入手，梳理了西方现代设计发展中的一个重要问题，也是帕帕奈克毕生成就中最值得尊敬和关注的部分。其设计伦理思想及设计责任观涉及现代设计所遭遇的各种文化矛盾中最为本质的部分。设计伦理问题是现代设计发展到一定程度，由设计责任与设计利益之间的冲突形成的社会矛盾，也是最难从历史的高度及复杂多变的20世纪设计实践的现实中予以澄清的理论课题之一。帕帕奈克写作此书的年代是西方现代设计如日中天的时代，尤其是美国工业设计，在最初几代职业设计师们的开拓和推动下，美国的设计几乎成为攻无不克战无不胜的神器。而帕帕奈克对此始终抱以一种冷静、警醒甚至严肃批评的态度，为此还引起美国乃至整个西方设计界的不以为然甚至排斥。但是40年过去了，当今天的设计发展一方面在努力调整着自己的文化姿态，以适应更新的社会需要，另一方面又不得不面对更加复杂的文化冲突，人们意识到当年帕帕奈克的警告并不为过，而且这种警告可以帮助今天的设计界日益主动地摆脱伦理界限不当的设计危险，进而转向更加健康、合理、可持续的设计方向。

事实上，当代学术领域对设计在 20 世纪快速崛起、异军突起的发展历程予以科学剖析、客观评价的工作还做得很少，帕帕奈克的声音代表着一种理智的提醒。当下设计发展所面临的矛盾比帕帕奈克的时代可能又更加复杂和深刻，换言之，帕帕奈克的声音并不代表这种批判的终结，而只是一种设计理性真正自觉的开始。

·刘习根《总体与实践》 重庆出版社 2013 年 11 月

本书在实践哲学的传统与创新的张力中运思。一方面，不管是研究现实问题的作品，还是探索新颖学理的作品都不搞凭空而论，而是以消化吸收传统学术资源为立论的前提，做到充分说明先前同类成果的得失，再提出自己的新见解。另一方面，侧重研究传统的作品也不画地为牢，不自限于现行学科领域，不停留于一般性评价，而是以问题为中心，以揭示传统中特定学理的因果损益关系为目的，从而有补于本领域的创新事业，并为中国当下实践问题的解决提供学理鉴照。

·托马斯·库恩 《科学革命的结构》北京大学出版社 2003 年 1 月

本书是现代思想文库中的经典名著,从科学史的视角探讨常规科学和科学革命的本质,第一次提出了"范式"(paradigm)理论以及不可通约性、学术共同体、常态、危机等概念,提出了"革命是世界观的转变"的观点,深刻揭示了科学革命的结构,开创了科学哲学的新时期。本书作者托马斯·库恩因此被理查德·罗蒂称作是"二战之后最具影响力的一位以英文写作的哲学家。"

·托马斯·库恩《结构之后的路》 北京大学出版社 2012 年 2 月

库恩 1962 年出版《科学革命的结构》,而这部《结构之后的路》是库恩去世前重要文章的结集,本书体现了库恩晚年思想的发展,是对《科学革命的结构》观点的扩展与反思,并对于对他理论的一些批评和误读做出了回应。书末还收录库恩去世前一年所进行的深度访谈,是库恩学术生平的极好自传式材料。

·布莱恩·阿瑟《技术的本质》 浙江人民出版社 2014 年 4 月

作者发现,技术与音乐有几分相像。我们都见过作曲家所谱写的乐谱,我们也认识其中的每个音符。但如果有人问什么是音乐,构成整个音乐的每个音符都来自哪里,那就是一个非常深入的哲学问题了。我们的世界因技术而改变。技术给我们带来了舒适的生活和无尽的财富，也成就了经济的繁荣。但是，技术的本质究竟是什么？它又是怎样进化的呢？

通过深入研究得出结论：科学与经济的发展，都是由技术所驱动的，而我们通常是倒过来思考的。实际上人类解决问题的需要，才是推动人们重新结合现有技术，进而促进新一代技术出现的动力。阿瑟对技术本质和进化机理的清晰阐述，给所有人都带来了非常有价值的启示。

后记

　　两年前写作完成《1949-1979年中国工业设计珍藏档案》以后，感到首先回应了"中国有没有现代设计"的问题。其次实验了从微观着眼的考察与发掘中国设计史料的研究方法，因为是针对每一个具体工业产品的印证研究，因此相对来讲比较容易"顺理成章"。在研读各种历史资料和参考文献的同时引发了系统研究中国现代设计观念史的冲动，并且写下了大量不成系统的片断文字。在编辑孙青老师的鼓励下形成了本书最初的写作提纲，并由上海人民美术出版社申报了上海文化发展基金的资助项目。真正着手写作时才发现了这种"冲动"的危险性。

　　在思考过程中首先要沿着历史断层，在大量的资料中发现内在的逻辑关系，期待有所发现，并将之编制成为"单元"阐述，回应"问题意识"，从而为进一步的比对研究奠定基础。为了希望研究的成果更加具有现实意义，同时还阅读了国际设计研究的相关文献。

　　在研究、写作研究的过程中，感谢行业的老前辈们的大力支持，在此不一一列名，他们留下许多珍贵的文献资料并提供了许多线索，他们既是中国现代设计史的主体，也是我们研究的对象。

　　感谢清华大学美术学院院长助理、《装饰》杂志主编方晓风教授在百忙中完整审阅本书后作序，通过本书的序能够为读者阅读本书提供简明清晰的思路。感谢孙青老师以及上海人民美术出版社领导统筹了立项、编辑、审核、装帧设计、印刷制作、推广发行等诸多繁琐工作，并以极大的耐心期待本书的完稿。感谢王俊老师为书籍装帧设计付出的辛勤劳动,感谢木格先生为本书的装帧设计提供了摄影作品《贺兰山景图》,感谢香港设计中心刘小康副主席为本书第六章提供的资料以及访问相关机构的机会,也感谢俞海波、张家尧、陈亦勇、许智翀所做的基础工作,历经大量细致的工作后使得本书能够完美面世。

　　作为作者,写完全书以后,不由得产生了一种新的困惑,国际设计发展如此之快,国内学者更是基于不同学科背景和成长经历而各执一词,单凭个人能力不可能圆满地解释一切。这种困惑的状态又是一种新的不确定性,激励着我们不断地思考和反省,也始终提醒自己不要有太轻率的自信。限于研究水平,本书一定存在许多不足之处,我们的研究成果愿意作为新的范式革命前的一个文本,期待同行及其他研究领域专家的批判,以此促进中国设计史学术和研究新范式的形成。

沈　榆

2016 年 3 月于中国工业设计博物馆

(特别鸣谢:史一飞、叶天惠、谢钰茜、佘然、江悦、张鲁洁、张怡、廖月容、单雨薇、郑媛缘、谢依铜、赵斯凡、王芷晴、染一铭、邵小宸、苏昕晖、邢壮志、杨主鸿、张玲敏、熊婷、吴家昊、温永胜、邓锅阳、李智)

图书在版编目（ＣＩＰ）数据

观念的演进：中国现代设计史 / 沈榆著. -- 上海：
上海人民美术出版社，2021.1（2021.8 重印）
ISBN 978-7-5586-1761-4

Ⅰ．①观… Ⅱ．①沈… Ⅲ．①工业设计－技术史－中
国－现代 Ⅳ．①TB47-092

中国版本图书馆 CIP 数据核字(2020)第 162911 号

中国设计百年

中国工业设计研究文集

观念的演进：中国现代设计史

著者：沈榆

策划：孙青

责任编辑：孙青

封面设计：译出传播 孙吉明 张慧剑

内页设计：王俊 传器设计工作室

版面编排：傅静伊 范珂

技术编辑：陈思聪

出版发行：上海人民美术出版社

　　　　（上海长乐路 672 弄 33 号）

　　　　邮编：200040　电话：021-54044520

网　　址：www.shrmms.com

印　　刷：上海印刷（集团）有限公司

开　　本：787×1092　1/16　26.25 印张

版　　次：2021 年 1 月第 1 版

印　　次：2021 年 8 月第 2 次

书　　号：ISBN 978-7-5586-1761-4

定　　价：198.00 元

本书第一版书名为《中国现代设计观念史》，此次修订将书名改为《观念的演进：中国现代
设计史》，特此说明。

本书第一版由上海文化发展基金会图书出版专项基金资助出版

本书列选 2018 年上海市文教结合"高校服务国家重大战略出版工程"

本书列选"十三五"国家重点出版物计划

本书获第七届中华优秀出版物奖